インプレスR&D [NextPublishing]

New Thinking and New Ways
E-Book / Print Book

マイコンボードで学ぶ楽しい電子工作

Arduino(アルドゥイーノ)で始めるハードウェア制御入門

榊 正憲 著

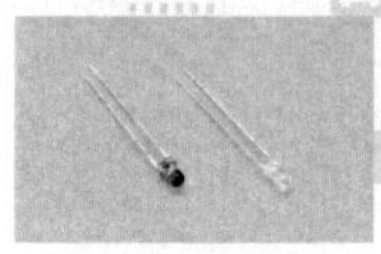

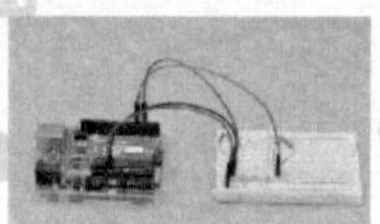

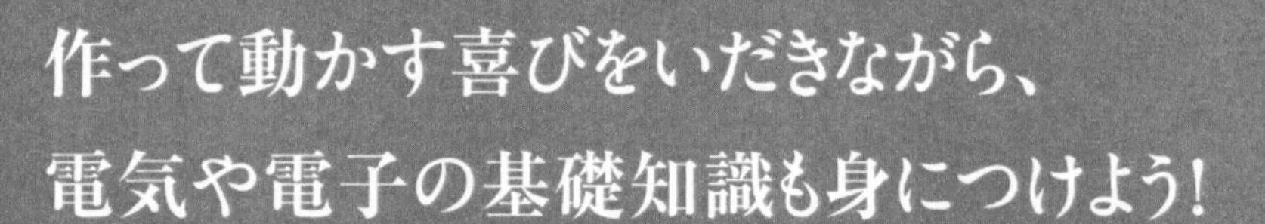

作って動かす喜びをいだきながら、
電気や電子の基礎知識も身につけよう!

はじめに

かつて、具体的には昭和の時代、電子工作は十代の子どもたちの趣味の中で、確固たるポジションを占めていました。クラスに1人や2人は、ラジオや無線機、オーディオ、初期のマイコンをいじったり組み立てたりしている子どもがいました。その後、電子回路の高機能化や製品の低価格化に伴い、電子工作の趣味人口はどんどん減っていきました。

21世紀にはいり、再びこのような趣味のもの作りが復権しました（子どもの趣味だけではなく、より広い世代でです）。もの作りの価値が再認識されたということもあるでしょうし、電子回路については、簡単に使えるマイコンボードなどの登場なども大きいでしょう。最近の電子工作の特徴は、マイコンを中心にしていることです。マイコンを回路に組み込み、プログラムを作ることで、かなり複雑なことができます。センサーを組み合わせたり、ロボットのようなものを作れたりするのです。特に本書で取り上げているArduino（アルドゥイーノ）は、初心者でも簡単に使えるマイコンボードとして広く受け入れられています。

マイコン電子工作で何をやりたいのかは人それぞれですが、どんな応用にも共通する要素があります。例えばスイッチやセンサーをつなぐ、LEDを光らせる、モーターを回すなどです。こういった要素は電子工作の基本部分ですが、マイコン電子工作を始める際の最初の壁でもあります。これができないと、結局マイコン基板上のLEDを点滅させるくらいしかできません。

本書ではこういった基礎的な部分を重点的に解説しています。それも「こう接続すれば動く」といった説明ではなく、「こういう仕組みだから、このようにする」という形を目指しています。本書の前半の第1章から第7章までは基本的な原理などを取り上げた【基礎編】で、「こういう仕組みだから」という視点で解説しています。第8章以降は【実践編】で、前半の基礎知識を前提に、「このようにする」を解説しています。やり方だけでなく原理を理解することで、実際に自分が何かを作る時に必要な回路を自分で考えられるようになるというのが、本書の目標です。

本書で触れていない部分も多くあります。電子回路の設計、製作、プログラミング、実験の範囲は非常に広く、例えば大学で4年間勉強しても、すべての分野を網羅することは難しいでしょう。専門家と呼ばれる人でも、詳しい分野、詳しくない分野がありますし、すべての作業を熟知するのは大変です。もちろん本書のような方針の本で、広範囲の話題を取り上げるのは不可能です。例えば本書は、トランジスタやダイオードなどを使いこなせるような、体系的な電子工学の知識を説明していません。このような体系的な考え方を説明するのではなく、マイコンで使うための特定の使い方のみを紹介しています。

本書ではマイコン電子工作に関して、以下の内容については触れておらず、すでに読者が必要な知識を持っている、あるいは必要に応じて自分で（ネットやほかの書籍などで）調べるものとして、原稿をまとめています。

●論理回路の知識

デジタル回路はブール代数という数学をベースにしており、そのブール代数の演算や処理を行う論理回路によって実際の回路が実現されます。マイコンを導入することで、ブール代数の部分をソフトウェアで実現できるようになります。

本来であればマイコンを使う上での基礎知識として、ブール代数や、汎用ロジックICについて知っているのが望ましいのですが、これもまた数十ページないし本1冊分程度の話題になってしまうので、本書ではほとんど触れていません。

●プログラミング言語

Arduino言語はC/C++言語をベースにしています。本書ではArduinoに固有の言語の話題については説明していますが、C/C++の基礎知識には触れていません。C/C++言語についての知識、さらにはプログラミングやアルゴリズムの基礎については、読者がすでに習熟しているものとしています。

●ハンダ付けなど

本書ではブレッドボードという試作／実験用の部材を使って回路を組み立てていますが、実際に何かに電子回路を組み込む場合は、回路をハンダ付けして組み立てることになります。ハンダ付けにはコテや糸ハンダなどの道具が必要で、またきちんと部品や配線の接続ができるようになるには、多少の練習が必要です。これらの話題については、本書で触れていません。

本書が、電子工作をやってみたいという読者の助けになることができれば幸いです。

2018年7月　榊 正憲

注意：

電子工作はその性質上、不具合があると部品を破損したり、最悪、接続しているパソコン類に障害が発生したりする可能性があります。また電源まわりに問題があると、発熱などや発火の可能性があります。工作をする際には、こういった事態が発生する可能性を考慮してください。

目次

1

第1章　【基礎編】電子工作に必要な電気の基礎知識

◉

電気について体系的、理論的に勉強するとなると、高校レベル以上の数学、物理学に加え、大学の専門課程での電磁気学や電気工学などの知識が必要となります。ここでは簡単なマイコン電子工作に必要なレベルに限定して、電気の基礎知識をまとめておきます。まず、電気の基礎である電圧、電流、電力などについて説明し、その後で抵抗が関連するオームの法則、そして抵抗やコンデンサなどの部品について解説します。これらの知識を身につけることで、自分で抵抗値の計算などが行えるようになります。

1-1 知っておくべき電気の基礎はこれだ！

具体的に電気とは何かと言えば、「電荷に関係する物理作用」や、その現象を利用したさまざまな事物ということになります。

ここでは物理学的な面にはあまり触れず、より身近な形での電気について解説します。また、電気を、「電源から供給され、負荷を駆動するエネルギーの流れ」として考えます。

1-1-1 電流と回路

電荷（プラスかマイナスかの電気的な性質を持ったもの。電子など）が移動すると「電流」となります。金属の中には自由に動ける電子（マイナス電荷を持つ）があるので、金属の電線は電流を流すことができます。

電流を流すのは電子だけではありません。トランジスタなどに使われる半導体の内部にはプラスの電荷を持つ正孔（ホール）があり、これが移動することで電流が流れます。

電流が連続的に流れるためには大切な条件があります。電流が流れる経路が、ループ状につながっていなければならないということです。電流が流れる経路を回路（サーキット、Circuit）といいます。

回路は単純な1つの輪のような形とは限らず、途中で分岐、合流していてもかまいません。しかしどこかで元に戻れるような環状の経路がなければなりません。つまり行き止まりの経路では、電流が流れ続けることはできません。

電気の流れはしばしば水の流れに例えられます。電流は図1-01の環状の部分（モーターを通る経路）を流れることができますが、行き止まりになっている部分（電球の経路）は流れません（図1-01）。

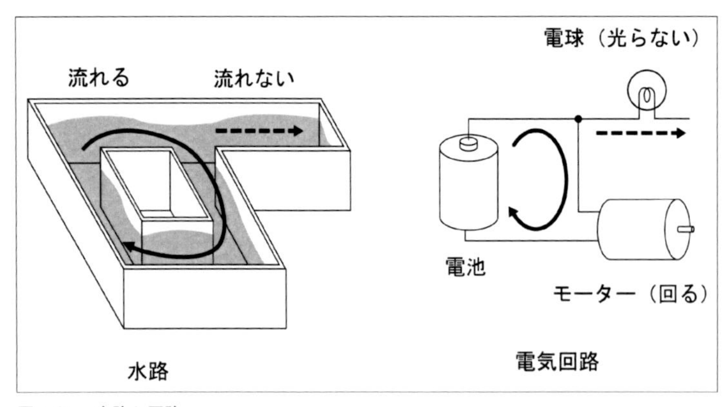

図1-01　水路と回路

電流の流れる量は数値で表すことができ、その大きさは、A（アンペア）という単位で示します。電荷の量はクーロン（C）という単位で測りますが、1秒に1クーロンの電荷が移動している時の電流量が1Aとなります。この先は電磁気学の話になるので、これ以上は触れません。

実際にマイコン関連の電子回路を扱う場合、A単位で考えるのはせいぜいモーターや総消費電流くらいで、たいていはmA（ミリアンペア、1/1000A、「＜コラム＞補助単位」を参照）のオーダーで考えることになります。

＜コラム＞補助単位

電気に関連する単位や、時間、長さなどの単位では、大きな数値、小さな数値をわかりやすく示すために、さまざまな補助単位が使われます。これはその単位の前に英字の接頭辞を付けることで示します。よく使っているmm（ミリメートル）、kg（キログラム）などのmやkのことです。

マイコンや電気関連でよく使われるものを以下にあげておきます（表1-01）。

表1-01　補助単位

接頭辞	読み	倍率	指数表記	電気関係での用途
M	メガ	100000	10^{6}	抵抗値
k	キロ	1000	10^{3}	抵抗値
d	デシ	1/10	10^{-1}	利得など
m	ミリ	1/1000	10^{-3}	電流、電圧、インダクタンス、時間（秒）
μ	マイクロ	1/1000000	10^{-6}	電流、キャパシタンス、インダクタンス、時間（秒）
n	ナノ	1/1000000000	10^{-9}	時間（秒）
p	ピコ	1/1000000000000	10^{-12}	キャパシタンス

注意：メモリ容量など、K、Mは、1000倍系列ではなく、1024倍系列が使われる場合もあります。

1-1-2　電源と電圧

電線をループ状につないだだけでは、電流は流れません。流れるプールの水を動かすのにポンプで水流を発生させるのと同じように、ループ状に接続された回路に電流を流すためには、電流を流すための元になる力が必要です。これが電池や電源装置、発電機であることはすぐに思いつくでしょう。

ループ状の水路で水を循環させるポンプが水に圧力（水圧）をかけることで、水路中の水が動き、水流が生まれます。水圧が大きいほど、多くの水を流したり、あるいは水車などを使い、水の流れから大きな力を取り出したりすることができます（図1-02）。

電気の場合も同様で、電源によって電流の源である電荷に圧力をかけ、そして電荷が動くことで電流となります（図1-03）。この時に電源が電荷にかける圧力のことを「電圧」といいます。電圧はV（ボルト）という単位で表します（電圧の定義はちょっと複雑なので省略します）。電池の1.5V、3Vなどは電池が発生する電圧を示しています。

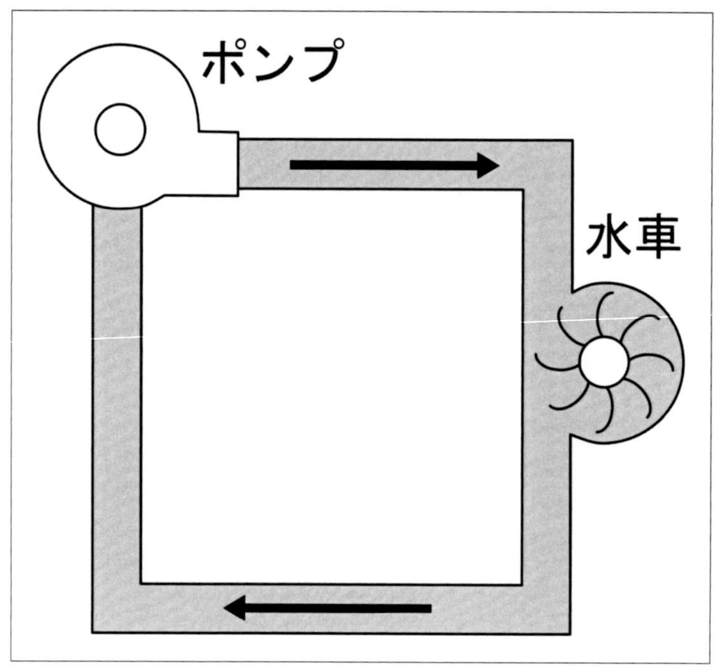

図1-02　ポンプと水車

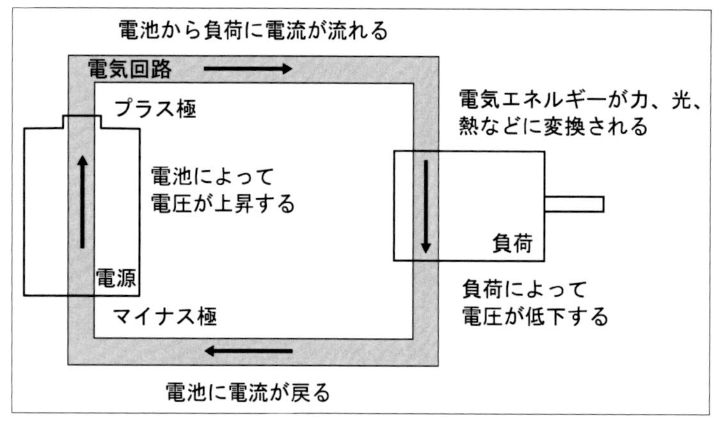

図1-03　電源と負荷

電源の電流が流れ出す側をプラス極、電流が流入する側をマイナス極と言います。

電源は電流を供給し、回収するものとなるわけですが、電源の内部にも電流が流れているという点に注意してください。電流は回路が環状に接続されていなければ流れないのですから、当然、電源の中でも、マイナス極からプラス極に向けて電流が流れていることになります。

電源の働きは、その中で電流にかける電圧を高め、マイナス極とプラス極との間に電圧の差（電位差）を発生させることです。ポンプの中で吸込口から吐出口に向けて水が流れて、その中でポンプの機構により圧力がかけられるのと同じことです。

回路に電源を接続すると、電源のプラス極からマイナス極に向けて電流が流れます。注意してほしいのは、電線の金属中を動く実際の電子は、マイナス極から流出し、プラス極に吸い込まれるという点です。つまり電流の流れとは逆の動きになります。これは電子がマイナスの電荷を持っているためです。初心者にはわかりにくい点ですが、本書では電子の動きまでは踏み込まないので、深く考える必要はありません。

1-1-3 負荷

電気の回路を組み、電源をつないで電流を流すのは、負荷（ロード、Load）を駆動するためです。負荷というと難しく聞こえますが、要するに電気を利用するさまざまなものの総称です。

電気はエネルギーであり、電源によって供給された電気エネルギーは電線を通って負荷に伝わり、そのエネルギーが熱、光、回転運動、空気の振動など、さまざまな別の形に変換されます。熱を発するヒーター、光を発する電球やLED、回転力を生み出すモーター、音を出すスピーカーなど、電気を使って何らかのエネルギー変換を行うものが負荷となります（図1-04）。

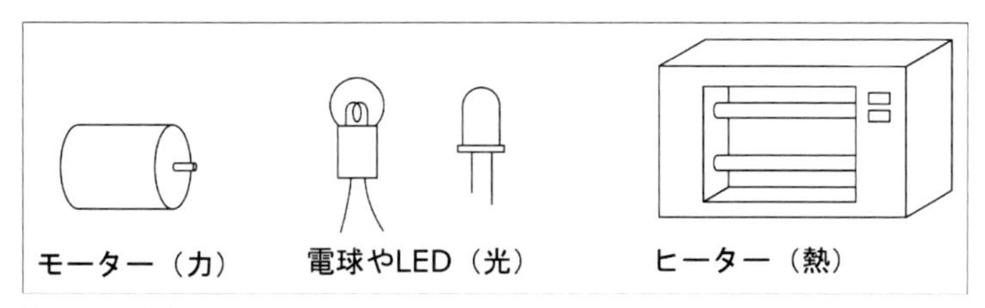

図1-04　負荷

マイコンなどの電子回路は、光や運動エネルギーを発生するわけではありませんが、電気エネルギーを使う負荷です。ただしエネルギーという面で見ると、消費した電気エネルギーのほとんどが熱になってしまいます。しかしその過程で、人間やほかのものが必要とする情報の処理を行っているのです。

電流の流れと水の流れで大きく違うことは、電気の回路は、どれだけ複雑につながっていたとしても、電流が途中で失われたり増えたりすることはなく、必ず戻ってくるという点です。電源のプラス極から流れ出た電流は、必ず同じ量だけマイナス極に戻ってきます。電源が1つ、負荷が1つという回路なら当たり前に思えますが、複数の電源と複数の負荷が複雑に接続された回路であっても、これは成立します。これはキルヒホッフの法則として示される性質です。キルヒホッフの法則については本書では詳しく触れませんが、電気回路について考える場合、意識するしないに関わらず、とても重要な性質です。

＜コラム＞キルヒホッフの法則

キルヒホッフの法則は以下の内容です。

・回路中の任意の点において、そこに流入する電流の和と流出する電流の和は等しい。

・回路中の任意の閉回路において、その回路内の電圧上昇と電圧降下は等しい。

簡単に言うと、最初の法則は、いかなる部分でも電流の総量が増えたり減ったりすることはないということです。配線の分岐では、流入する電流と流出する電流の量は同じになりますが、それをより一般化しただけです。次の法則は、電源による電圧の上昇と負荷や電線による電圧の降下は等しいということです。電源と負荷のある回路で考えると、電源の中で電圧が上昇し、それと同じだけ、負荷側（配線も含む）で電圧が下がっているということです。

電源や負荷が複数ある複雑な回路では、回路のすべての部分でこの法則が成り立つように電圧や電流のバランスが取られた状態で動作します。この法則は、複雑な回路内で電圧、電流、抵抗などを求める際に必要になります（図1-05）。

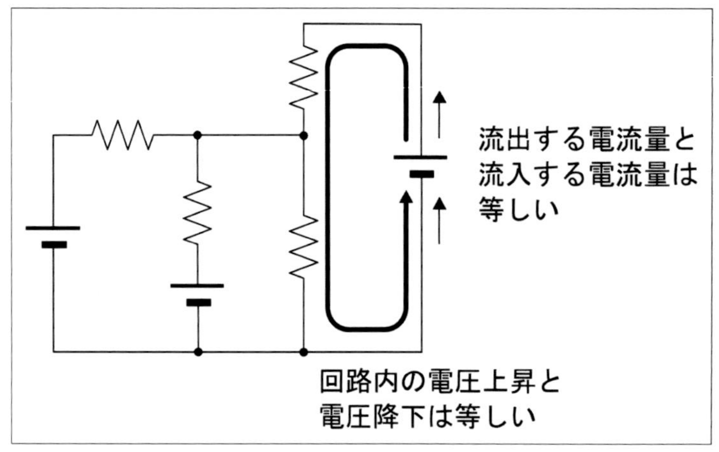

図1-05　複雑な回路

1-1-4　抵抗

もっとも単純な負荷は、電気エネルギーを熱エネルギーに変換するヒーターです。回路上に電流の流れを妨げる働きを持つ要素があると、電気エネルギーはそこで熱エネルギーに変化します。水路でいえば、途中でパイプが細くなっている部分に相当します。

水でも電流でも、流れにくい部分があるとそこでエネルギーが失われます。その失われたエネルギーは熱となり、まわりに放出されます。そして流れにくい部分があることで、流れる量が制限されます。水流でも電流でも、流れやすければ大量に流れ、流れにくければ流れる量が減ります。

電流の流れにくさを「抵抗」といい、その値はΩ（オーム）という単位で示されます。1Vの電圧をかけた時に1Aの電流が流れる抵抗値が1Ωです。抵抗値が大きいほど電流が流れにくくなり、電流が減ります。実際の抵抗値の考え方や電圧、電流との関係については、本章後半の「1-2-1　オームの法則」の項で解説します。

1-1-5　さまざまな負荷

抵抗がある部分に電流を流すと電気エネルギーが熱エネルギーに変換されますが、それ以外のエネルギー変換もあります。

●磁力

電流により磁力が発生します。つまり電磁石です。モーターは、電流によって発生した磁力によって回転力を得ています。また回転だけでなく、磁力によって金属片を動かすという使い方もあります。押したり引いたりする力を発生するソレノイド、電気接点を磁力で動かすリレー（継電器）などもあります。スピーカーは振動板を磁力で揺らし、空気が振動して音を発します。

また、電流から磁力が発生するのと対照的に、磁力から電流を発生させることもできます。発電機などはこの原理で運動エネルギーから電力を発生しています。またモーターなどを制御する際にも、この磁力による起電力の影響が出てきます。

●電気力

電気で生み出す力というと磁力が代表的ですが、電圧をかけることで発生する力もあります。本書では触れません。

●原子レベルでのエネルギー

半導体では、電圧をかけたり電流を流したりすることで、原子レベルで何らかの反応が起き、光を発したりすることができます。本書ではこれらの原理には触れず、半導体部品の使い方だけを紹介します。

電気はこれらの形で、外部に光や運動エネルギーを放出することができますが、これらのエネルギーにならなかった分は、すべて熱エネルギーになります。

1-2　電圧、電流、抵抗の関係はどうなっているか？

電気について学ぶ時は、なんとかの法則や、それに伴う計算につまずく人が多いようです。確かに電気には複雑な計算もからみますが、本書ではそこまでは立ち入らず、四則計算で済むオームの法則だけを紹介します。

これすらも面倒くさいと思う人もいるでしょうが、さまざまな部品を使う上で、抵抗値や電圧、電流を決めるために、最低限必要な計算だと割り切って、覚えておいてください。

1-2-1　オームの法則

電気回路の電圧、電流、抵抗値の関係を示すのがオームの法則です。

前に説明したように、1Vかけた時に1A流れる時の抵抗値は1Ωです。電圧V（ボルト）、電流I（アンペア）、抵抗値R（オーム）の間には、以下の関係があります（図1-06）。

長さの違う2本の棒は電池（長い棒がプラス極）、ギザギザの線は抵抗を表す記号です。

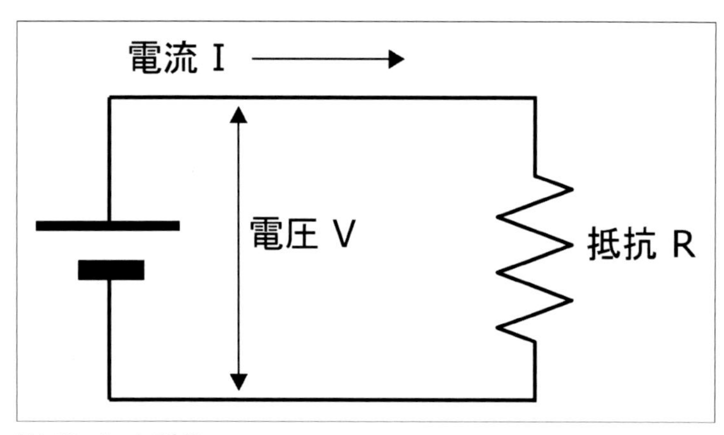

図1-06　オームの法則

$R = V \div I$

$I = V \div R$

$V = I \times R$

この3つの式は、単に1つの式を変形しただけです。1つだけ覚えていれば、残りはすぐに導けます。

式で書いてもピンとこないので、これらの式の意味を考えてみましょう。結局のところは同じ回路について、どこに着目しているかの違いでしかないのですが、言葉で表すことで、多少は意味がわかりやすくなるでしょう。

●R = V / I

抵抗に電圧Vをかけた時に流れる電流がIであれば、電圧÷電流という計算で、抵抗値Rを求めることができます。

●I = V / R

抵抗値Rの抵抗に電圧Vがかかっている場合、電圧÷抵抗値という計算で、抵抗に流れる電流Iを計算できます。

●V = I × R

抵抗値Rの抵抗に電流Iが流れている場合、抵抗の両端の電圧はVとなります。

電子部品の特性はしばしばグラフで表されますが、よく出てくるのが、電圧と電流の関係を示すものです。ここで抵抗の特性をグラフにしてみます。電圧を変えた時に電流がどう変化するかを示したグラフを以下に示します（図1-07）。

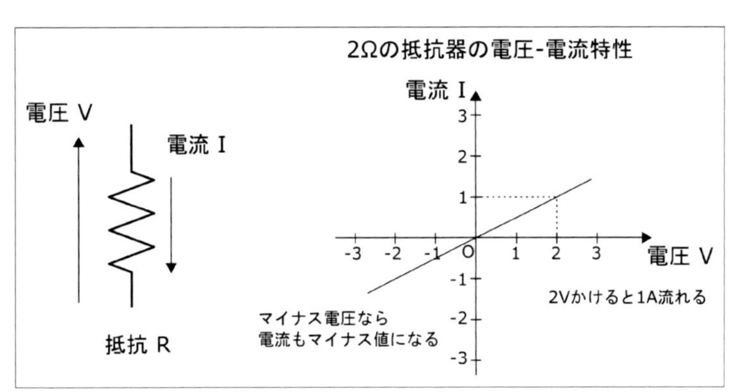

図1-07　抵抗の電圧-電流特性グラフ

電圧と電流は抵抗値を係数とする単純な比例関係なので、グラフは直線になります。この特性なら簡単な計算で済むので、わざわざグラフにする必要はありませんが、半導体部品はこの特性が直線にならないことがあり、その場合はグラフから必要なパラメータを求めます（図1-08）。

電子回路を作る場合、わかっているいくつかのパラメータから、未知のパラメータを求めるということがよくあります。これは計算で求められるものもあれば、特性を示すグラフから読み取るものもあります（もちろん実験して求めることもあります）。

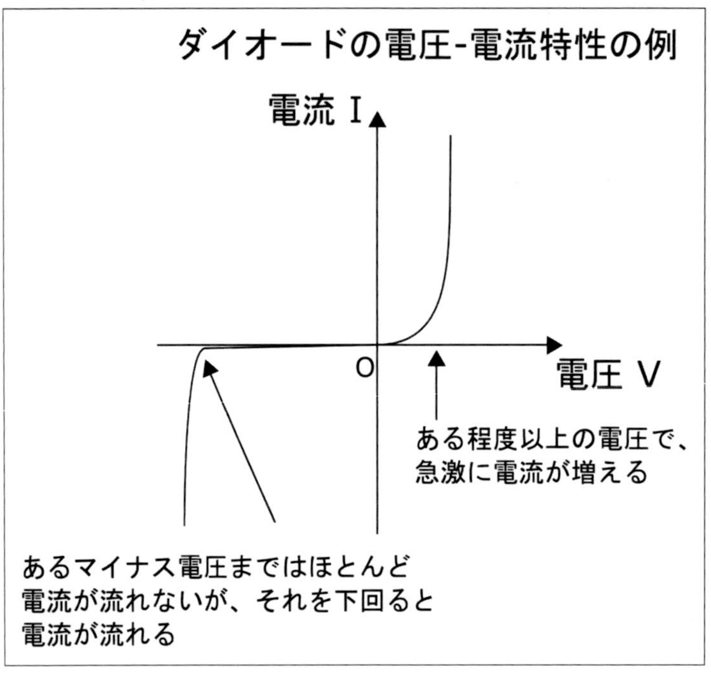

図1-08 直線にならない特性グラフ

1-2-2 直列と並列

電気の話題では、しばしば「直列」と「並列」という用語が出てきます。まず抵抗器について、直列と並列を見てみます。抵抗の直列、並列とも、オームの法則（そしてキルヒホッフの法則）から抵抗値を導き出せることがわかります。

●抵抗の直列接続

直列というのは、図1-09のように抵抗器を接続することです。電源から供給された電流は、まず抵抗R1を通り、それを出た電流が抵抗R2を通って電源に戻ります。

この場合、2つの抵抗を合わせた抵抗値は、R1 + R2となります。簡単な計算ですが、なぜそうなるのかを考えてみましょう。

この回路には、電源電圧Vがかかっており、電流Iが流れているとします。抵抗のつながり方から、2つの抵抗には同じ電流Iが流れています。抵抗値Rに電流Iが流れた時、抵抗の両端にはI × Rの電圧が発生するので、抵抗R1ではV1 = I × R1、抵抗R2ではV2 = I × R2の電圧が発生します。V1とV2を足した電圧はVと同じになりますから、

$$
\begin{aligned}
V &= V1 + V2 \\
&= I \times R1 + I \times R2 = I \times (R1 + R2)
\end{aligned}
$$

となり、V = I × Rより、この抵抗2つの直列接続の合成抵抗は、R1 + R2ということになりま

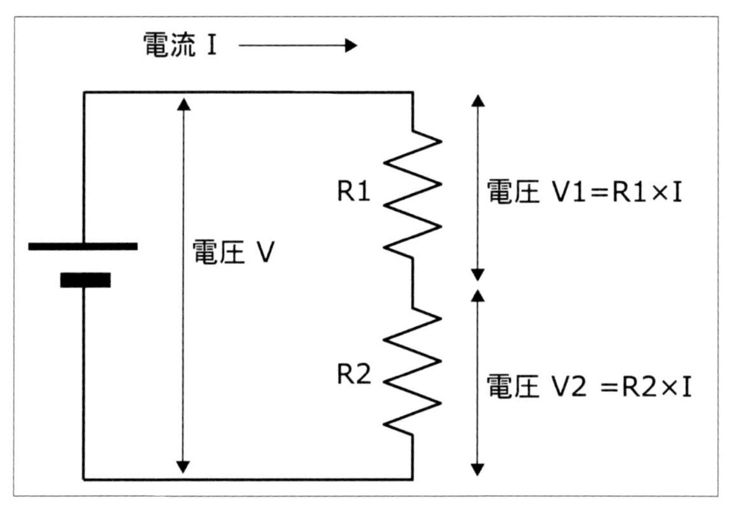

図1-09　抵抗の直列接続

す。例えば10Ωの抵抗を2個直列にすると、合成抵抗は20Ωになります。

●抵抗の並列接続

並列というのは、図1-10のように抵抗器を接続することです。電源から供給された電流は、2つの抵抗R1と抵抗R2に別れ、それぞれを出た電流は合流して電源に戻ります。

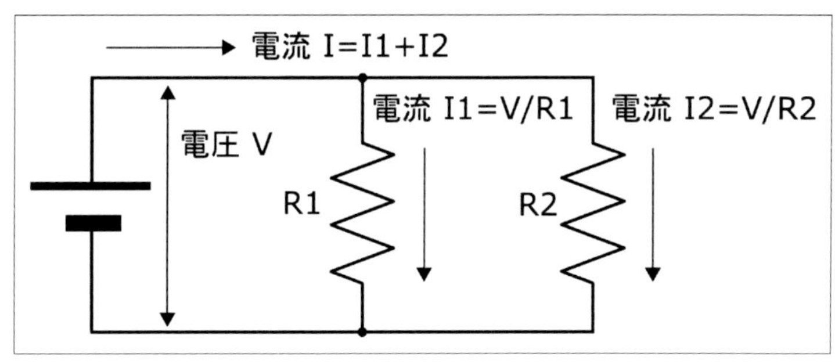

図1-10　抵抗の並列接続

この場合、2つの抵抗を合わせた抵抗値をRとすると、次の関係になります。

$$1/R = 1/R1 + 1/R2$$

直列の場合よりも複雑な計算式ですが、実は簡単に説明できます。2つの抵抗には、同じ電圧Vがかかっています。それぞれの抵抗に流れる電流は、$I1 = V/R1$、$I2 = V/R2$です。したがって電源から流れる電流Iは$I=I1 + I2$となります。すると、この2つの抵抗を合わせた時の抵抗値は、

$$R = V/I = V/(I1 + I2) = V/(V/R1 + V/R2)$$

となり、この式を変形すると以下のようになります（どちらの式も同じ結果が得られる）。

$$R = (R1 \times R2)/(R1 + R2)$$

$$1/R = 1/R1 + 1/R2$$

10Ωの抵抗を2個並列にすると、上記の式より、合成抵抗は5Ωになります。

1-2-3　電力

電気はエネルギーの1つの形態です。エネルギーはジュール（J）という単位で数値化することができます。電気エネルギーは熱、光、運動などのエネルギーに変換することができます。

電気の流れによるエネルギーは以下の式で表されます。

＜エネルギー＞ = ＜電圧＞ × ＜電流＞ × ＜秒数＞

電圧と電流が大きいほど、そして長い時間電流を流すほど、大きなエネルギーとなります。時間が長いほどエネルギーが大きいというのは当然なので、電気の世界では総エネルギーではなく、単位時間、つまり秒当たりにどれだけのエネルギーが発生／消費するかという仕事率（J/Sec）で考えることが多くなります。仕事率はワット（W）という単位で示されます。電気ストーブの600W、電子レンジの1kWなどは、1秒に600J、1000Jのエネルギーとなることを表しています。

電気の世界では、電気に関係する仕事率のことを電力と言います。電気機器が使用したり発生したりする電力エネルギーに関しては、一般にワットで示します。また仕事率×時間で示される総エネルギー量を電力量と言います。これは電気料金の計算や電池の容量などで使われます。物理学的にはワット値に秒数を掛けたものがジュールとなりますが、電気の世界では1時間で計算したワット時（Wh、ワットアワー）もよく使われます。これはジュールを3600倍した値になります。

注意しなければならないのは、電気機器のワット数は、出力を表すもの、消費電力を表すもの、電源側の能力を示すものなどがあるという点です。

電気エネルギーをすべて熱に変換する電気ストーブは、例えば600W（100Vなら6A）の電力を消費し、600Wの熱エネルギーを発生します。しかしモーターは、消費した電力をすべて回転エネルギーにできるわけではなく、一部が熱や振動、音などの形で消費されるため、例えば出力750W（約1馬力）のモーターが消費する電力は、750Wよりも多く、850Wや900Wになります。電源のワット数は、一般にその電源がどれだけの電力を供給できるかを示します。例えば5Vで50Wの電源なら、10Aの電流を流せます。発熱などによる損失もあるので、電源装置の消費電力は50Wより多くなります。

電子回路では、消費した電力の一部が光や電波などの形で外部に放出されますが、それ以外はすべて熱になります。例えばPCで使われているCPUは、100W近い電力を消費し、それがすべて熱になります。電子回路で電力を考える状況としては、回路全体でどれだけの電力を必要とするか（電源容量の選定）や、部品がどれだけ発熱するか（放熱の検討）などがあります。

電力（P）は前述のように電圧と電流の積で表されますが、オームの法則から得られる、ほかの計算式もあります。

$$P = V \times I$$

$$P = V^2 / R$$

$$P = I^2 \times R$$

1-3 抵抗器、コンデンサ、コイルとはどんな部品なのか？

電気回路／電子回路はさまざまな部品から構成されますが、ここでもっとも基本となる電気／電子部品である抵抗器、コンデンサ、コイルについて説明します。

1-3-1 抵抗器

単に抵抗とも呼ばれる抵抗器（Resistor）は、抵抗値を持つ部品です（図1-11）。つまりオームの法則に従って、回路中で電圧がかかれば抵抗値に応じた電流が流れ、またある電流が流れるとその電流値に応じた電圧が抵抗の両端で発生します。

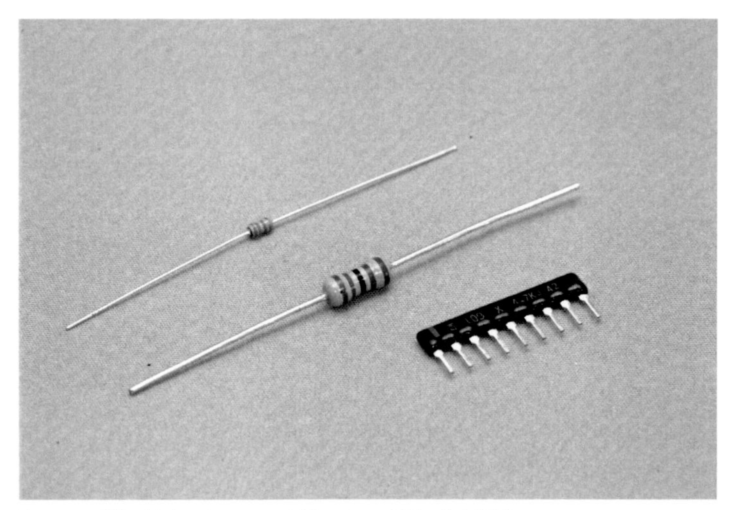

図1-11 抵抗（左上から1/6Wの抵抗、2Wの抵抗、集合抵抗）

前に説明したように、抵抗値はオーム（Ω）という単位で示します。標準部品としての抵抗は、0Ωから数メガオーム程度まで揃っています。市販の標準的な部品の場合、任意の抵抗値のものがあるわけではなく、ある規則に従った抵抗値のラインナップがあります。この規則はE12系列、E24系列、E48系列などで、10倍の範囲を12通りの数値の抵抗値とするものがE12系列、24通りならE24系列です。E6、E12、E24系列の実際の値を表に示します（表1-02）。数値を見ると、等間隔の数値ではなく、おおよそ等比率で数値が変化していることがわかります。E12はおおよそ10の12乗根（約1.21）倍ずつ数値が変わっています。

表1-02　抵抗値の系列

E6	E12	E24
1.0	1.0	1.0
		1.1
	1.2	1.2
		1.3
1.5	1.5	1.5
		1.6
	1.8	1.8
		2.0
2.2	2.2	2.2
		2.4
	2.7	2.7
		3.0
3.3	3.3	3.3
		3.6
	3.9	3.9
		4.3
4.7	4.7	4.7
		5.1
	5.6	5.6
		6.2
6.8	6.8	6.8
		7.5
	8.2	8.2
		9.1

E12系列なら抵抗値が1.0Ω、1.2Ω、1.5Ω…、8.2Ωと増えると、次は10Ω、12Ω…、100Ω、

120Ω…、1kΩ、1.2kΩというように桁が増えていきます。抵抗値が1桁でも2桁でも3桁でも、その桁数の抵抗値は12通りという仕組みです。電気の世界は乗除算や指数で計算することが多いので、部品の数値も比率で増える系列のほうが実用的なのです。

アマチュア電子工作でよく使う一般的なリード（配線用の銅線）付きの抵抗は、部品の大きさが小さいので、数字ではなく、色で抵抗値を示します。これをカラーコードと言います。円筒形の抵抗に、色の付いた帯が3本ないし5本印刷されており、その色で抵抗値を示します。色は12種類あり、そのうち10種類が0から9の数字を表します（表1-03、図1-12）。

表1-03　抵抗のカラーコード

色	数値	倍率	誤差
黒	0	1	
茶	1	10	
赤	2	100	
橙	3	1k	
黄	4	10k	
緑	5	100k	
青	6	1M	
紫	7	10M	
灰	8		
白	9		
金		0.1	±5%
銀		0.01	±10%
なし			±20%

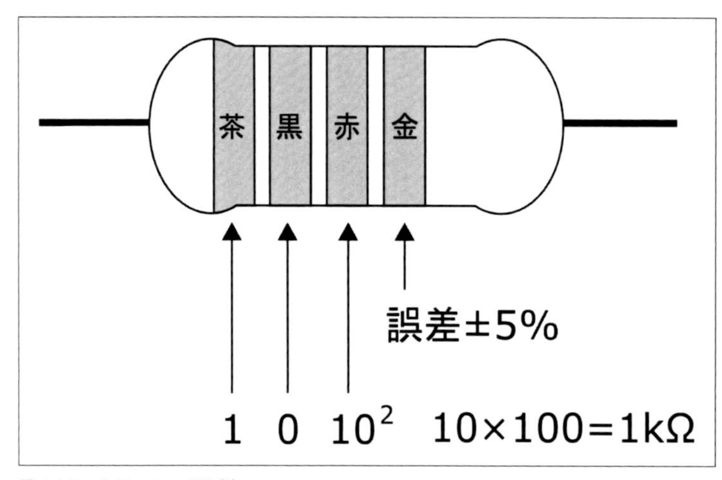

図1-12　カラーコードの例

E12、E24系列は3本か4本の帯があり、最初の2本で2桁の数値（仮数部）を表します。3本めは倍率（指数）を示すもので、最初の2本による2桁の数値に、10のn乗を掛けます。例えば茶、黒、赤と並んでいたら、最初の茶と黒で「10」、赤は2なので10^2（100）をかけ、1000Ω（1kΩ）となります。3本めの倍率部には0から9のほかに、金（－1）、銀（－2）があり、小さな抵抗値を示すのに使われます。4本めは抵抗値の誤差グレードで、金なら±5%、銀なら±10%です。これの表記のないもの（帯が3本しかない）もあり、これは±20%です。

金銀の誤差表記がない場合、カラーコードをどちら側から読むかで値が変わってしまいますが、リードに近い帯の側が仮数部になります。

E12系列とE24系列は仮数部は2桁なので帯の数は3本か4本ですが、E48系列は仮数部が3桁になるため、仮数部が3本で3桁、4桁めが指数になるので、帯の数は4本か5本になります。

抵抗に電流が流れると発熱します。そのため抵抗は許容消費電力がワット数で定められています。許容発熱量が大きい抵抗器ほど、サイズが大きくなっています。マイコン電子回路では、ほとんどは1/6Wか1/8Wで十分ですが、モータードライバや高輝度LEDなど、比較的大きい電流を流す回路では、前述の電力の計算式でちゃんと計算したほうがよいでしょう。回路を安定して動作させるためには、定格の電力の半分以下で使うのが安全です。

＜コラム＞チップ部品

現在の電子機器は小型化が重視されているため、より小さな部品が使われます。抵抗やコンデンサ、トランジスタなどは導線のリードがなく、基板上に直接ハンダ付けされるチップ部品というものが広く使われています。これはとても小さく、ハンダ付けも普通のコテでやるのはかなり難しくなります（不可能というわけではありません）。アマチュアが自作する場合は、工作が容易なリード付き部品が一般的です。

1-3-2　可変抵抗器（VR）

可変抵抗（VR、Variable Resistor）は、軸を回したりツマミをスライドさせたりすることで、抵抗値を変えられる抵抗器です。ボリュームとも呼ばれます（図1-13）。

可変抵抗には、軸を回転させるもの、ノブを直線状にスライドさせるものがあります。後者はスライドボリュームと呼ばれます。どちらも、抵抗体の上で接点を移動させるという構造です。回転型の可変抵抗は抵抗体が円周状に、スライドボリュームは直線状に形成されており、その上を接点（ブラシ）が移動する構造になっています。

可変抵抗には3つの端子があり、2つは抵抗体の両端に、もう1つは可動するブラシに接続されています（図1-14）。抵抗体の抵抗値は一般にその長さに比例するので、抵抗体の一端とブラシ位置の間の抵抗値は、ブラシの位置で変わってきます。例えば抵抗体の両端の間の抵抗値が1kΩで、ブラシが30%の位置にあれば、抵抗体のそれぞれの端とブラシの間の抵抗値は300Ωと700Ωになります。ブラシは端に移動すれば、一方の端子との間は0Ω（抵抗なし）、もう一方の端子との間は抵抗体の抵抗値と同じ1kΩになります。

図1-13　各種の可変抵抗（左はパネル取り付け用の可変抵抗、右は基板取り付け用の半固定抵抗）

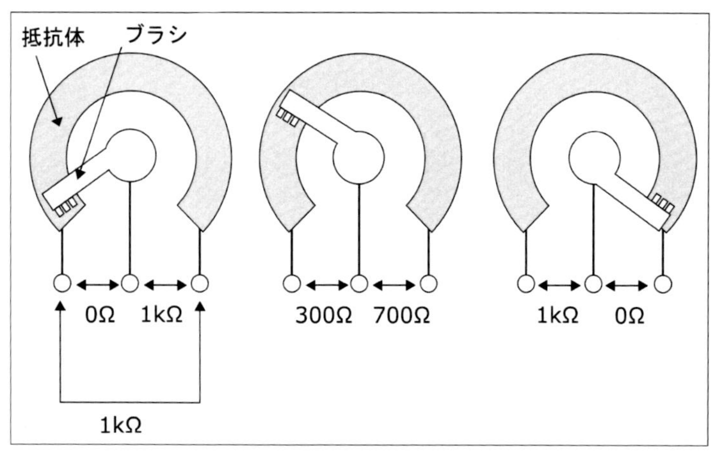

図1-14　可変抵抗の構造

可変抵抗は、固定抵抗の部分の抵抗値でその大きさが示されます。たとえば1kΩの可変抵抗なら、両端の間の抵抗体が1kΩで、ブラシと両端の端子間で0Ωから1kΩの間で可変するものとなります。

可変抵抗器は、頻繁に操作を行うものと、初期調整などの時にのみ操作するものがあります。例えばオーディオ機器のボリュームなどは人間が頻繁に動かしますが、機器の内部の回路のパラメータ調整に使うものは、製造時や修理／調整の時しか操作しません。このような用途には半固定抵抗が使われます。半固定抵抗は頻繁な操作に耐えるようには作られておらず、また多くの製品は軸を持たず、調整ドライバーで動かすようになっています。

可変抵抗にはもう1つ特性があります。Aカーブ、Bカーブ、Cカーブというもので、回転角

（あるいはスライド量）と抵抗値の変化の割合のカーブを示します（図1-15）。一般には角度と抵抗値が比例するBカーブですが、アナログ回路の音量ボリュームなどでは、人間の聴感に合わせた非直線のAカーブのものを使います。デジタル回路と組み合わせる場合は、通常はBカーブのものを使います。

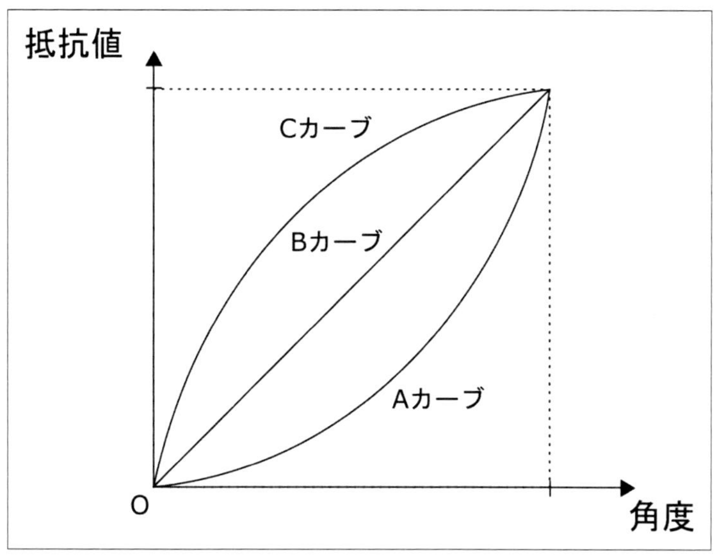

図1-15　可変抵抗器のカーブ

<コラム>ガリオーム

可変抵抗を劣悪な環境で使っていたり、あるいは古くなったりすると、ブラシと抵抗体の接触が悪くなります。こうなると動かした時に抵抗値が滑らかに変化せず、突然接触がなくなったり大きな抵抗値になったりすることがあります。例えば音量調整のボリュームでこのような症状が出ると、音にガリガリというノイズが乗ったり、音が途切れたりします。このような状態を、先人たちはガリオームと呼んでいました。

デジタル回路に使っている可変抵抗がこのような状態になると、数値が突然飛んだりします。

1-3-3　コンデンサ

コンデンサは、抵抗に比べると動作がわかりにくい部品です。コンデンサの概念を図に示します（図1-16）。

コンデンサは、電気を通さない誘電体（空気の場合もあります）を挟んで、接触していない電極を2枚持ちます。これに電圧をかけると、コンデンサのそれぞれの電極に電荷が集まります。しかし電極はつながっていないので、電極の間に電流は流れません。

コンデンサの特性は、貯められる電荷の量を示す容量（キャパシタンス）という数値で表されます。コンデンサに蓄えられる電荷の量Q（クーロン）は、かかっている電圧に比例します。

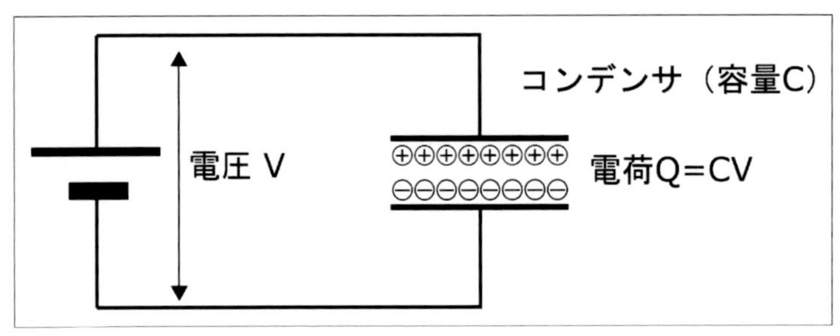

図1-16　コンデンサの原理

この時の比例定数Cをコンデンサの容量といい、ファラッド（F）という単位で示します。1Vの電圧をかけた時に1クーロンの電荷を蓄えられる容量が1Fです。

実際にはファラッド単位のコンデンサを使うことはほとんどなく、もっと小さい容量のものを使います。そのため、通常は1/1,000,000単位のμF（マイクロファラッド）、さらにその1/1,000,000のpF（ピコファラッド）という単位で扱います。日本ではm（ミリ）、n（ナノ）は、コンデンサの容量ではほとんど使いませんが、海外ではこれらの単位も使われているようです。

コンデンサの電極は電気的に絶縁されているので、電極の間に電流は流れませんが、実際にはコンデンサに電流が流れる、あるいは流れているように見える場合があります。前に説明したように、電荷の移動が電流となります。金属の銅線において、電荷は自由に移動できる電子です。電源とモーターや抵抗がつながったループ状の回路では、電流が連続的に流れます。

コンデンサに電圧をかけると、電極間での電荷の移動はないものの、電荷が電極に集まります。つまり回路全体での電荷の分布状態が変化するのです。この場合、マイナス側の電極でマイナス電荷、つまり電子が増え、その分、プラス側の電極から電子が減ってプラス電荷があることになります。

コンデンサに電圧を加えると、電荷の分布は変わるものの、継続的な電流が流れるわけではありません。しかしスイッチをオンにして電源をつないだ瞬間だけを見るとどうでしょうか？電圧をかける前、回路全体に電荷が均等に分布しています。しかし電圧がかかるとマイナス極側の電極に電子が移動します。電子が移動するということは、電流が流れるということです。もちろんこれは短時間の出来事で、回路が安定状態になれば、電流の流れはなくなります。したがって電圧がかかった直後、少しだけ電流が流れるということになります。

この状態でスイッチをオフにするとどうなるでしょうか？　コンデンサの電荷は残ったままになります。ここでコンデンサに抵抗をつなぐと、コンデンサにたまった電荷が抵抗に流れ、電流となります。これもごく短時間のことで、電荷の分布がバランス状態になれば、すぐに電流の流れはなくなります（図1-17）。

このようにコンデンサは電荷を蓄えたり、それを放電したりすることができ、ある種の充電式電池のような働きをします。もっとも一般的なコンデンサの場合、電池としてみると容量はごくわずかなので、一般的な電池のように使うことはできません。

コンデンサの重要な特性は、かかっている電圧に変化があった時に、電荷が移動することで

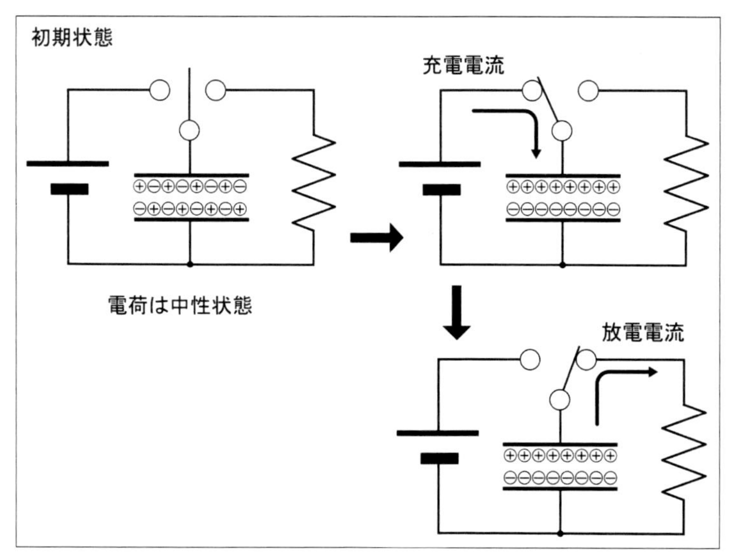

図1-17　過渡的な電流の流れ

一時的に電流が流れるということです。スイッチで直流電圧をかけた場合は、前述のように一時的な反応となりますが、例えば交流電圧や、オーディオ信号のようなものを与えると、電圧は常に変化しているため、電荷も頻繁に移動することになり、結果として電圧変化に応じた電流が流れることになります。つまりコンデンサは、直流電圧をかけても電流を流さないが、交流や音声信号のような電圧変化に対しては電流が流れるという特性を持ちます（図1-18）。

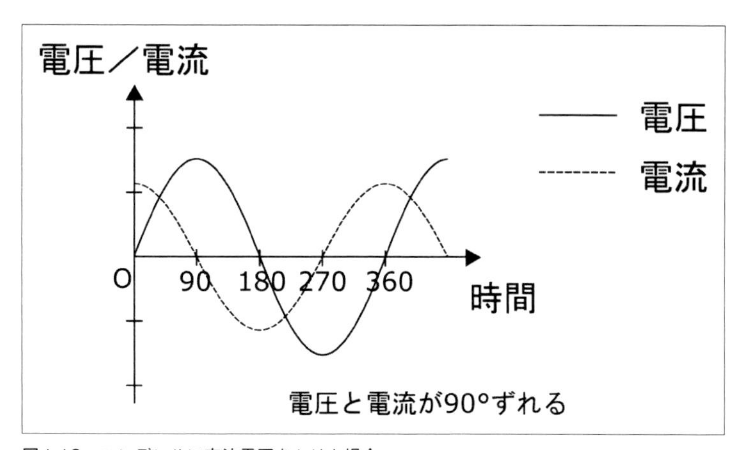

図1-18　コンデンサに交流電圧をかけた場合

コンデンサのこのような特性が実際に電子回路でどのように使われるかは、随時解説します（本書ではバイパスコンデンサとして使っています）。

コンデンサの特性は、前に説明したファラッド（F）という単位で示される容量で決まります。小型のコンデンサでは3桁の数値で示される場合もあります。これは抵抗のカラーコードと同じで、最初の2桁が仮数部、残り1桁が指数部で、ピコファラッド単位で示します。例えば473なら47×10^3、47000pFで、0.047μFとなります。

コンデンサのもう1つの特性は耐圧です。これは使用できる最大電圧を示すもので、これを超えた電圧を加えると破損したり放電が起こったりする可能性があります。

デジタル回路では、セラミックコンデンサと電解コンデンサをよく使います（図1-19）。

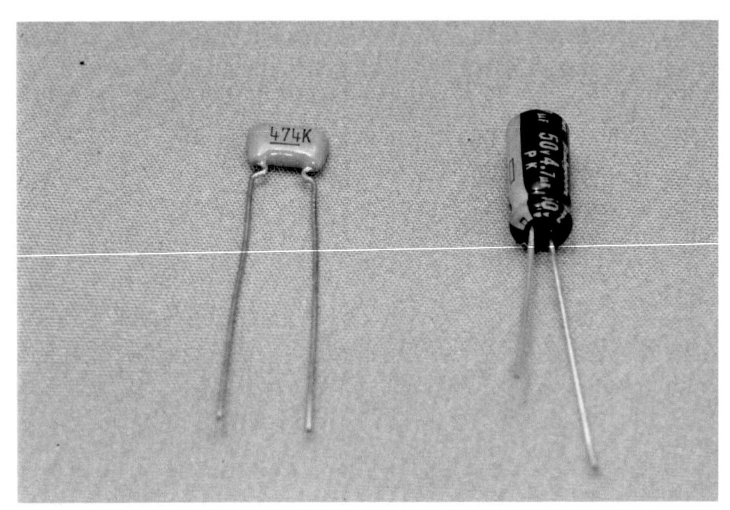

図1-19　各種のコンデンサ（左はセラミックコンデンサ、右は電解コンデンサ）

●セラミックコンデンサ

ピコファラッド単位のものから数マイクロファラッド程度までの容量のコンデンサです。極性はなく、比較的高い耐圧を持ちます。ノイズの除去などに使われます。

●電解コンデンサ

数マイクロファラッドから数万マイクロファラッド以上まで、大容量のコンデンサです。極性があり、プラスとマイナスを誤って接続すると破損します。電源回路などに使用します。

1-3-4　コイル

コイルは電線をぐるぐる巻いた部品の総称です。マイコン電子工作で、コイルを直接扱うという印象はあまりないかもしれません。コイルというと、無線やアナログ回路という印象があります。実際には、モーターやリレーなどの電磁石が組み込まれた部品を使う場合、その電磁石はコイルなので、コイルについてある程度の知識が必要になります（図1-20）。

コイルにも抵抗やコンデンサと同じように、その特性を示すインダクタンスというパラメータがあります。これはヘンリー（H）という単位で示される数値なのですが、デジタル回路では、インダクタンスの数値を決めてどうしてこうしてといったことはほとんどありません。モーター、ソレノイド（円筒形の電磁石）、リレーなどを使う際に、コイルの特性に基づいた注意や対応が必要といった程度です。そこで本項では、コイルの電気的な特性を簡単に説明するにと

図1-20　コイルを使ったソレノイドとモーター（左はソレノイド、右はモーター）

どめます。実際の使用上の注意点などは、実例を示すところで解説します。

導線に電流を流すと、周辺に磁界が発生します。磁界とは磁力の影響が現れる範囲だと考えてください。まっすぐな導線だと、線のまわりに同心円上に磁界が発生するのですが、導線をぐるぐると巻くと、その巻線の中心に強い磁界が発生します（図1-21）。多くのコイルは巻線の中心に鉄心を備えています。鉄心があることで、磁界を構成する磁束が鉄心内部を通るようになります。鉄の棒に電線を巻き、電流を流すと、鉄の棒が電磁石となり鉄を吸着します。

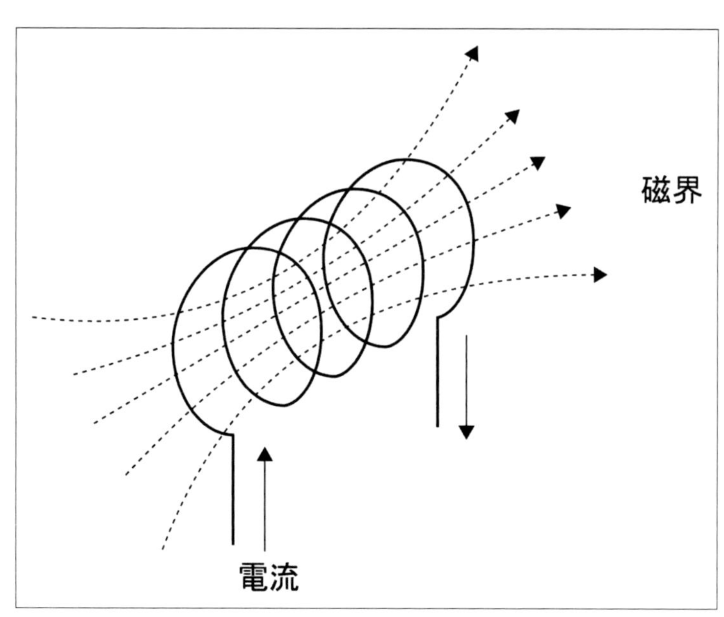

図1-21　電流と磁界

回転力を得るモーター、電磁石で接点を動かすリレーなどは、電流から磁力を生み出すコイルを利用しています。モーターやリレーの原理はここでは置いておき、コイルに電流を流した時に発生する現象について、簡単に説明しておきます。

電流と磁界は相互に関係があります。電流によって磁界が発生するだけでなく、磁界の変化によって電圧が発生するのです。この関係は同時に発生するので、電流によって発生した磁界が、その電流にも影響を与えるのです。具体的にはコイルに電流を流して発生した磁界は、そのコイルに流れる電流の変化を妨げる働きがあります。電流の大きさが変化する際に、その変化に逆らう向きの電圧が発生し、その結果、電流の流れの変化が緩慢になるのです。その原理には磁力と電流の物理学的な関係がからむので説明は省略し、ここでは回路中のコイルの挙動について説明します。

図1-22のような回路で、スイッチをオンにすると電源からコイルと抵抗に電流が流れます。コイルがなく抵抗だけなら、スイッチをオンにした瞬間に、電圧と抵抗値で決まる電流が流れます。しかしコイルの場合、流れる電流の大きさがゆっくりと変化します（図1-22）。

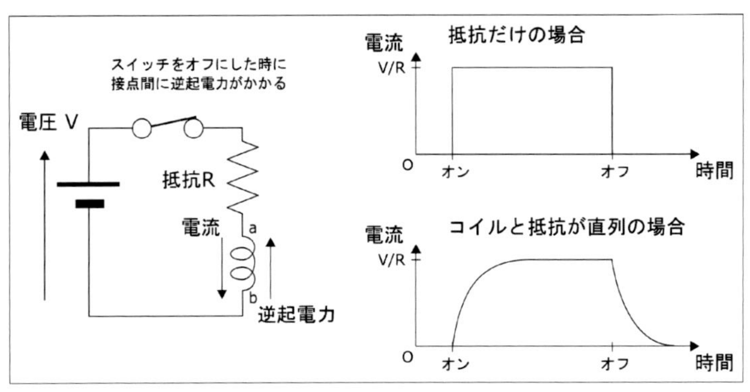

図1-22　コイルに流れる電流の変化

前に触れたように、コイルに流れる電流が変化すると、その変化を妨げる向きにコイル内で電圧が発生します。これを逆起電力と言います。電流の変化の度合いが大きいほど、この電圧は高くなります。図1-22の場合、端子aからbに電流が流れ始めるので、それを妨げるようにa側に＋、b側に－の逆起電力が発生します。これにより回路にかかる正味の電圧が低下してしまうため、流れる電流が少なくなるのです。電流の変化量が小さくなると逆起電力も小さくなるので、コイルを流れる電流は徐々に増えていき、最後は抵抗値で決まる電流値に落ち着きます。前に触れたインダクタンスというパラメータは、この変化の度合いを示すものとなります。

電流値が定常になっている状態で、スイッチをオフにするとどうなるでしょうか？　スイッチをオフにするというのは、電流を変化させる行為です。電流が減る場合、コイルはやはりそれを妨げる方向に起電力を発生させ、回路に以前と同じように電流を流そうとします。しかしスイッチは切れているので電流は流れません。つながっていない回路で電流が流れようとするというのは、前に説明したコンデンサと同じです。その結果、電荷の移動が起こり、切れているスイッチの接点部分にコンデンサのように電荷がたまり、電圧が高くなります。場合によってはその電圧で、スイッチ内で放電が起こるかもしれません（モーター用のスイッチの開閉で火花が出るのは、これが原因です）。

このような回路の電圧上昇は短時間で元に戻りますが、場合によっては、回路で使われているトランジスタなどに悪影響を与える場合があります。

第2章　【基礎編】電源に関わる基本を覚えておこう

◉

電子回路やモーターなどを動かすためには、電源が必要です。
ここでは電源について説明します。

2-1　電源とグラウンドとはどんな関係があるか？

電気／電子回路では回路のどこか一部を、電圧の基準となる部分として定めます。回路中の各部の電圧は、この基準部分に対する電位差として表します。この基準部分のことをグラウンド（Ground、GNDと略すことが多い）と言います。回路は部品と配線の集まりですが、グラウンドは特定の部品ではなく、配線の一部となります。これをグラウンドラインと呼ぶこともあります。

2-1-1　基準電位

グラウンド（Ground）は大地、地面という意味です。電気の世界では、大地を電位の基準とすることがあります。電線の1本を大地に接続し、この地面に接続されている回路部分がグラウンドとなります。地面は電流を流す導体なので、電気回路の一部となります。回路の一部を大地に接続することを「接地する」「アースを取る」と言います。電圧の高い電力回路では、アースを取ることで短絡事故や感電時の安全性を高めることができます。

感電とは無縁な低電圧電子回路では、グラウンドは回路全体の基準電位という性格を持ちます。マイコン電子回路の場合、5Vや3.3Vという電源電圧で動作しますが、一般にこれらの電源のマイナス側を回路全体の基準電位とします。したがって電源のプラス側の電位は、＋5Vや＋3.3V、電源のマイナス側はグラウンドレベルで0Vとなります。回路によってはグラウンドよりも低い電圧源を使うこともあります。この場合は、電源のプラス側をグラウンドに接続し、マイナス側が例えば－12Vとなります（図2-01）。

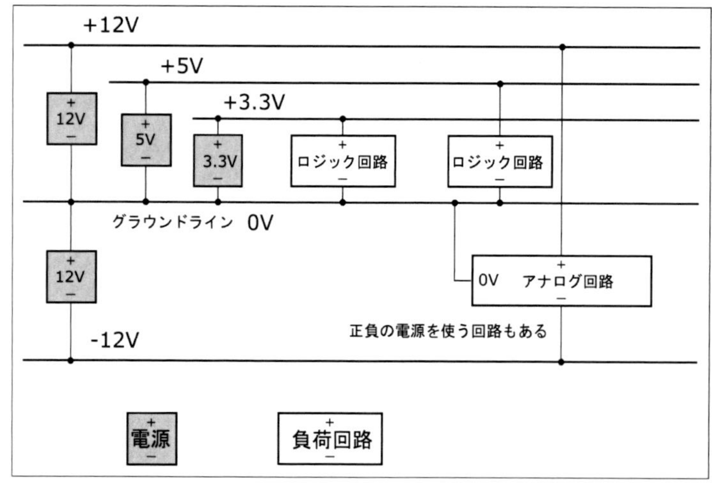

図2-01　基準電位としてのグラウンド

本書ではグラウンド（0V）とプラス電源（＋5V）しか扱いませんが、電源への接続を表す場合、0V側を「グラウンド」、プラス電源側を「電源側」と表記します。またグラウンドより低い電位の電源を使う場合は、「マイナス電源」と表記します。

デジタル回路の信号も、グラウンドに対する電圧として定義されます。したがって回路を正しく動作させるためには、たとえ電源電圧が異なっていても、相互の部品がグラウンドの接続を正しく共有していなければなりません。

2-1-2　グラウンドの接続

金属のケースや基板上の広い配線面、外部に引き出すケーブルのシールド網を回路のグラウンド部分に接続することで、回路の広い範囲が一定の電位（0V）で覆われたり近接したりすることになります。これはノイズによる影響を低減したり、信号の伝達特性を改善したりする効果があります。

逆に、グラウンドを分けることもあります。デジタル回路はノイズの発生が多く、グラウンドの配線にもその影響が現れます。これにアナログ回路を接続すると、アナログ信号にノイズが乗ってしまうことがあるため、デジタル用のグラウンドとアナログ用のグラウンドとを分けるのです。デジタル回路とモーターなどの電力回路を使う場合も、同じように分離することがあります。

しかしこれらの回路の間で信号のやり取りをする場合は、どこかでこれらのグラウンドどうしを接続する必要があります。このような場合は、なるべくノイズの影響が出ないように、接続や配線の配置を考える必要があります。

電子回路のグラウンドを明示的に大地に接地することはあまりありません。しかし接地極付きのAC電源を使った場合、機器の電源ユニットを介して回路が大地にアースされることになります。あるいは接続先の機器が何らかの理由や方法で大地に接地されていれば、配線を介して接地されることになります。

一般に長い電線を引きまわす、周辺にノイズ源がある、微弱な信号を扱うなど、ノイズの影響を受けやすい状況では、実際に大地へのアースを取ることで、状況が改善する可能性があります（逆に複雑なアース経路がノイズの原因になることもあります）。

実際の回路ではグラウンドに接続する部分は多数あるので、回路図を書く時は、グラウンド接続部分をいちいち線でつなぐことなく、グラウンド接続を示す記号で表記します。回路図中に多数あるグラウンド接続は、実際の配線ではすべてつながっており、さらにケースや配線ケーブルのシールドなどにも接続されます。

2-1-3　グラウンドの表記

グラウンド接続を表す記号は何種類かあります。図2-02のaは配線を実際に大地に接地する記号、bはケースや配線のシールド網に接続する記号、cは回路中の各部のグラウンドラインに接続する記号です（cではなくbを使うこともよくあります）。電源側への接続も同じように記号で示すことができます。これにはグラウンド以上にバリエーションがあり、図2-02にいくつか示しておきます。これはグラウンドのように接続の形態で変わるというものではありません。グラウンドも電源も、系統が別れる場合、例えばアナロググラウンドとデジタルグラウンド、+5V電源と+12V電源などの区別がある場合は、記号のところにその種類を表記します。

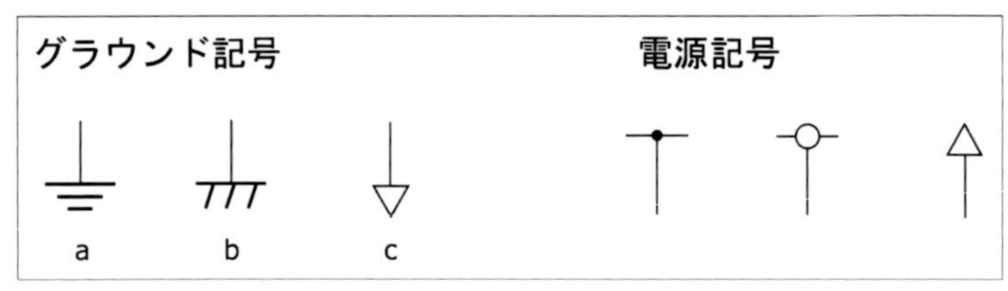

図2-02　グラウンド接続と電源側の記号

＜コラム＞電源端子の名称

GNDとは別に、回路図やICのピン配置図などで、電源関係の端子や接続にV_{CC}、V_{EE}、V_{DD}、V_{SS}といった表記があります。これらはトランジスタの電極に基づいた電源を示す記号です。Vのあとに2文字重なっているのは、この世界の習慣です。

● V_{CC}

バイポーラトランジスタのコレクタ（C）側に接続する電源です。NPN型バイポーラトランジスタの場合はプラス電源、PNP型ならマイナス電源となります。

● V_{EE}

バイポーラトランジスタのエミッタ（E）側に接続する電源です。NPN型バイポーラトランジスタの場合はマイナス電源、PNP型ならプラス電源となります。

● V_{DD}

FET（電界効果トランジスタ）のドレイン（D）側に接続する電源です。

● V_{SS}

FETのソース（S）側に接続する電源です。

一般的な電子回路の構成では、V_{CC}、V_{DD}がプラス電源、V_{EE}やV_{SS}がグラウンドとなりますが、回路構成や使用部品により、常にそうであると決まっているわけではありません（本書で紹介する回路は、すべてV_{CC}、V_{DD}がプラス電源となります）。

2-2　直流電源と交流電源とはどう違うのか？

電気には直流と交流とがあります。直流は、プラスとマイナスが決まっている電流です。電池から得られる電流は直流です。

交流は、電力用のものは1秒間に数十回ないし数百回の割合でプラスとマイナスが切り替わる形態の電流で、住宅、工場やビルなどには、電力会社から交流で電力が供給されています。日本では、東日本が50Hz（毎秒50回の切り替わり）、西日本が60Hzの交流になっています（図2-03）。

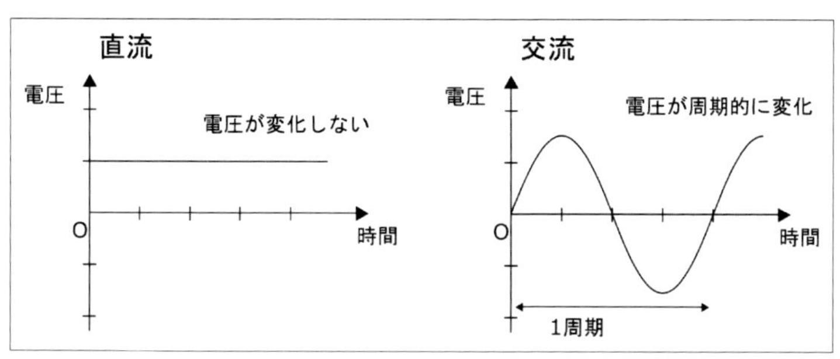

図2-03　直流と交流

交流のメリットは、変圧器（トランス）によって簡単に電圧を変えられることです。

2-2-1　直流と交流の変換

電源装置は、出力するのが直流であれば直流電源、交流なら交流電源となります。ほとんどの電子回路は直流電源で動作します。交流電源は交流用モーター、変圧器を使う機器、交流でも直流でも使えるヒーターや電球などに使われます。

直流で動作する電子回路類を家庭などの交流電源で使う場合は、交流から直流に変換しなければなりません。交流から直流に変換することを整流といい、電力の世界では整流を行う機器をコンバーターと言います。逆に直流から交流に変換する機器をインバーターといいます。インバーターは、停電時のバックアップ装置（UPS）や、交流モーターの制御装置などに使われます。

実際の電源装置は、交流と直流の変換だけでなく、電圧の変換、調整や電流の制限も行います。電圧を調整する機器や部品のことをレギュレーターと言います。

電子工作では、電源部も自作することがありますが、家庭用の交流電源を扱う回路は、誤った配線や実装により感電したり、火災を引き起こしたりすることもあるので、初心者にはお勧めできません。本書では、安全な部品として市販されている直流電源装置を使います。

2-3　電源にはいろいろな種類がある

まずはいろいろな直流電源を見てみましょう。電源は、単独の部品として電力を供給できる電池と、家庭などに来ている交流電源を変換した電源装置に分けられます。ほかに機械的な動力から電力を発生する発電機がありますが、本書では触れません。

2-3-1　電池

電池には使い切りのもの（1次電池）と、充電して何度でも使えるもの（2次電池）とがあります。1次電池の代表的なものとして、アルカリマンガン電池、コイン型リチウム電池などがあります。2次電池には、ニッケル水素（Ni-MH）電池、リチウムイオン電池、鉛蓄電池などがあります。最近は小型軽量で大容量なリチウムイオン充電池が広く使われています。

2次電池には、乾電池と同じ形状で乾電池を置き換える形で使えるもの（おもにNi-MH電池）、各種機器専用のもの（カメラやビデオ、ノートPC用など）、部品として機器に直接組み込まれているもの（スマートフォン用など）、USB出力タイプのものなどがあります（図2-04、図2-05）。

図2-04　単3タイプの電池（左上からアルカリマンガン乾電池、ニッケル水素充電池）

特殊な電池として、光エネルギーを電気エネルギーに変換する太陽電池、化学反応に伴う電子の移動から電力を得る燃料電池などがありますが、本書では触れません。

図2-05　充電式の電池（左はビデオカメラ用リチウムイオンバッテリー、右はバイク用鉛シールドバッテリー）

2-3-2　電池の直列と並列

電池はしばしば直列にして使います。1.5Vの電池を4個直列にして6Vとして使うなどです。これは抵抗の直列と同じで、電圧が加算されて合成電圧になります（図2-06）。

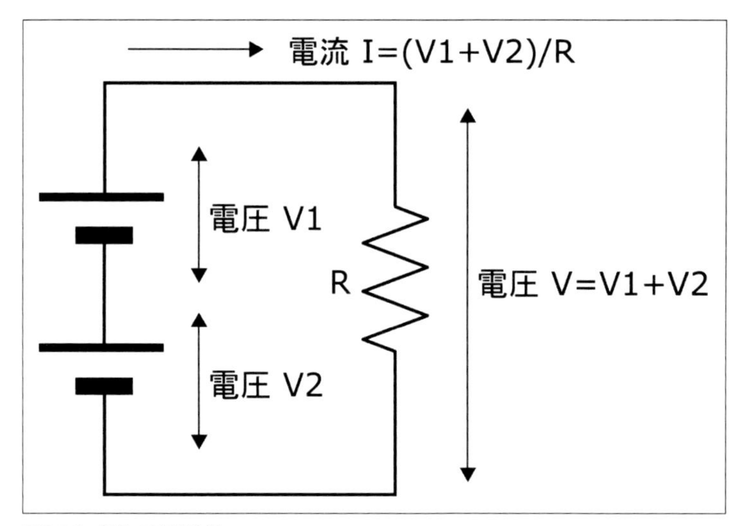

図2-06　電池の直列接続

電池を直列にした場合、電圧はすべての電池の電圧の合計値となりますが、出力される電流は、それぞれの電池に流れるのと同じ量になります。

電池は並列につなぐこともできます。この場合、電圧は1個の時と同じですが、出力電流は各電池が流す電流の合計となります（図2-07）。

電池の直列、並列接続には注意しなければならないことがあります。

電池の直列接続では、異なる電圧の電池を接続することができますが、各電池に同じだけ電

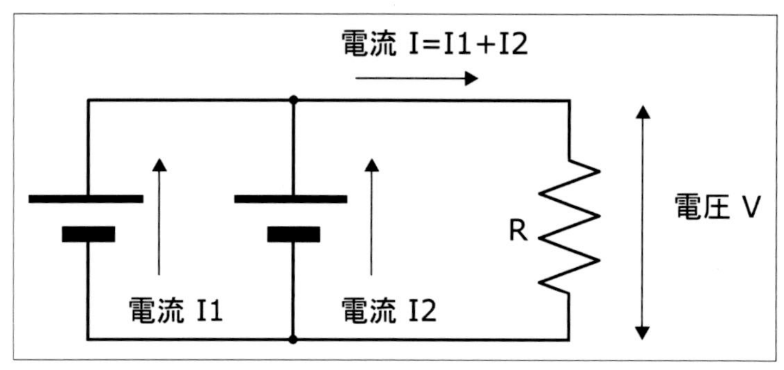

図2-07　電池の並列接続

流が流れます。もしどれかが空になり、電力の供給能力がなくなった場合でも、ほかの電池の電圧によって電流が流れ続けるため、電池は過放電状態になってしまいます。過放電は、乾電池では液漏れ、充電池では性能劣化や破損の原因になります。

電池の並列接続では、各電池の電圧が同じでなければなりません。もし電圧が違うと、電圧の高い電池から低いほうの電池に電流が流れ、低い側の電池で逆流が起こります。

したがって直列、並列いずれの場合でも、同じタイプの電池で、容量や充電状態が同等のものなら大丈夫ですが、バランスが狂っていると、トラブルの原因となります。また、リチウムイオン電池のようにデリケートなものは、過放電や意図しない充電などが起こらないように、厳密に制御する必要があります。安全面でいえば、直列接続は同じ乾電池やNi-MHのような扱いの簡単な電池のみ、並列での使用は種類を問わず避けたほうがいいでしょう。特にリチウムイオン充電池については、直列や並列は避けて単独で使用し、充電器も専用のものを使うのが安全です。また、電池以外の電源装置についても、直列、並列接続は不可能ではありません。しかし直列にして電圧を上げるという使い方は普通は行わず、最初から目的の電圧の機器を選択します。大電流が必要な時に、複数の電源を並列に接続することはなくはありませんが、電源装置の並列接続は、そのような使い方に対応した機器でなければなりません。使い方を誤ると動作不良や破損の可能性があります。

2-3-3　可変電源と固定電源

電源装置には出力電圧を変えられる可変電源と、変えられない固定電源があります。一般に電子回路は一定の電圧で動作するので、機器に組み込まれた電源ユニットは固定電圧電源です（図2-08）。また実験用のマイコン回路などに電力を供給する場合も、電圧を変える必要はないので固定電源を使います（図2-09）。

モーターや各種部品の実験など、電圧を変えながらいろいろ試してみたい、あるいは市販されている電源ユニットでは希望する電圧が得られない場合は、電圧を自由に変えられる可変電源が便利です。可変電源としては、電圧調整つまみ、電圧計、電流計などを備えた実験用電源装置があり、電子工作を行う場合は、1台手元にあると便利です（図2-10）。

図2-08　内蔵用電源（機器組み込み用電源モジュール）

図2-09　ACアダプタタイプの電源（出力5V 2AのACアダプタ）

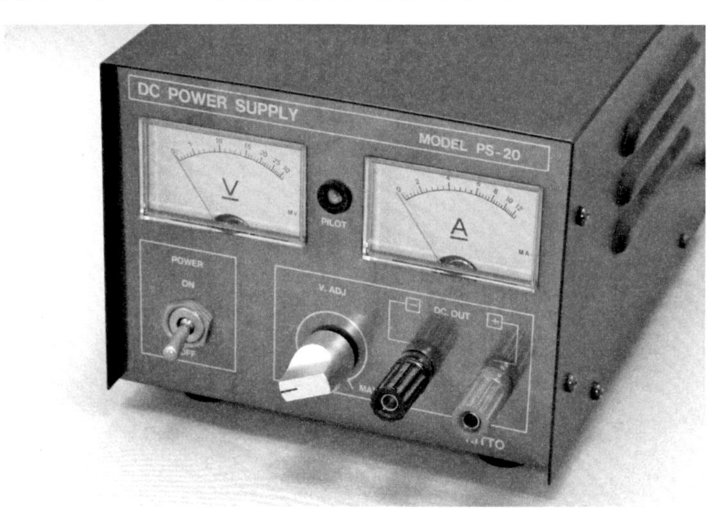

図2-10　実験用可変電圧電源

可変電源用レギュレーターICというものもあり、これを使うとわずかな部品点数で可変電圧電源を組み立てることができます。この種のICは、適当な直流電源から目的の電圧の電力を出力するので、電源全体の自作というほど大げさなものではなく、例えば機器全体の電源は12Vで、ここから9Vも電源も内部で使いたいといった場合に便利に使えます。この種の電源ICは組み立てキットも多数販売されているので、自分で実験用可変電源を組み立てることもできます。

2-3-4　非安定化電源と安定化電源

電池にモーターをいくつかつなぐことを考えます。

モーターが1個なら勢いよく回りますが、2個つなぐとちょっと回転が落ち、3個だとさらに落ちます。多くの人は、このような現象を経験的に知っているでしょう。テスターで調べてみると、モーターの数が増えると、電池の電圧が下がっていることがわかります。これは電池が消耗して下がったのではなく、モーターの数が増えて電流が増えたから下がったのです。その証拠に、モーターを1個にすると、再び勢いよく回ります。この現象は、電源の内部抵抗によって説明できます（後述「＜コラム＞電源の内部抵抗」を参照）。

負荷に流れる電流が増えると電圧が低下するというのは電気の世界では一般的な現象であり、家庭のコンセントなどでも起こります。このような電源のことを、非安定化電源と言います。普通の電池、トランスで変圧した交流を整流しただけの直流電源などは、非安定化電源です。

デジタル回路に使われているICの多くは、一定の電源電圧で使用することを前提にしています。動作中に電源電圧が変化すると、誤動作する可能性があります。このような用途には、負荷の電流が変わっても電圧を一定に維持できる電源が必要になります。これを安定化電源と言います。

安定化電源は、出力を常時監視しており、変化を検出すると、その変化を打ち消す方向に出力を調整します。一般的な電源は、出力電流が増えると電圧が下がりますが、その電圧降下分だけ出力電圧を上げるように調整するのです。これをごく短時間でわずかな電圧変化に対して行うことで、負荷電流が変化しても、出力電圧がほとんど変化しない電源が実現できます。

2-3-5　定電圧電源

負荷電流に関わらず出力電圧を一定に保てる安定化電源のことを、定電圧電源と言います。デジタル回路で使われる電源の多くは定電圧電源装置です。

定電圧電源装置を実現する方法はいくつかありますが、もっとも単純なシリーズレギュレーターについて簡単に説明します（図2-11）。

安定化電源回路には、出力電圧よりある程度高い電圧の直流を供給します。この直流は安定化されている必要はありませんが、最大電流を流したときでも、安定化された出力電圧よりちょっと高い電圧でなければなりません（どれだけ高ければよいかは、回路構成で決まります）。

安定化電源回路の内部には、基準電圧源があります。これはツェナーダイオードなど、一定

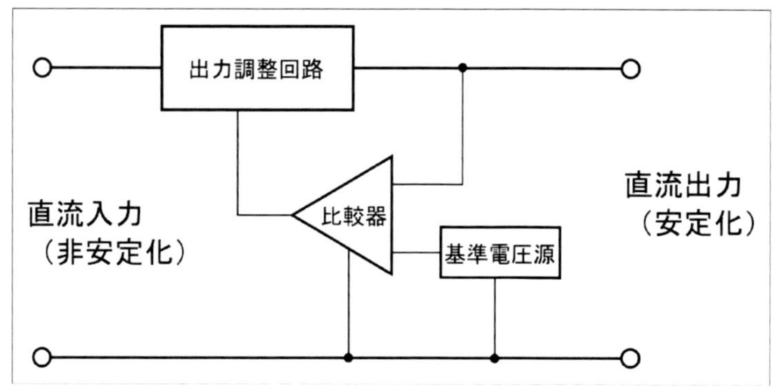

図2-11　安定化電源

の電圧を発生できるデバイスを使用します。電源装置の制御回路は、実際に出力している電圧と基準電圧を、コンパレータ（比較器）という回路で比較します。そして出力電圧が基準より低ければ、電源の出力電圧を上げ、基準より高ければ出力電圧を下げます。電圧の上下は、出力電流を流すパワートランジスタを制御して調整します。これによりトランジスタで降下する電圧が変化し、トランジスタの出力側が規定電圧となります。この調整が常時行われており、反応は十分高速なので、負荷の電流が変わっても、出力電圧を一定に保つことができます。

この方式の欠点は、電力損失が大きいことです。元になる電源電圧と出力電圧の差は、トランジスタで吸収されます。そして出力電流もこのトランジスタを流れるため、ここで相当の熱が発生します。出力の大きな電源では、トランジスタの温度が上昇しすぎないように、大きな放熱器やファンが必要になります。ここで放出される熱は、無駄になった電気エネルギーです。出力電力が大きくなるほど発熱量も多くなり、効率的な電源とは言えません。

現在は、より効率的なスイッチングレギュレーターが広く使われています。仕組みの解説は省略しますが、余った電力を熱にするのではなく、最初から必要な電力だけを供給し、それをきれいな直流にして負荷に供給するという考え方です。

2-3-6　定電流電源

定電圧電源に対し、定電流電源というものがあります。これは負荷の状況に関わらず、常に一定の電流を流し続ける電源です。電流値を一定に維持するために、負荷の状況、具体的には負荷の抵抗が変化した時に、出力電圧を変えるという動作を行います。負荷の抵抗が大きくなった時には、それまでと同じ電流を流すために電圧を上げます。

不思議な感じがするかもしれませんが、定電圧電源が、一定の電圧を維持するために電流量を変えていると考えれば、対称的な動作であるとわかります。また定電圧電源が、出力のショート（0Ωの負荷）に対して無限大の電流を流そうとするのに対し、定電流電源は無限大の抵抗、すなわち負荷回路が切り離された場合に、無限大の電圧を出力しようとします。実際には定電圧電源の無限大電流も定電流電源の無限大電圧も不可能なので、適当な値で限界になるか、保護回路が働いて停止することになります。

定電流電源は回路全体の電源として使われることはほとんどなく、回路の一部で部分的に使われるのが普通です。例えばLEDに一定の電流を流すといった用途や、アナログ回路である部分に常に一定の電流を流したいといった用途があります。

<コラム>電源の内部抵抗

負荷の電流が増えると電源の電圧が下がるのは、電源の内部抵抗という考え方で説明できます（図2-12)。電池を、電流量に関わらずVの電圧で電流を流せる理想電池と、内部抵抗Rbが直列につながったものと考えます。これに負荷Rlを接続するとどうなるでしょうか？

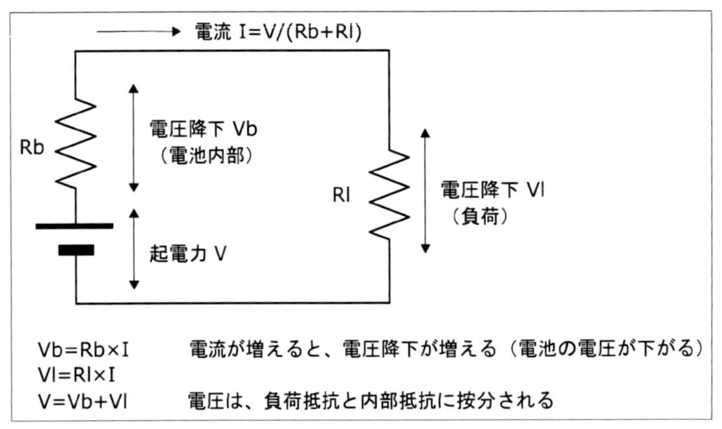

図2-12　電池の内部抵抗

内部抵抗Rbと負荷抵抗Rlは直列なので、これを加算した抵抗値にVの電圧がかかることになります。その結果、電池の電圧は内部抵抗Rbと負荷抵抗Rlで、Vを分圧した電圧となります（オームの法則により、同じ電流が流れる抵抗の両端の電圧は、それぞれの抵抗値に比例します)。すると、負荷抵抗が小さくなる、つまり出力電流が大きくなるほど、内部抵抗Rbの両端に発生する電圧が高くなり、電池の出力電圧は下がってしまうのです。

内部抵抗Rbの小さい電池ほど、大電流を流しても電圧降下が小さくなります。

2-4　電源と回路をどのように保護しているか？

電源のプラスとマイナスの間が直接つながってしまうと、抵抗値がほとんど0になるため、大きな電流が流れます。これを短絡、ショートと言います。ショートにより回路や配線が焼損したり、電源の破損、電池の異常過熱などが起こったりして、最悪、火災に至ります。このような事故を防ぐために、電源まわりには何らかの保護回路を用意し、ショート時には電源を強制的に切るようにします。

保護機能には、異常な電流（過電流）に対するものと、電圧の異常（過電圧や過小電圧）に対するものがありますが、ここでは過電流について説明します。過電流に対する保護機能には以下のようなものがあります。

●ヒューズ

電流による発熱で導線が融け、回路を切断するものです。小型の機器では、ガラス管入りヒューズが使われます。回路が切れた時は、ヒューズホルダ中のヒューズを交換する必要があります（図2-13、図2-14）。

図2-13　ヒューズとヒューズホルダ（電源装置のヒューズ）

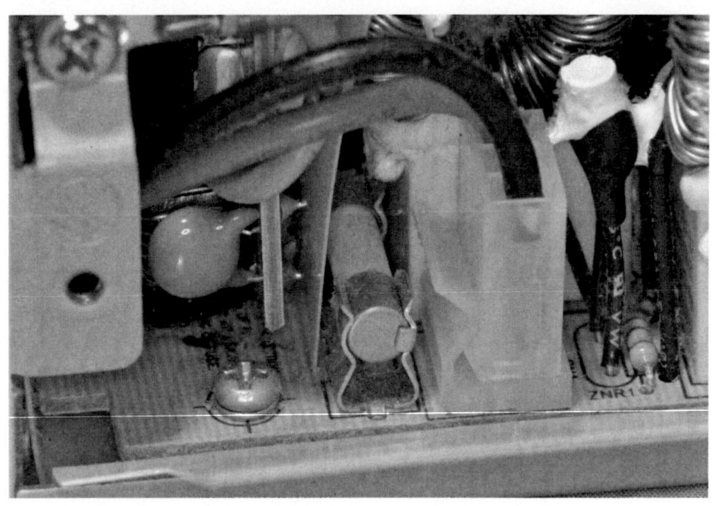

図2-14　電源内のヒューズ（組み込み用電源の基板に取り付けられたヒューズ）

●サーキットブレーカー

スイッチと電流検出素子を組み合わせたもので、大電流が流れると磁気や発熱を利用して、スイッチを自動的に切断します。ノーヒューズブレーカーとも言います。過電流で遮断された時は、原因を取り除いた後で、手動でオンに戻します。

●自動復帰型

市販の電源ユニットやACアダプタの多くは、自動復帰型の保護回路が内蔵されており、内部で定格よりも大きな電流を検出すると、自動的に出力を遮断します。過電流で出力が遮断された時は、一度電源を切り、再度オンにすることで出力が再開します。保護回路が正常動作しなかった時に備えて、ヒューズも併用します。

3

第3章 【基礎編】デジタル信号の動作と入出力端子の仕組みのキホン

◉

本書はマイコン電子工作について解説するので、デジタル回路を中心に扱います。デジタル回路を組む上で知っておきたい最低限の電気の知識を第1章と第2章で解説しましたので、本章からデジタル回路について説明していきます。すでに言い尽くされていることですが、デジタル（Digital）というのは、情報を数値化して扱うことです。そしてデジタル情報処理や信号処理を行うのが、デジタル回路です。情報処理というと難しく聞こえますが、デジタル情報処理の第一歩は、ある状態がオンかオフかといった単純なことです。スイッチがオンかオフか、ランプが点灯しているか消灯しているかなどです。このような情報を無数に、複雑に組み合わせることで、コンピュータが動作し、高速通信が実現されているのです。複雑なデジタル制御を行う時、マイコンを導入すると、周辺のデジタル回路部分を単純化できます。複雑な部分は、ほとんどマイコン内部のハードウェアとプログラムによって実現されるからです（そしてこれがマイコン制御を採用する理由です）。本書ではおもに、マイコンに何かを接続するために必要なデジタル回路について紹介していきます。ここではそのために必要になるデジタル信号の基礎知識を解説します。

3-1 デジタル信号はどんな動作をするのか？

コンピュータが2進数を使っているというのは誰でも知っているでしょう。2進数は0と1の2種類の数字ですべての情報を表します。この2進数の計算を実現するのが論理回路やデジタル回路と呼ばれる電子回路で、これは内部で論理演算という処理を行います。

本書では論理演算の説明をしませんが、これはブール代数という数学で定義された演算処理で、真と偽という2つの値について、AND、OR、NOTといった演算を行います。これらをいろいろ組み合わせると、数値の計算、文字や画像の表現、さらにはそれらを処理する複雑なコンピュータを組み立てることができます。

デジタル回路は真と偽（あるいは1と0）を扱うために、2種類の状態を持つ電気信号を使います。真と偽を電気的に表現する場合、スイッチや電圧、電流のオンとオフに割り当てるのが簡単です。一般的なデジタル回路やマイコン周辺回路では、この2つの状態を電圧の違いで表し、0Vに近い電圧と、電源電圧に近い電圧の2種類を使います。これをわかりやすいようにL（Low、0Vに近い電圧）、H（High、電源電圧に近い電圧）で表します。

デジタルICには電源として5Vを使うもの、3.3Vを使うものがあります。ほかの電圧を使うものもありますが、本書では5Vのものしか扱いません。つまりLは0V近く、Hの電圧は5V弱となります。Hの電圧レベルは、電源電圧が異なる部品を組み合わせて使う際に、注意する必要があります。

3-1-1 HとL

Lは0V近く、Hは電源電圧近くと言いましたが、実際には各部品や製品ファミリーごとに定められています。以下の表3-01と図3-01は、HとLの入力電圧範囲です。

表3-01　HとLの電圧レベル

ファミリー	電源電圧	Hの範囲	Lの範囲	
74シリーズTTL	5V	2V以上	0.8V以下	バイポーラ汎用ロジックファミリー
ATmega	5V	3V以上	1.5V以下	Arduinoで使われているマイコン
74HC	5V	3.5V以上	1.5V以下	TTL互換C-MOS汎用ロジックファミリー
ATmega	3.3V	2V以上	1V以下	
74HC	3.3V	2.3V以上	1V以下	

これを見るとどんな部品でもグラウンド近辺ならL、だいたい電源電圧の半分ないし2/3以上ならHであることがわかります。ただしある電圧値を境にHとLに分けられるのではなく、HでもLでもない範囲を挟んでいます。

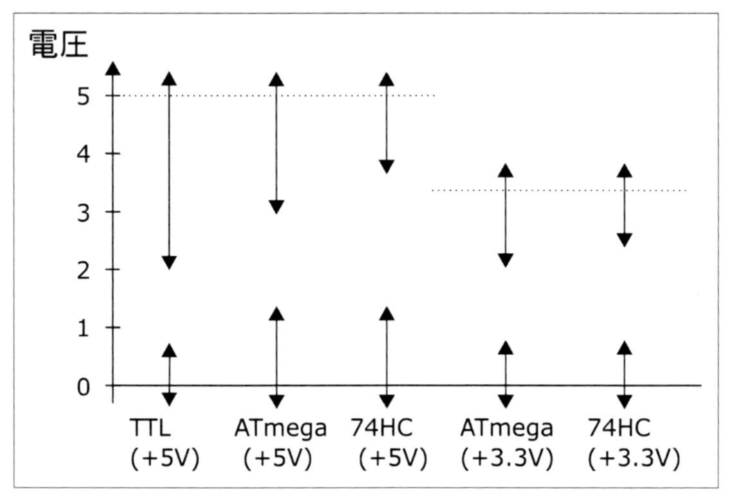

図3-01　HとLの電圧レベル

マイコンも含めて多くのデジタルICは、信号の出力はHかLです。そして規定以内の負荷が接続されていれば、H出力は電源電圧に近く、L出力は0Vに近い値となります。そしてここに示した信号入力のHとLの電圧は、出力側の電圧に対して十分に余裕がある範囲となっているので、これらの規格に適合している部品どうしを接続する分には、問題なくHとLを伝達できます。

前述の表3-01で、参考に示したTTL以外のファミリーはC-MOSという半導体構造で、電源電圧が同じならほぼ同等のHとLの電圧規格となります。このHとLの電圧仕様をC-MOSレベルと言います。

ここでちょっと疑問です。デジタル入力に半端な値を与えるとどうなるのでしょうか？

答えは、そのような電圧を長時間入力端子にかけてはいけないということです。HとLの電圧範囲の間にある半端な電圧が入力に加わった場合に起こり得ることを以下に示します。

●入力がHと判断されるかLと判断されるかわからない

ロジック回路がどのように動作するかわかりません。

●ロジック回路が想定外の状態になる

その入力端子に関連する内部回路や出力端子が、HでもLでもない状態になる可能性があります。

つまりロジック回路で、入力端子にHとLの中間の電圧を与えると、回路が正常動作しない可能性があります。実際には、HとLの切り替えの過程で一時的にこの電圧範囲になりますが、一般的なロジックICやトランジスタ回路の出力電圧の変化時間なら、問題になることはありません。

また回路の構成を工夫して、中間の電圧を許容する入力端子もあります。本章内で紹介するシュミットトリガー入力は、そのような性質を備えたものです。

3-1-2　入力と出力

マイコンLSIや汎用ロジックICなどの、信号を外部に送り出す端子を出力端子と言います。そして外部から信号を受け取る端子を入力端子と言います。マイコンやロジックICはデジタル信号を扱うので、アナログ信号以外の入出力信号はHかLの電圧レベルを扱います。

出力端子から送られたロジック信号は、ほかの1つ以上の入力端子に接続することができます。このような接続により、あるICからのデジタル信号出力を、別のICに情報として送ることができます。

マイコンチップなどの表記では、出力はO（Output）、入力はI（Input）で表されることが多いです。

ロジック回路の信号線は、図3-02のように出力端子と入力端子が接続されます。図に示されているシンボルはロジックゲートで、本書では説明していませんが、HとLに基づいて論理演算を行うモジュールです。

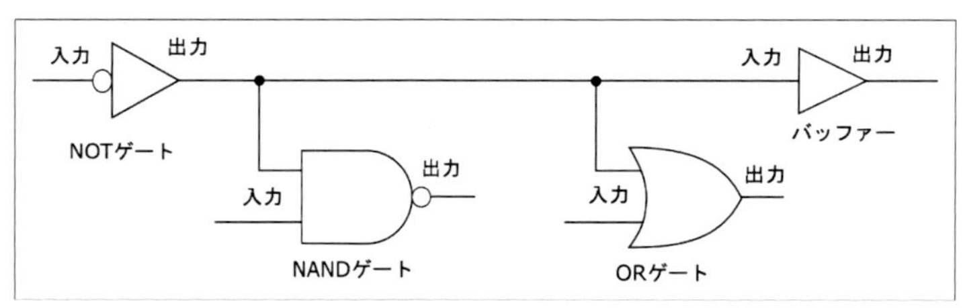

図3-02　入力端子と出力端子の接続

当然ですが、信号を接続する配線には、1つの出力端子が含まれている必要があります。入力端子だけを複数接続しても、その信号線がHかLかを示す出力信号がなければ意味がありません。また原則として、出力端子を2つ以上接続してはいけません。この理由および原則の例外については、本章内で解説します。

3-2　出力端子の構成と特性とを理解しよう

まず出力端子の構成を見てみます。これを理解することで、電子回路において出力ポートをどのように使うのか、そして出力端子どうしをつないではいけない理由がわかるでしょう。

<コラム>ポート

マイコンLSIの入出力端子のうち、外部の制御や情報の取得のために汎用的に使えるものを、入出力ポート（I/Oポート）と言います。ポート（Port）には港やボイラーの蒸気口といった意味があります。ものが出入りする口という意味で、マイコンのポートは情報の出入り口ということになります。マイコンの端子でも、用途が決まっているもの（リセット、電源など）はポートとは言いません。

本章では、信号をやり取りする口の総称として入出力端子という用語を使っています。I/Oポートは入出力端子ですが、入出力端子がすべてI/Oポートであるわけではありません。また汎用ロジックICの入出力端子は、ポートとは呼びません。

3-2-1　出力端子の構成

前に触れたように、出力端子はL状態で0Vに近い電圧、H状態で電源電圧に近い電圧となります。この仕組みを簡単に説明します。

出力端子には、ICチップ内のグラウンドと接続するトランジスタ（MOS FET）と、電源側に接続するトランジスタがつながっています。これらのトランジスタはスイッチとして働き、オンであればトランジスタが導通して電流が流れ、オフなら回路を遮断します。図3-03に、トランジスタの接続と、それをスイッチで置き換えたものを示します。

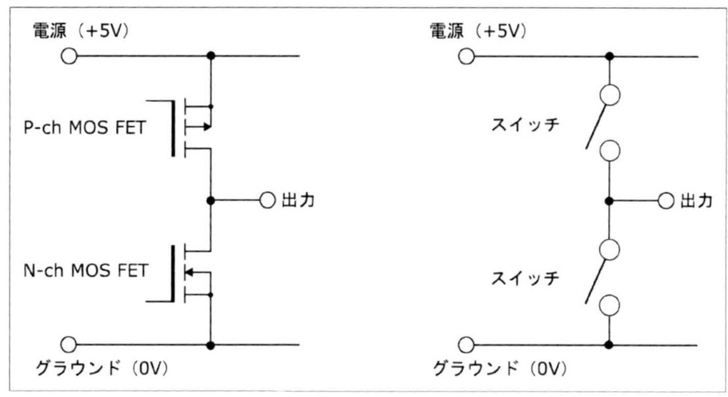

図3-03　出力端子の内部回路

上側のスイッチがオンで下側のスイッチがオフなら、出力端子には電源電圧と同じ電圧がかかってH状態になり、逆に上側がオフで下側がオンなら、出力端子はグラウンドにつながり、L状態なります（正確には、MOS FETによる電圧降下がわずかにありますが、ここでは無視します）（図3-04）。

上下が同時にオンになると、電源とグラウンドが直結になり、ショート状態になってしまうので、このような状態にはならないように作られています（両方ともオフという状態もあり得ますが、これについては後述します）。

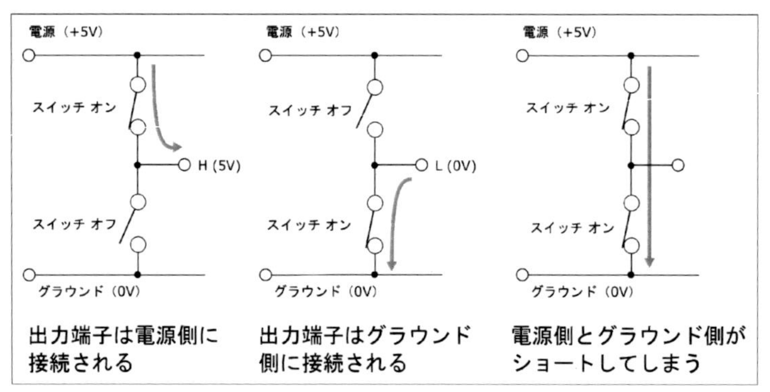

図3-04　出力端子の動作

上下のスイッチが同時にオンになるとショートしてしまうということは、複数の出力端子を接続してはいけないということにつながります。図3-05のように2つの出力端子aとbをつなぎ、端子aがH、端子bがLを出力するとどうなるでしょうか？　端子aは電源側につながり、端子bはグラウンド側につながっているので、2つの端子をつなぐ配線を介して、電源とグラウンドがショートしてしまいます。

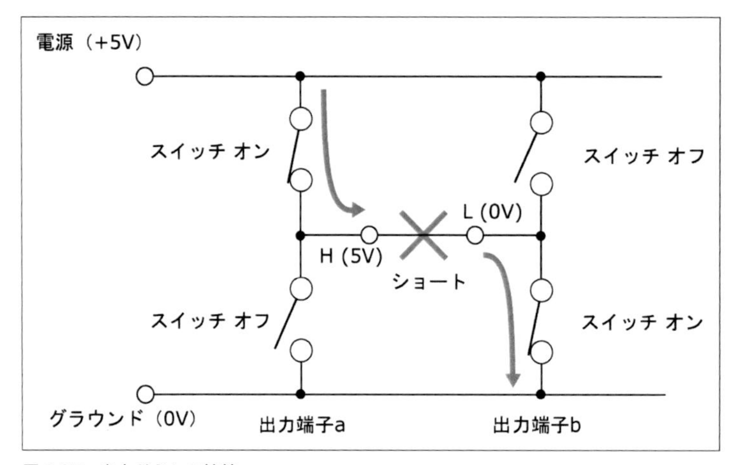

図3-05　出力どうしの接続

このような構造の出力端子は、スイッチを一方だけオンにすることで、HかLの電圧を出力することができます。このように、電源側とグラウンド側のそれぞれにスイッチングトランジスタが置かれる構成の回路を、トーテムポール出力と言います。トランジスタが縦に並んでいることが名前の由来でしょうか。

出力端子の接続先が、その線の電圧を見るだけという回路（一般的なデジタルICの入力回路は、電圧がHかLかを判定します）なら、出力端子からの配線を宛先の入力端子に接続するだけで済みますが、出力端子に何らかの負荷を接続する場合は、もう少し考えなければなりません。出力端子に流れる電流という面で見てみましょう。

以下の図3-06では、H状態の出力端子はスイッチを介して電源とつながっているので、出力端子とグラウンドの間に電位差があり、ここに何らかの負荷（抵抗やLEDなど）をつなげば、端子からグラウンドに向けて電流が流れます。この状態で端子がL状態になると、負荷の両端ともグラウンドにつながることになるので、電流は流れません。

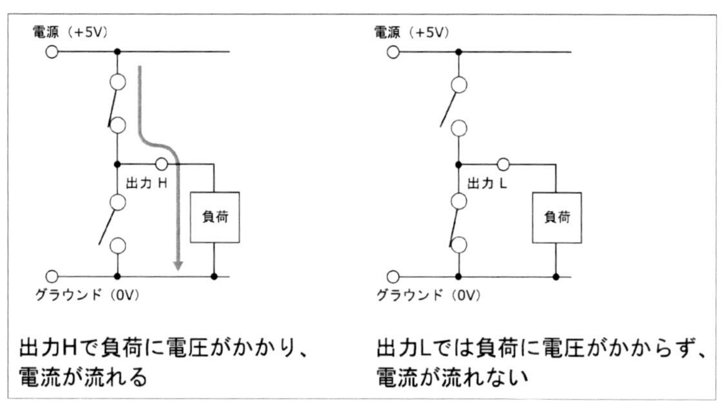

図3-06　出力端子からグラウンドへの電流

違う接続のパターンもあります。図3-07は負荷を電源と出力端子の間に接続した場合を示しています。この場合、出力がLになると、電源から出力端子に向けて電流が流れます。この接続で出力をHにすると、負荷の両端が電源側に接続されることになり、電位差がなくなって電流が流れません。

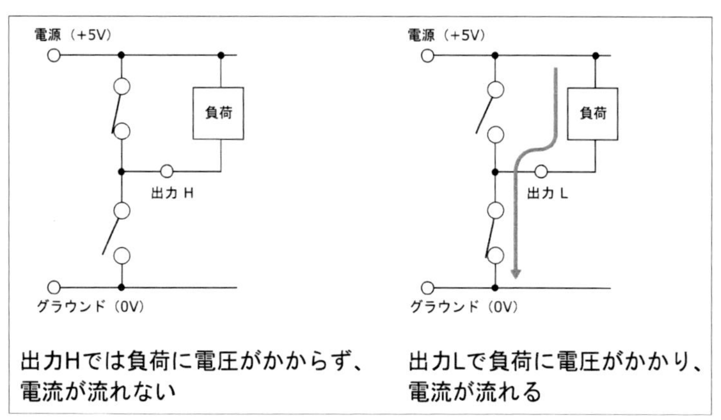

図3-07　電源から出力端子への電流

このように、出力端子につないだ負荷に電流を流す場合、図3-06のように出力端子からグラウンドに向けて流すという方法と、図3-07のように電源側から出力端子に向けて流す方法があります。前者では端子から電流が流れ出ることになり、後者は端子に電流が流れ込みます。端子から流れ出る電流をソース（Source）電流と言います。Sourceは電流の供給元という意味です。端子に流れ込む電流はシンク（Sink）電流と言います。Sinkは沈み込む、浸透するといった意味があり、電流が流れ込むことを表しています。

ソース電流とシンク電流は、端子の位置において、流れる向きが逆になることに注意してください。LEDのように電流の方向を考えなければならない負荷を接続する場合、適切に接続しないと正しく動作しません。

3-2-2　出力端子の特性

出力端子は、H状態の時はグラウンドに向けて電流を流す、つまりプラス電源として機能することができます。L状態の時は逆に電源側からの電流を吸い込むグラウンド（マイナス電源）として機能できます。しかし電力を供給できるといっても、小さなICの出力端子であり、しかも1個のマイコンチップにはこのような端子（出力ポート）が多数あります。このような出力端子から大量の電力を供給できないのは明らかでしょう。もしチップが供給できる以上の電流を流してしまったら、出力回路が破損したり、あるいはチップ全体が壊れたりしてしまいます。

マイコンの出力ポートやデジタルICの出力端子がどれだけの電流を扱えるかといったことは、チップのデータシートに記載されています。本書で取り上げているArduinoに使われているATmega328Pというチップの出力端子の特性を表3-02に示します（データシートより抜粋）。このチップは電源電圧を変えられるので、特にHの電圧は電源電圧によって変化します。本書で扱っているArduinoは5Vで動作しているので、Lレベルの出力電圧は0.9V以下、Hレベルの出力電圧は4.2V以上となります。

表3-02　ATmega382Pの出力特性

略号	意味	値	備考
	I/Oピンの絶対最大電流	40mA	チップ全体で200mAまで
	I/Oピンの推奨最大電流	20mA	チップ全体で100mA
Voh	出力Hの最小電圧	4.2V	電源5V、ソース電流20mAの時
Voh	出力Hの最小電圧	2.3V	電源3V、ソース電流10mAの時
Vol	出力Lの最大電圧	0.9V	電源5V、シンク電流20mAの時
Vll	出力Lの最大電圧	0.6V	電源3V、シンク電流10mAの時

この表のI/Oポートの絶対最大電流が、Hの時の最大ソース電流、つまりグラウンドに向けて流れる最大電流、そしてLの時の最大シンク電流、つまり電源側から流入できる最大電流となります。これを超える電流が流れると、出力回路を構成しているトランジスタに過電流が流れることになり、破損する可能性があります。

流れる電流が大きくなると、端子の電位が変動します。一般にLの場合、電流が増えると電圧が高くなり、Hの場合は電流増加で電圧が低くなります。端子のH、Lの電圧範囲は、こういった変動も含めて示されたものです。

I/Oポートの最大電流値はそれぞれの端子ごとに定められたものですが、それとは別に、チップ全体での最大電流値が定められています。ATmega328Pではこの値は200mAとなっています。この電流値はI/Oポートだけでなく、内部で消費されるものも含んでの値となります。

注意しなければならないのは、データシートに示されているこれらの最大電流値は、絶対最大定格であるということです。絶対最大定格とは、いかなる状況であっても、たとえ一瞬でも、これを超えてはならない（超えた場合は、チップの健全性が保証されない）値です。

ATmega328Pを実際に使用する際は、ポート当たり20mA、チップ全体で100mA、つまり絶対最大定格の半分で使うことが推奨されています。

3-3　入力端子の構成・特性、および問題回避の工夫

ほかのICチップや外部回路からのデジタル信号を受け取ることを入力と言い、そのための端子を入力端子と言います。

入力端子は、ほかのチップの出力端子、あるいは同等の機能を持つ回路で生成されたデジタル信号、つまりHとLの信号を受け取り、それがHであるかLであるかを判定し、チップ内部の回路に伝えます。その情報は、マイコンのプログラムで情報として読み込まれる（入力ポート）ものかもしれませんし、あるいはほかのハードウェア回路の動作に使われるものかもしれません。

どのように使われるにせよ、入力回路の仕事は、その端子に与えられた電気信号がHかLかを判定することです。

3-3-1　入力端子の構成

前に説明したように、チップの出力端子はトランジスタをスイッチとして使った出力回路です。それに対して入力は、IC内部のトランジスタ回路を制御する信号として使われます。入力端子に接続されたトランジスタ（MOS FET）は、入力されたH、Lの状態の電気信号に応じて内部回路の動作を切り替え、チップ内部で何らかの動作を行います。実際に入力端子に接続されたトランジスタがどのような回路構成になっているかは、ICの種類（バイポーラ、C-MOSなど）で異なります（図3-08）。チップのデータシートには、入力回路がどのようになっているか示されている場合もあります。

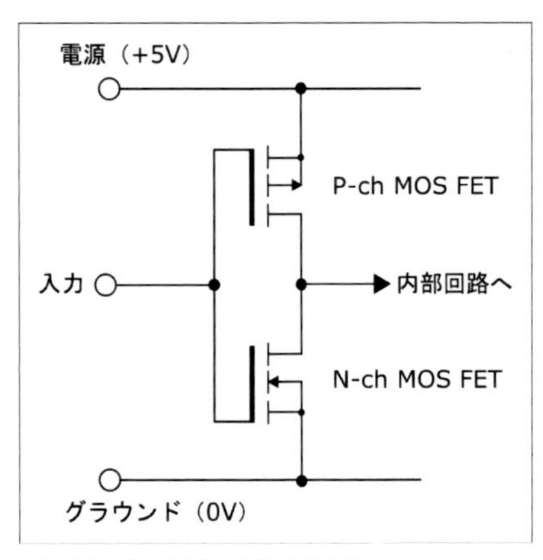

図3-08　入力端子の内部回路の例

3-3-2　入力端子の特性

出力端子の特性と負荷側の回路を組み合わせて考えなければならないのと同様に、入力端子の特性に基づいて、そこに接続する回路を考える必要があります。

とはいっても一般的なデジタルICの入力端子は、電力を消費するという性質のものではないので、難しいことを考える必要はほとんどありません。チップのデータシートを見ると、Hレベル、Lレベルの入力の時に入力端子にどれだけの電流が流入するかといった仕様が記載されていますが、実際に見ると、現在一般に使われているC-MOS ICの場合、これらは出力端子の供給電流に比べてごくわずかな電流であり、考慮する必要はほとんどありません。

しかし前に触れたように、入力端子に与える電圧範囲が定められており、これを外れると不具合が発生する可能性があります。そのため問題を起こさないようにする工夫が必要なことがあります。これについては、本章内で後述する「プルアップ／プルダウン」、「シュミットトリガー入力」の項で説明します。

もう1つ問題になる可能性があるのは、入力端子の容量です。C-MOS ICの入力端子は、内部のMOS FETの構造からコンデンサのような性質があり、その容量も示されています。つまり入力端子は、グラウンドや電源との間に接続されたコンデンサのように振る舞うのです。第1章で簡単に説明しましたが、コンデンサは電圧が変化した時に一時的に電流が流れます。そしてその過渡期には、電圧変化が多少ゆっくりになります。たくさんの入力端子が接続されていると、この電流は大きくなり、電圧変化の時間が長くなります。超高速回路ではこれが問題になることがありますが、本書で扱うような規模のマイコン回路では、気にする必要はないでしょう。

＜コラム＞バイポーラICの入力端子

現在一般に使われているC-MOS ICの入力端子に流れる電流はごくわずかですが、バイポーラICの場合はちょっと事情が異なります。バイポーラICの入力端子には、電流がグラウンドに流れ出ることにより、Lレベルと判定するものがあります。この場合、Lを確定させるために、ある程度の電流量が必要になります。またこの特性により、入力に何もつながない場合は、自動的にHと判定されることになります。

かつて広く使われていたバイポーラTTLシリーズはこのような構成であったため、電流値の面で、1つの出力端子に接続できる入力端子の数の制限がありました。

3-3-3　プルアップ／プルダウン

前に、入力端子はHかLの電圧範囲でなければならず、中間にしてはいけないと説明しました。そのため入力端子は原則として未接続状態にしてはいけないという注意点があります。未接続の入力端子は、どこからも出力がつながっていないため、中途半端な電圧になってしまう可能性があります。またノイズの影響で、信号線がつながっていないにも関わらず、H状態になったりL状態になったりするかもしれません。そのため、未使用の入力端子は、原則としてグラウンドか電源に接続し、安定した電圧となるようにします。

<コラム>マイコンチップの入力端子

マイコンチップの未使用の入力端子も、実際には適切に処理すべきなのですが、考えなければならない点があります。マイコンの未使用端子を電源かグラウンドに接続した時、誤ってその端子を出力に設定すると、そこでショートし、チップが破損する可能性があります。この問題を避けるためには、後述するプルアップ/プルダウンと同じように、抵抗を介するようにします。これで、誤って出力にしても、抵抗で電流が制限されるので破損には至りません。

あるいは端子を出力に設定するという方法があります。出力端子とすることで、未接続であってもHかLに確定します。

現在のマイコンチップの多くは入力に保護回路が入っており、未接続のままでも問題が起こりにくいようになっています。実際問題としてはマイコンの未使用端子について、特に対処しなくても問題は起こりません。本書で説明している実験回路では、未使用端子の処理は特に行っていません。

回路の構成によって、入力端子に信号がつながれていたり、何もつながっていなかったりするという状態になる場合があります。例えば外部モジュールを接続する場合、接続していれば入力端子に適切な信号が与えられますが、接続していない場合、入力端子は未接続状態になります。マイコン基板の入力端子などは、このような状態になっています。第9章で説明しますが、入力端子に接点式のスイッチを接続する場合もこの問題があります。スイッチによって電源、あるいはグラウンドに接続される入力端子は、スイッチがオフの時、どこにも接続されないことになってしまいます。

このような構成において、入力端子が未接続という状況にならないように、入力に抵抗を接続します(図3-09)。

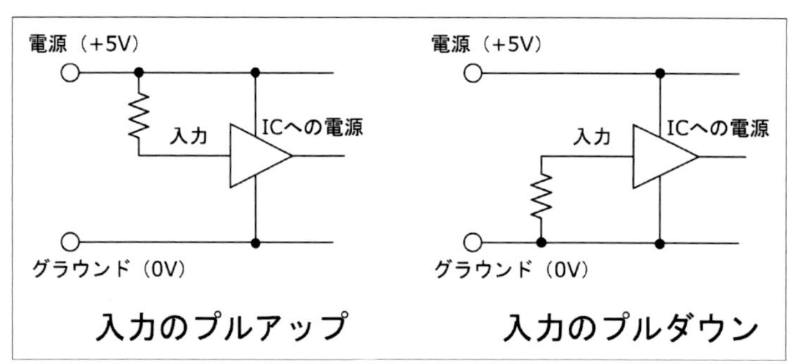

図3-09　プルアップとプルダウン

適当な抵抗を使い、入力端子を電源側に接続することをプルアップ、グラウンド側に接続することをプルダウンと言います。このような抵抗を入れた時に、回路がどのように動作するかを考えてみましょう。

まずプルアップについて考えてみます。何も接続されていない入力端子を、抵抗で電源に接続した場合、電源側から抵抗を介して入力端子に電流が流れます。しかし入力端子の内部抵抗は高いため、電流はほとんど流れません。抵抗の両端に発生する電圧は、抵抗値と電流の積(V=I×R)ですが、電流がほとんど流れないので、抵抗値に関わらず、両端に電位差がほとんど発生しません。これにより入力端子には電源電圧がかかることになり、H入力となります。

プルダウンの場合は電源ではなくグラウンドに接続することになりますが、入力端子からグラウンドに向けて電流が流れないので、抵抗の両端には電位差は発生しません。入力端子はグラウンド電位となり、L入力になります。いずれの場合も、HかLの安定した入力となります。

単にHかLに固定するだけなら、抵抗を入れず、直接電源かグラウンドに接続すれば済みます。ここに抵抗を使うのは、プルアップ／プルダウンされた入力端子に、ほかの出力端子やスイッチからの信号をつなぐことができるようにするためです。この場合、どうなるでしょうか？

プルアップされた入力端子にHレベルの信号を与えた場合、この信号は電源電圧に近いので、プルアップ抵抗によるHレベルとほとんど差はなく、入力端子はHレベルとなります。出力端子は抵抗を介して電源側と接続されますが、電位差はわずかなので問題はありません。

では出力側がLレベルだとどうなるでしょうか？　Lレベルということは、出力端子のグラウンド側のトランジスタが導通しているのですから、電源に接続されたプルアップ抵抗の入力側がグラウンドに接続されることになります。すると、抵抗に電源電圧に近い電圧がかかり、電流が流れます。この状態では、入力端子は出力端子のグラウンド側トランジスタでグラウンドに接続されているので、ほぼ0VでLレベルとなります。例えば1kΩの抵抗でプルアップし、電源電圧が5Vなら、約5mAの電流が抵抗に流れることになります（I=V/R）。4.7kΩなら約1mAです（図3-10）。

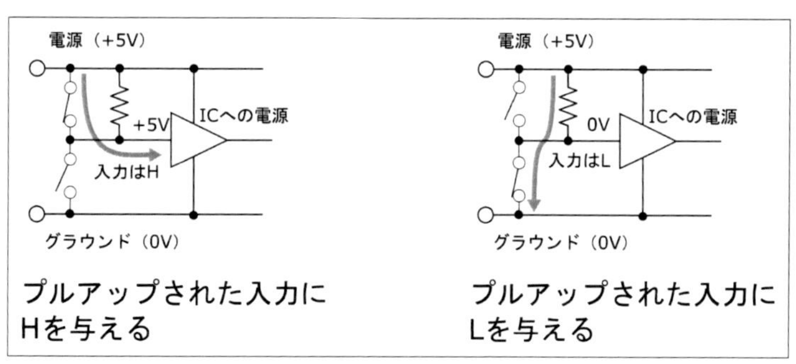

図3-10　プルアップされた回路の動作

プルダウンの場合は、電源側とグラウンド側の関係がプルアップの時と逆になります。Lを出力した場合はプルダウン抵抗によるLレベルと電位差はなく、入力はLになります。Hレベルを出力した場合は、出力端子の電源側トランジスタ－プルダウン抵抗－グラウンドと電流が流れることになります。電流量の計算はプルアップの場合と同じです。接続されている入力端子はHになります（図3-11）。

このようにプルアップ／プルダウン抵抗を接続することで、入力がHでもLでも、そして未接続であっても、入力端子の状態はHかLのいずれかに確定します。

もともとMOS ICの入力抵抗は非常に高く、単に入力端子と出力端子をつないだだけなら、電流はほとんど流れないのですが、このようにプルアップ／プルダウン抵抗を接続すると、その抵抗によって出力端子側に電流が流れます。外部からみると、これらの抵抗の値が入力側の

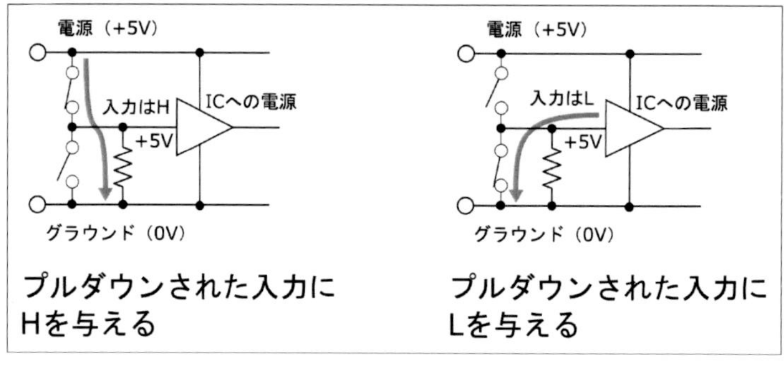

図3-11　プルダウンされた回路の動作

持つ抵抗となります。

注意しなければならないのは、この入力抵抗による電流量が、出力端子の定格電流を超えないように、さらにこのような端子が複数ある場合にチップ全体での定格を超えないようにすることです。これを考えると、プルアップに使う抵抗値が大きいほど、電流が少なくなるので好都合です。例えば10kΩなら0.5mAまで、100kΩなら0.05mAまで下がります。しかしこの抵抗値を大きくしすぎると、外部から長い配線で伝わる信号でノイズによる影響を受けやすくなるとか、スイッチに流れる電流が小さくなりすぎ、接触不良が起こりやすいといった問題が発生することがあります。

一般に、基板内や機器内であれば、5kΩから10kΩ程度、スイッチなどの接触を確実にしたい場合は、これよりさらに小さくして1kΩから数キロオーム程度でいいでしょう。外部接続用では、規格によって推奨抵抗値が定められているものもあります。抵抗値が小さい場合は、信号を出力する側はより大きな電流を流せる必要がありますが、そのための専用ICもあります。これらはバッファやドライバと呼ばれます。

信号線の末端に適当な抵抗（あるいはその他の部品）を接続し、ノイズ耐性を上げたり、信号の伝送特性を調整したりすることを、配線を終端すると言います。高周波（高速データ伝送）を扱う信号線では、このような処理が重要になってきます。

3-3-4　シュミットトリガー入力

入力端子には、HとLの間の中途半端な電圧をかけてはいけないと説明しましたが、回路構成によっては、ゆっくりと電圧が変化する信号を入力端子に与えたい場合があります。このような信号は、中間の不確定な電圧の時間が長くなるという問題があります（図3-12）。またある電圧を堺にHとLが切り替わるようにした場合、切り替わり点近辺で微妙な電圧変化があった時に、HとLを行ったり来たりする可能性があるという問題もあります。

このような入力信号に対し、適切に動作するように工夫した回路として、シュミットトリガー入力があります。これは中間の不確定な電圧帯がなく、ある電圧を境にHとLの判定が切り替わります。さらにLからHに切り替わる電圧と、HからLに切り替わる電圧が異なるという特

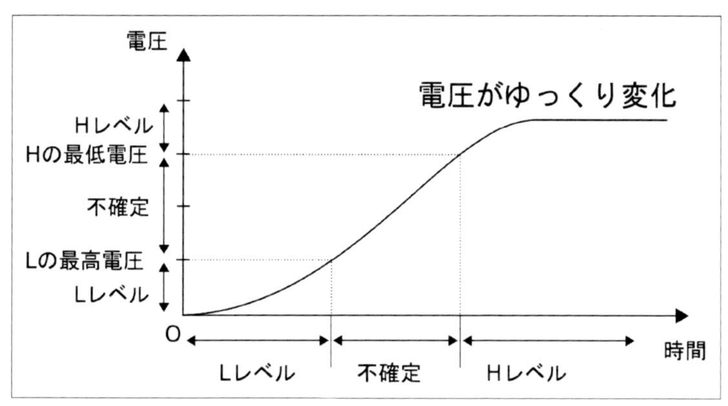

図3-12　電圧変化の遅い信号

徴があります。LからHになる電圧はHからLになる電圧よりも高いため、一度LからHになると、ちょっと電圧が下がってもHを維持し、同じようにHからLになった後は少し電圧が上がってもLのままです。例えばLからHに変わる電圧が3.5V、HからLに変わる電圧が2Vなら、入力電圧が2Vから3.5Vの間で変動しても、入力がHかLかという判定は変化しません。

このような特性を「ヒステリシスがある」と言い、ヒステリシス特性を備えた入力を、シュミットトリガー入力と言います（図3-13）。

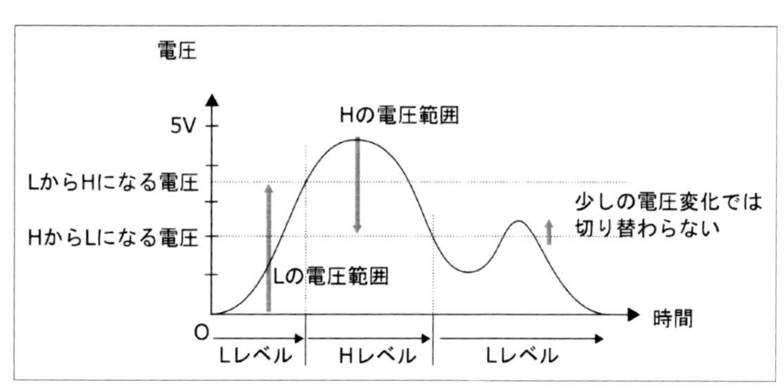

図3-13　シュミットトリガー入力

シュミットトリガー入力は、信号経路が長くてノイズが乗りやすい配線や、コンデンサなどがあり、立ち上がりに時間がかかる回路などに使われます。ATmega328Pの入力ポートもシュミットトリガー入力になっています。

3-4　入出力両用の端子はこんな動作をする

マイコンの汎用I/Oポートは、プログラム中の指定によって、入力ポートにすることも出力ポートにすることもできます。これはどのような構造になっているのでしょうか？

ここでは、入出力を自由に切り替えられる端子の構成について説明します。

3-4-1　入出力の切り替え

入出力両用端子の構造がどうなっているのかという疑問の答えは簡単で、ここまでに説明してきた出力端子と入力端子を単につないであるだけです。トランジスタをトーテムポール接続した出力端子に、IC内部につながる入力回路もつながっています（図3-14）。

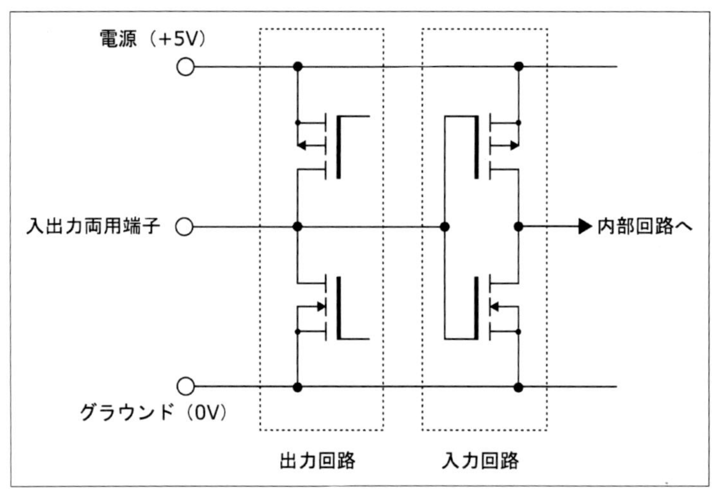

図3-14　入出力両用の端子

このように接続された端子の動作を見てみましょう。

●出力ポートとして動作

トーテムポール接続された2個のトランジスタのどちらかだけをオンにすることで、端子はHかLの電圧となります。ここに接続されている入力回路は電圧を観測するだけなので、出力状態に影響しません。この入力回路は、出力端子の現在の状態を読み込むことができます。

実際、多くのマイコンは、出力に設定したポートの値を読み出すことができます。

●入力ポートとして動作

出力用のトーテムポール接続されたトランジスタを2個ともオフにすると、この端子は電源にもグラウンドにも接続されなくなります。したがって、ここにほかの出力端子からの配線を接続しても、ショートする恐れはありません。入力用の回路は、外部から接続された信号線の状態を得ることになり、入力ポートとして使用できます。

このように、出力用のトランジスタをうまく制御することで、端子を出力用にも入力用にも使うことができます。ただし注意点があります。

接続されている複数の端子の中に出力モードになっているものが2個以上あり、異なるレベルを出力していたらショートしてしまいます。したがっていかなるタイミングでも、複数の端子が出力にならないように制御する必要があります。

マイコンチップはこの問題を避けるために、起動直後（リセット直後）は、すべて入出力両用ポートが入力モードになり、必要なポートを明示的に出力に設定するという構造になっています。

＜コラム＞スリーステート

ここで説明した出力端子の回路のように、ＨとＬとは別に、電源にもグラウンドにも接続されていない状態を実現できる機能のことを、スリーステートと言います。つまりＨとＬの２つの状態（State）のほかに、電気的につながっていない３つめの状態を持つということです。

このＨでもＬでもない出力端子の状態は、ＺやHi-Ｚと表記されることがあります。

3-4-2　双方向通信

入力と出力を自由に切り替えられる端子どうしを接続すれば、接続された2つ以上のICやモジュールの間で、信号を送る向きを自由に変えることができます。外部にメモリやI/Oポートを接続するプロセッサチップでは、メモリやI/Oチップとの間でデータをやり取りするための信号線は、このような動作をします。

重要な点は、前にも説明したように接続された複数のモジュールの中で、出力を行うものがただ1つであるように制御することです。

4

第4章 【基礎編】単に「スイッチ」でも奥は深い

◉

マイコンに限らず、電気／電子機器を人間が操作する上で、スイッチは欠かせない要素です。ここではスイッチの基礎知識を説明します。スイッチの基本的な働きは、外部からの操作によって電気回路をつなぐ、切り離すことです。電気回路をつないだり切ったりすることを、「開閉」と言います。注意してほしいのは、回路がつながっている状態が「閉」、切り離されている状態が「開」ということです。これは回路というループ状の接続が閉じていると電流が流れ、開いていると流れないためです。水やガスのバルブとは関係が逆なので、間違えないようにしてください。

4-1 スイッチにもさまざまな種類がある

日頃何気なく使っているスイッチですが、世の中にはさまざまなスイッチがあります。ここでは、マイコンに接続して微小電流で使うもの、その他小電力の開閉を行うものを取り上げます。

4-1-1 スイッチに流れる電流

スイッチは電流を開閉する機器ですが、流れる電流の大きさによって作りに違いがあります。モーターや熱器具に使われる何アンペア、何十アンペアという電流と、電子回路内の数ミリアンペアから数十ミリアンペアの電流では、それを開閉するための部品や構造が変わってきます。

大電流の開閉では、接点で火花が飛ぶことがあります。この火花によって接点表面に酸化被膜ができたり、凹凸ができたりすると抵抗が大きくなり、微小電流はうまく流れなくなります。一方、微小電流用の接点は、環境や経年変化による接触不良が起きにくい材料を接点に使うなどの工夫がなされていますが、大電流開閉時の火花に耐えられる構造ではありません。こういった点から、スイッチを選ぶ時は使用する電流、電圧を考える必要があります。小型のスイッチに大電流を流すと、火災や感電の危険性がありますし、大電流用のスイッチでは、微小電流をうまく開閉できないことがあります。

スイッチには開閉できる最大電流と最大電圧が規定されています。ただし電子回路で使う微小電流用のスイッチでは、部品が小さいこともあり、直接記載されていないものが多くあります（データシートには記載されています）。デジタル回路で使う場合は、電圧が5V、電流はせいぜい数十ミリアンペアなので、仕様を気にする必要はないでしょう。ただ、電源スイッチやモーター用スイッチは、電流値を考えないといけません。

4-1-2 スイッチの動作

スイッチの操作には、レバーを倒す、ノブのスライド、ボタンを押す、軸を回転させるなどがあります。また操作後にその状態を維持するものと、元の状態に戻るものがあります。

電子回路でよく使われるスイッチの種類を簡単にまとめておきます。

●プッシュスイッチ

ボタン状の操作部を押して使うスイッチです。ボタン部の形状はさまざまで、飛び出したもの、パネルと同一面になるもの、別のボタン部品と組み合わせるものなどがあります（図4-01）。押した時に接点が閉じるものが一般的ですが、押した時に接点が開くものもあります。

足で踏んで操作するフットスイッチもあります。大きくて頑丈な作りになっていますが、機能の面ではプッシュスイッチと同じです。

図4-01　プッシュスイッチ（左はパネル取り付け用スイッチ、右は基板取り付け用スイッチ）

押すのではなく引くスイッチもあります。これはプルスイッチと呼ばれます。照明についている紐を引くスイッチはプルスイッチです。

●トグルスイッチ

1cmないし数センチの長さのレバーを倒す（傾ける）という操作のスイッチです。レバーは数十度の範囲で動き、その位置は2ポジションか3ポジションです（図4-02）。

レバーの形状はいろいろで、棒状のレバーではなく、シーソーのような形状のものもあります。

図4-02　トグルスイッチ（左の２個はパネル取り付け用スイッチ、一番右は基板取り付け用スイッチ）

●スライドスイッチ

ノブを直線方向に移動させるスイッチです（図4-03）。2ポジションないし数ポジションの停止位置を持ちます。デジタル回路でよく使うのは、小型のスライドスイッチを複数まとめて1つのパッケージに収めたDIPスイッチというものです。機器の設定など、使用頻度の低いスイッチに使われます。

図4-03　スライドスイッチとDIPスイッチ（左は一般的なスライドスイッチ、右はDIPスイッチ）

●ロータリースイッチ

軸を回転させるスイッチで、2ポジション以上となります（図4-04）。ポジションが多く必要な時に使われ、数ポジションから多いものでは20ポジション以上のものもあります（アナログテスターのセレクタなど）。

回転範囲が制限されているもの（1回転しない）と、何回転でも自由に回せるものがあります。

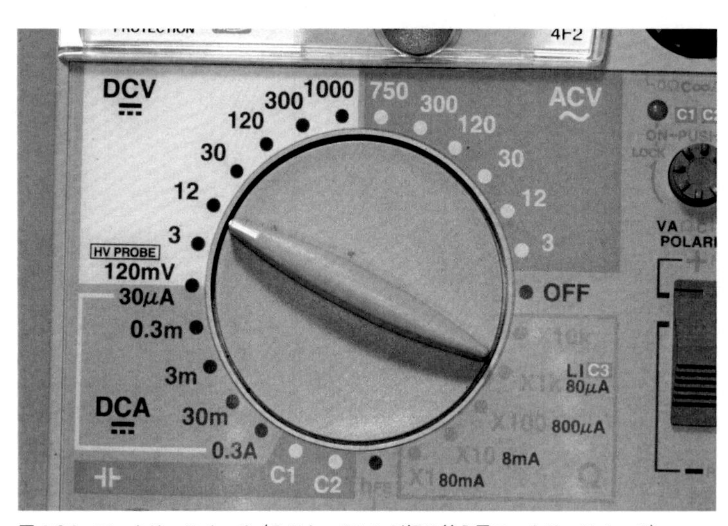

図4-04　ロータリースイッチ（テスターのレンジ切り替え用ロータリースイッチ）

4-1-3 オルタネートスイッチとモーメンタリスイッチ

スイッチは手で（あるいは足などで）操作しますが、操作して手指を離した後、その状態を維持するものと、最初の状態に戻るものがあります。例えばプッシュスイッチでは、押している間だけオンで離すとオフになるものと、1回押すとオンになり、指を離してもオンのままで、もう1回押して離すとオフになるという構造のものがあります。トグルスイッチも、レバーを動かした後、その位置を維持するものと、元の位置に戻るものがあります。

操作している間だけ状態が変わり（オンになる）、操作を終える（指を離す）と最初の状態に戻る（オフになる）タイプのスイッチを、モーメンタリスイッチといいます。モーメンタリ（Momentary）は「一時的な」という意味があります。

オンとオフの状態が、操作するごとに切り替わるタイプのスイッチはオルタネートスイッチといいます。オルタネート（Alternate）は2つの状態が交互に切り替わることを言います。ただしスイッチの場合は、切り替わる状態の数（ポジション）が2つより多い場合もあります。例えば3ポジションのスイッチの場合は、3つの状態のどれかが維持されることになります。また用途によっては、状態が維持されるポジションとモーメンタリ動作のポジションが組み合わされたスイッチもあります。例えば自動車のエンジンキーは、オフ、アクセサリ、エンジンオンは位置が保持されますが、スタートポジションだけは手を離すとオンに戻ります。

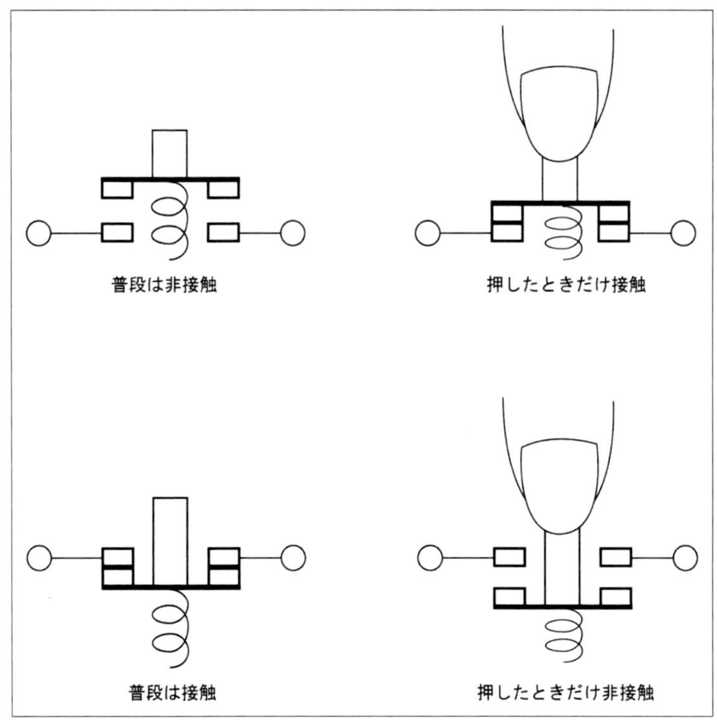

図4-05　モーメンタリプッシュスイッチ

モーメンタリプッシュスイッチの基本的な構造は図4-05のようになっています。ボタンを押すことで可動接点が動き、固定接点に接触し、電流が流れます。ボタンを離すとバネの力で接点が離れます。逆に通常は接触していて、ボタンを押した時に離れるというスイッチもあります。

オルタネート動作の場合は、ボタンを1回押すとオンになり、もう1回押すとオフになります。この動作は、ノック式ボールペンと同じような機械的な仕組みによって実現されます。トグルスイッチの場合は、内部のスプリングによって、レバーの位置が固定されます（図4-06）。

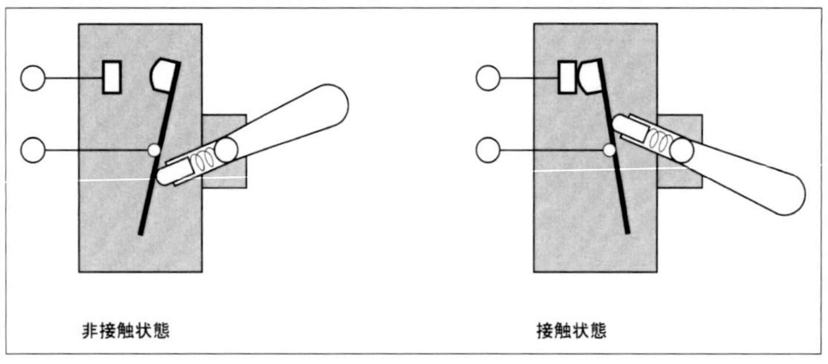

図4-06　オルタネートタイプのトグルスイッチ

4-1-4　接点の構成

スイッチの基本的な構造は、金属の接点を動かし、接触状態か非接触状態のどちらかにして回路の断接を行うというものです。モーメンタリスイッチの場合は、普段は接点が離れていて、操作した時だけ接触するものと、その逆に普段は接触していて、操作したときだけ接点が離れるものがあります（図4-07）。

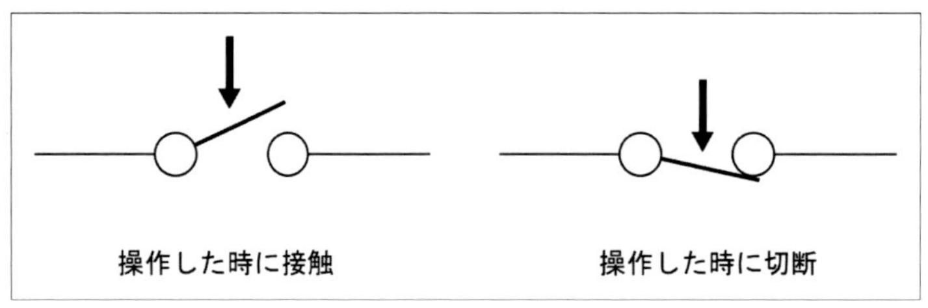

図4-07　基本的なスイッチ

押すとオン、押すとオフというスイッチを組み合わせることもできます。図4-08のスイッチは3個の接点を持ち、中央の接点cが、接点aか接点bに接触します。このスイッチには、以下の3つの状態があります。

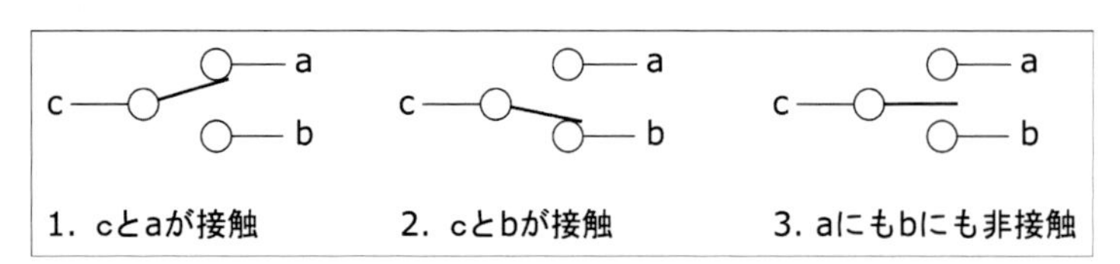

図4-08　トランスファータイプのスイッチ

1. 接点cが接点aにのみ接触している
2. 接点cが接点bにのみ接触している
3. 接点cは接点aにもbにも接触していない

1つのスイッチでオンとオフの2組の接点を切り替えるものを、トランスファータイプの接点と言います。

状態が1から2へ、あるいはその逆に変わる際には3の状態を経由しますが、スイッチの構造により、一瞬3の状態になってすぐに別の状態になってしまうもの（1→3→2、あるいは2→3→1）と、3の状態を保持できるものがあります。

プッシュスイッチでは、3の状態を保持できるものはありませんが、トグルスイッチは3ポジション構成にできるので、3の状態を維持できます。レバーが上下に動く向きに置いた場合、レバー位置は上、中央、下となり、中央の時が状態3になります。このような3ポジションのスイッチをセンターオフタイプと言います（図4-09）。

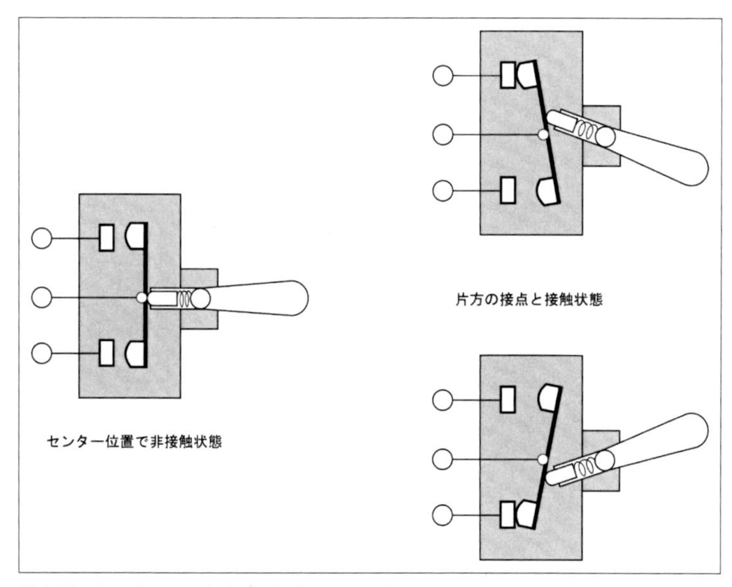

図4-09　センターオフタイプのトグルスイッチ

さらにこの動作は、オルタネート動作とモーメンタリ動作があります。オルタネート動作では、1、2、3それぞれの状態が保持されます。つまりレバーを動かすと、その位置に留まるということです。モーメンタリ動作の場合は、あるポジションが定常位置で、操作している時だけ別のポジションになり、手を離せば定常位置に戻ります。センターオフタイプの場合は、センターが定常位置で、上と下のポジションは、手を離せばセンターに戻ります。

<コラム>両方の接点に接触するスイッチ

トランスファータイプの接点は、cがa、bのどちらかに接触している状態と、どちらにも接触していない状態がありますが、別のパターンも考えられます。cがaとbの両方に接触している状態です。スイッチを切り替えた時に、a-c、a-c-b、c-bというように接触状態が変わるスイッチです。このタイプをメイクビフォアブレイク（Make Before Break、MBB）接点といいます（図4-10）。

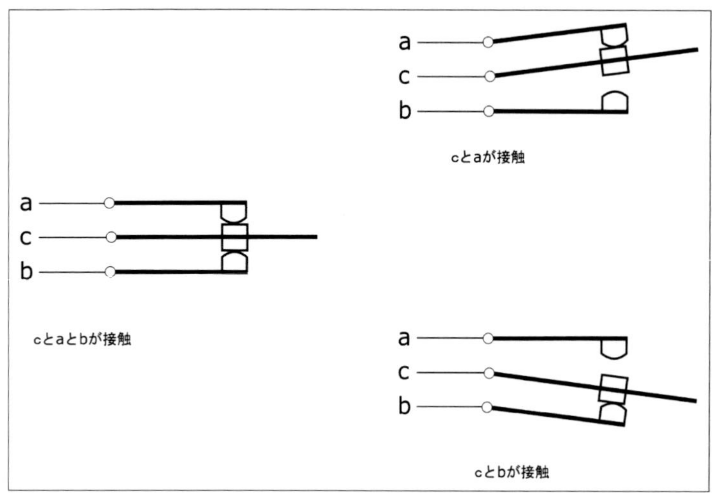

図4-10　メイクビフォアブレイク接点

用途によっては、切り替え時に両方に接続したい場合もあり、そのような時はこのタイプのスイッチを使います。

4-1-5　接点の名称

スイッチのこれらの接点や端子には名前や略号が付けられています。

●共通接点

トランスファータイプの共通で使われる接点です。コモン、COM端子、c接点と呼ばれます。

●操作時に接触

普段は非接触で、スイッチの操作時にコモンと接触する接点です。メイク（Make）、NO（Normally Open）、常開、a接点という名称があります。

●操作時に切断

普段は接触していて、スイッチを操作するとコモンと切り離される接点です。ブレイク（Break）、NC（Normally Closed）、常閉、b接点という名称があります。

4-1-6　接点の回路数

マイコン関連ではあまり関係ないことなのですが、スイッチには回路の数という要素があります。レバーやボタンの操作によりスイッチの接点が切り替わりますが、スイッチによっては、この接点のセットを複数持っているものがあります。例えばトランスファータイプの接点を2組備えたスイッチは、6つの接続端子を持ちます（図4-11）。この中に組み込まれた2組のスイッチは同時に動作しますが、電気的に独立しています。この回路数のことを極数と言います。

このようなスイッチは、回路図では点線で接続し、連動して動作することを示します。

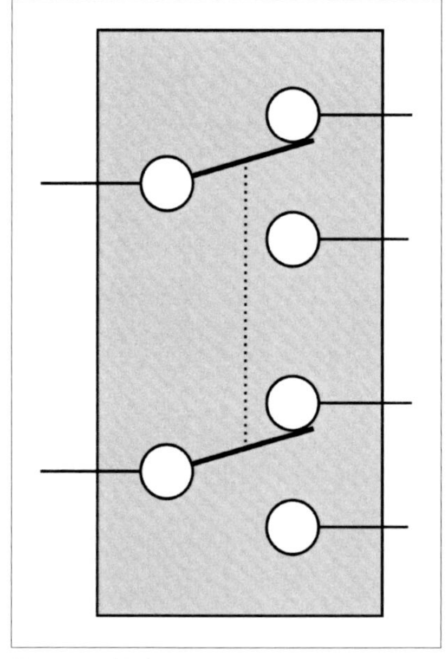

図4-11　2極のスイッチ

マイコンに使う場合、スイッチの状態をマイコンが記憶するので、通常は複数の極は必要ありません。しかし一般的な電気回路では、複数の接点を同時に動かすことで、回路を便利に切り替えることができます。例えば前述のトランスファータイプの2極スイッチを図4-12のように接続すれば、電源の極性を反転することができます。これはモーターの回転方向の切り替えなどに使うことができます。

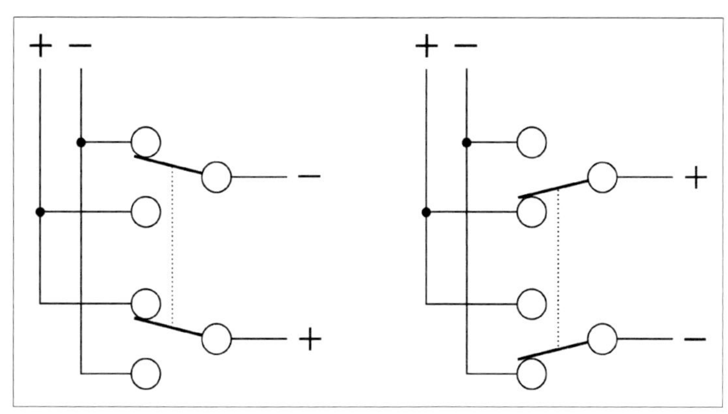

図4-12　逆転スイッチ

4-1-7　リレー

ここまで説明してきたスイッチは人間が操作するものですが、電気的に接点を切り替えるリレー（継電器）という部品もあります。これは簡単に言ってしまうと、電磁石で接点を動かす電気部品です。電磁石に電流を流すことで、接点を備えた鉄片が引きつけられ、回路の接続が切り替わります（図4-13、図4-14）。

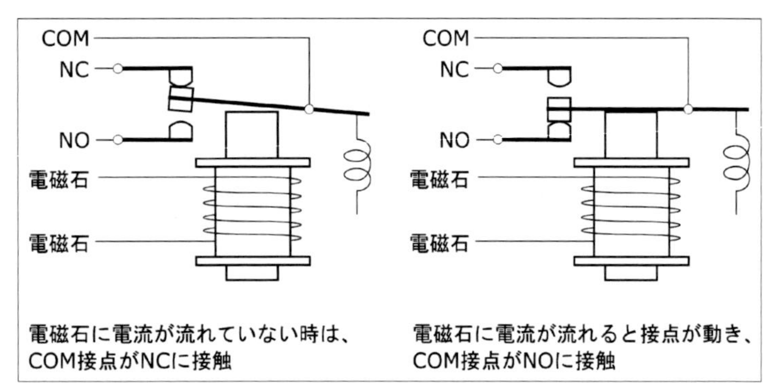

図4-13　リレー

図4-14　リレー（左は基板取り付け用リレー、右はソケット取り付け用リレー）

一般的なリレーは、モーメンタリスイッチと同じように動作します。つまり電磁石に電流が流れている間だけ接点が引きつけられて回路が切り替わり、電磁石の電流がオフになると接点が元の位置に戻るという構造です（トグルスイッチのような動作をするリレーもあります）。

リレーは接点で電流の開閉を行うので、大電流を扱うのが簡単、多回路の開閉ができる、制御側（電磁石）と接点が電気的に絶縁されているといった利点がありますが、動く部分があるため動作が遅い、消費電力が大きいなどの欠点もあります。マイコン回路では、かなりの大電流でもパワートランジスタを使って制御するのが一般的で、リレーの使用はかなり限定的です。

4-2　人間以外が動かすスイッチもある

ここではスイッチを人間が操作するものとしてきましたが、用途によって別の要因で動作するスイッチもあります。ここではそのようなものをいくつか紹介します。

4-2-1　リミットスイッチ

例えば機械の動きを制御する場合なら、機械の動きで動作するスイッチが使われます。ある機械部品が一定範囲内を移動する場合、動作限界位置を超えて動かないように、ある位置まで動いた時点で適当なスイッチを押すような仕組みを作ります。このスイッチで移動用モーターの電源を切ることで、部品が動き続けて何かにぶつかったりすることを防げます（図4-15)。

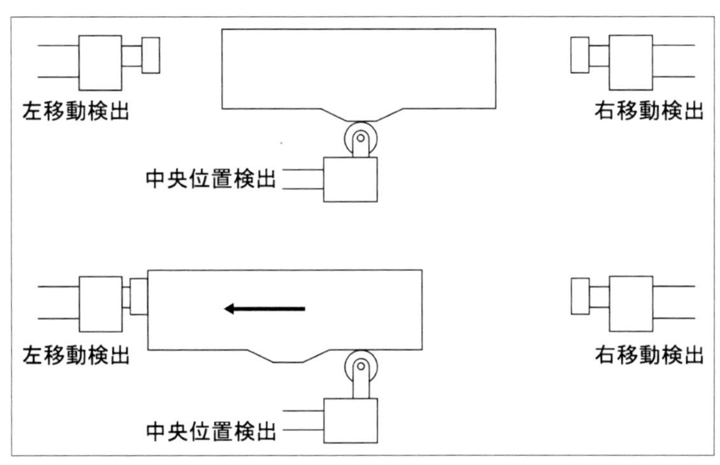

図4-15　リミットスイッチ

このようなスイッチをリミットスイッチと言います。自動的に動く機械やコンピュータなどで制御される機械には、このようなリミットスイッチ（あるいはそれに代わる位置センサー）が数多く組み込まれています。何らかの機械をマイコン制御することがあれば、このような仕組みを組み込む必要性がわかるでしょう。

4-2-2　センサーとスイッチ

外部の状態を調べ、それを電気的な信号に変換するものをセンサーと言います。前述のリミットスイッチも、機械部品の位置を調べるセンサーと考えることができます。このような回路の開閉という形で動作するセンサーは、電気的にはスイッチとして考えることができます。例えば次のようなものがあります。

●水位センサー

水タンクなどで一定の水位に達したことを検知するには、水に浮くフロートとスイッチを組み合わせます（図4-16）。

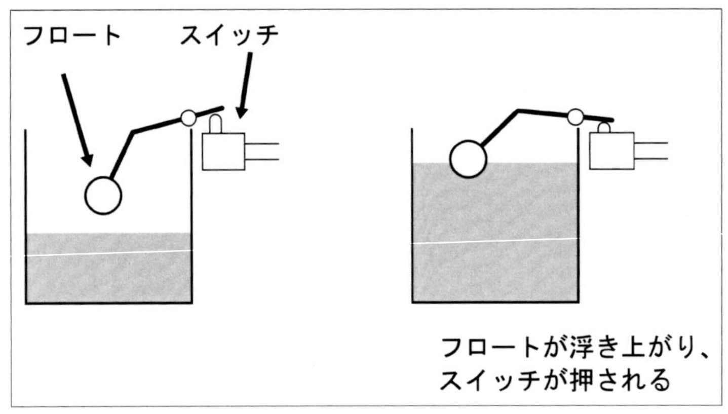

図4-16　フロートスイッチ

●圧力センサー

タンクや配管の気体や液体の圧力は、圧力で変位する部品とスイッチを組み合わせることで実現できます。

●温度センサー

温度による膨張率が異なる金属板を貼り合わせると、温度によって板が曲がります（バイメタル）。これに接点を付けることで、温度のセンサーとすることができます。

これらのセンサーは、オンとオフを判定するセンサーとなります。つまり測定対象（温度や圧力など）が一定値を超えているか超えていないかという判定を行います。それゆえ、スイッチの同類として扱うことができるのです。それに対し連続的な値を得るためのセンサーもあります。具体的には100度以上か100度未満かを調べるのではなく、何度かを調べるということです。このような連続値を得るためのセンサーは、スイッチのようなオンとオフでは実現できません。

5

第5章 【基礎編】ダイオードとLEDの「正体」を探る

◉

現在の電子回路は、半導体部品を中心に構成されています。もっとも基本的な半導体部品に、ダイオードがあります。ダイオードは2本の端子を持つ半導体素子で、電流を一方向にのみ流すという性質を持っています。LEDは発光ダイオード（Light Emitting Diode）という意味で、その名の通り、光を発するダイオードです。まずダイオードについて簡単に説明し、その後、LEDについて説明します。

5-1　そもそも半導体とは何か？

ダイオードは半導体を利用した電子部品です。

半導体に使われるシリコン（Si）などの物質は、純度が高いと電流をほとんど流しませんが、わずかに不純物を加えると電流が流れるようになります。このような状態の材料は、自由に電気を流す導体（Conductor）と電気を流さない絶縁体（Insulator）の中間の性質を持つので、半導体（Semiconductor）と言います。

半導体にはＮ型とＰ型の２種類があり、混入する不純物によって電流の流れる仕組みが変わります。Ｎ型半導体のＮはNegativeという意味で、不純物の混入によって自由に動ける電子（マイナスの電荷）が存在します。この電子が動くことで、金属と同じようにマイナス電荷が移動し、電流が流れます。

Ｐ型半導体のＰはPositiveという意味です。Ｐ型は不純物によって結晶構造中に電子が足りない部分ができます。電子が足りない分、この部分の電荷は正となります。ここには近くから移動してきた電子が収まることができるので、正孔（ホール）と言います。正孔に電子が収まると中性になり、正孔ではなくなりますが、この移動により電子がなくなった部分が新たに正孔になるので、結果的に正孔も電子と同じように移動できます。これは正の電荷の形で電流が流れるということです。

Ｐ型半導体とＮ型半導体は電流が流れる仕組みが異なるため、これらを組み合わせると、さまざまな電気的な現象が起こります。もっとも基本となるのが、Ｐ型とＮ型を組み合わせたダイオードです。Ｐ型とＮ型の接触面では、Ｎ型から移動してきた電子がＰ型の正孔に収まることで、Ｐ型からＮ型に向けて電流が流れることができます（電子の動きと電流の流れは逆になることを思い出してください）。しかし逆向きには流れません。これがPN接合により電流を一方にだけ流すダイオードの原理です（図5-01）。

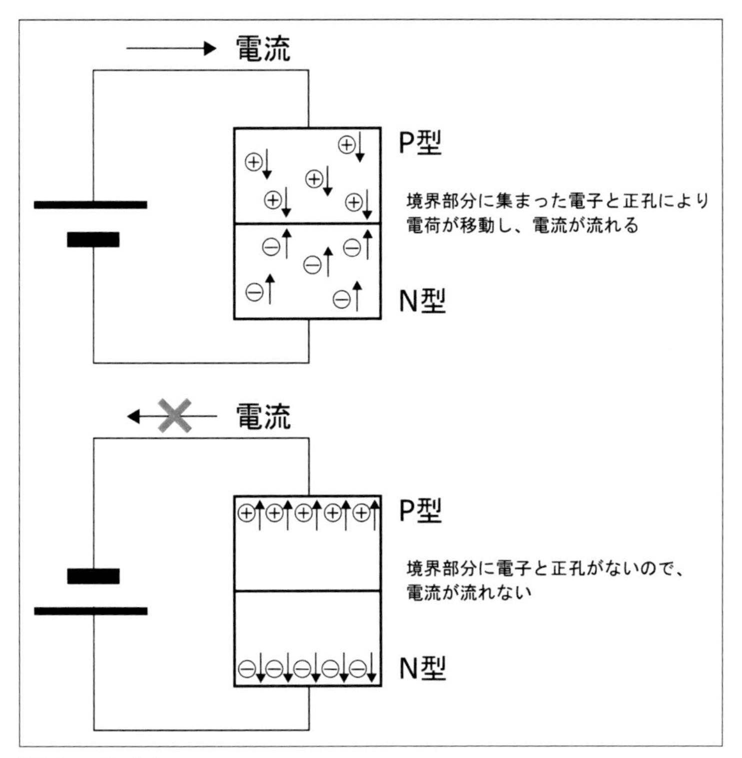
電流
P型
境界部分に集まった電子と正孔により
電荷が移動し、電流が流れる
N型
電流
P型
境界部分に電子と正孔がないので、
電流が流れない
N型
図5-01　PN接合

5-2 ダイオードの仕組みとは

ダイオードはアノード（A）とカソード（K）の2本の端子を持つ半導体素子で、電流を一方向にのみ流します（図5-02、図5-03）。まずはダイオードの基本的な特性について説明します。

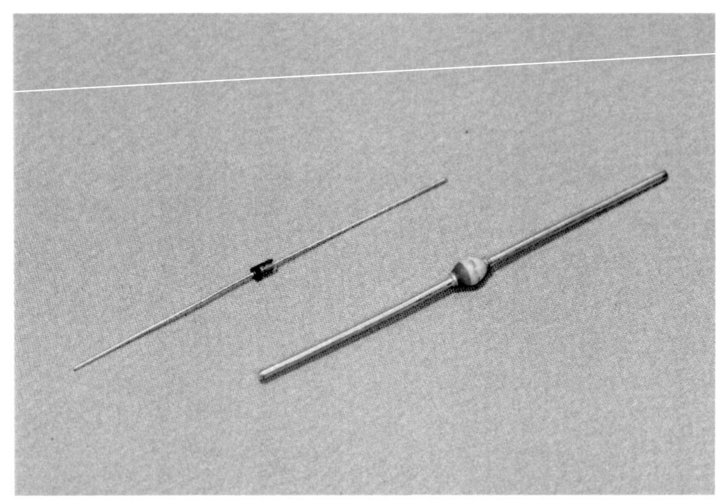

図5-02　各種のダイオード（左は信号用ダイオード、右は整流用ダイオード）

図5-03　ブリッジダイオード（内部で4個のダイオードが接続されている）

5-2-1　ダイオードの動作

ダイオードは図5-04のような記号で表し、AからKの方向にのみ電流が流れ、逆向きは流れません。

電流が流れる方向を順方向、逆向きの流れない方向を逆方向と言います。

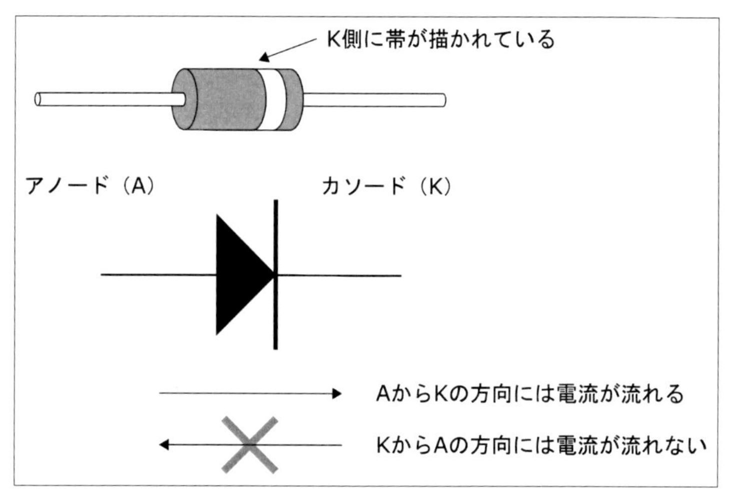

図5-04　ダイオードの動作

5-2-2　順方向電流の特性

アノードからカソードには電流は流れるが、カソードからアノードには流れないというだけなら簡単なのですが、実際にはもう少し考えないといけない部分があります。ここでは順方向の電流の流れ方、そして逆方向の特性について説明します。

図5-05のように、アノード側がプラス、カソード側がマイナスになるように電源を接続します。ダイオードはスイッチや導線のような、抵抗を持たない要素ではありません。電圧を徐々に上げていくとA-K間に流れる電流が増えていきます。ただし図5-05のグラフに示すように、A-K間の電圧と電流は比例関係にはなりません。つまり一定の抵抗値を持つわけではなく、オームの法則でダイオードの抵抗値を計算することはできません。このような性質を非線形といいます（図5-05の回路に抵抗が入っているのは、電流が流れすぎないようにするためです）。

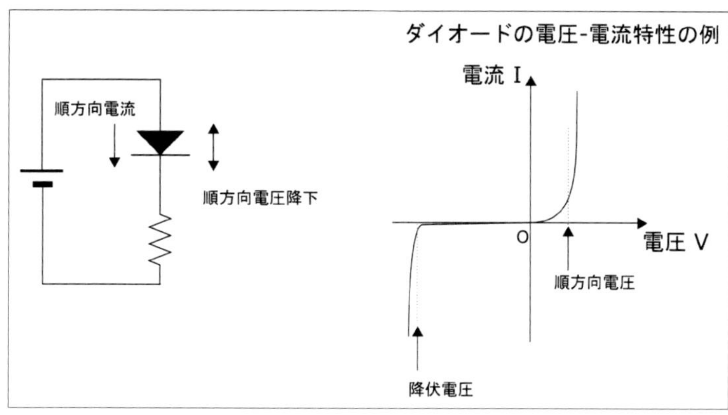

図5-05　ダイオードの電圧-電流特性

0Vからある程度の電圧まで、電流値は徐々に増えていきますが、ある電圧を超えると、電流が増えても端子間電圧がほとんど変化しなくなります。逆に言うと、ダイオードにある程度以上の電流が流れている場合、A-Kの端子間電圧は、電流値に関わらず、ほぼ一定になるということです。この電圧値を、順方向電圧降下と言います。ダイオードの順方向電圧降下は、一般にV_Fと表記されます。つまりある程度以上の順方向電流に関して、ダイオードは電流をよく流すものとして扱うことができます。

順方向電圧降下はダイオードの材料の物理的特性によって決まり、一般的なシリコンダイオードのV_Fは0.6Vくらいです。

もちろん無制限に電流を流せるわけではなく、どれだけの電流を流せるかは、個々のダイオードの特性データとして規定されています。小信号用の数十ミリアンペア程度から電力用の何百アンペアも流せるものまであります。ダイオードに電流を流す時、V_Fだけの電圧降下があるので、この電圧と流れる電流を乗じただけの発熱があります。V_Fが0.6Vで1A流れた場合、0.6Wの発熱があります。許容電流が数アンペア程度のダイオードでは、部品のリード線（そしてそれがつながる配線）を使って放熱します。それより大きいダイオードは、金属ケースに取り付けたり、放熱器を使ったりして熱を発散します。マイコン電子回路では、大電流用のダイオードは電源部に使う程度です。

5-2-3　逆方向の耐圧

図5-05の電圧-電流特性の0Vより左側は、ダイオードに逆方向の電圧をかけたときの特性です。カソード側にプラス、アノード側にマイナスの電圧をかけても、ダイオードの特性から電流は流れません。ただしごくわずかな電流（漏れ電流）は流れます。通常は、漏れ電流は回路の動作に影響を与えるほどのものではありません。

逆方向の電圧を、無制限に上げることはできません。ある電圧（降伏電圧）を超えると電流が流れ始めます。そして順方向の時と同じように、電流が増えても電圧はほとんど上がりません。

整流などの際は、端子間にかかる電圧が降伏電圧以下になるようにする必要があります。一般のダイオードは、逆方向に電流が流れず、安全に使える逆方向の電圧が規定されており、これを逆耐圧といいます。交流を整流して直流にするといった用途にダイオードを使う場合、逆耐圧に余裕を持たせる必要があります。

降伏電圧は比較的安定しており、そして半導体の生成プロセスによって変えることができるので、この特性を利用したダイオードもあります。ツェナーダイオードは、逆方向に電圧をかけた時のA-K間の降伏電圧をきちんと管理することで、定電圧源として使えます（図5-06）。ツェナーダイオードは電源装置などで使用されます。

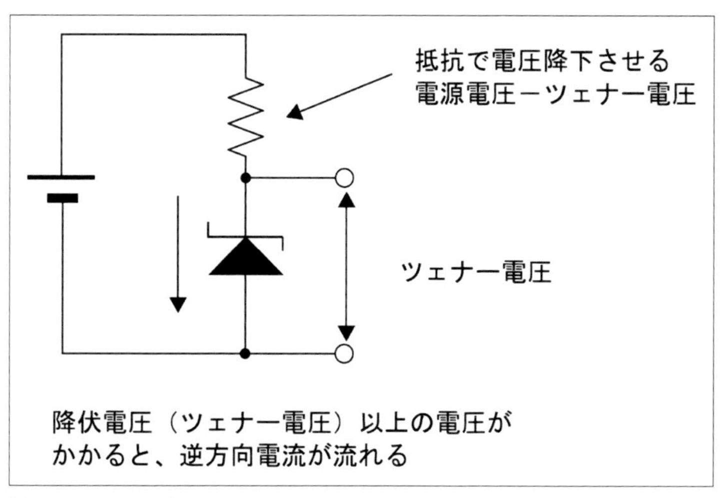

図5-06　ツェナーダイオード

5-3　電流の制御は電位差を利用している

ダイオードの用途として最初に思い浮かぶのは、交流を直流に変換すること（整流）ですが、本書では交流を扱っていないので、整流の話題は省略します。ここでは、電圧の差に伴う電流の流れの制御について説明します。

5-3-1　電源の切り替え

ダイオードの電流を一方向にのみ流すという特性は、ダイオードのアノードとカソードの電位を比べ、アノードのほうが高い時にのみ電流が流れ、カソードのほうの電位が高い場合は流れないということです。

このようなダイオードの特性は、回路の一部の電圧が変化した時に、電流が逆流するのを防ぐという用途に利用できます。例えば主電源とバックアップバッテリがある場合、主電源からバッテリに電流が流れないようにダイオードを入れるという回路を組むことができます（図5-07）。

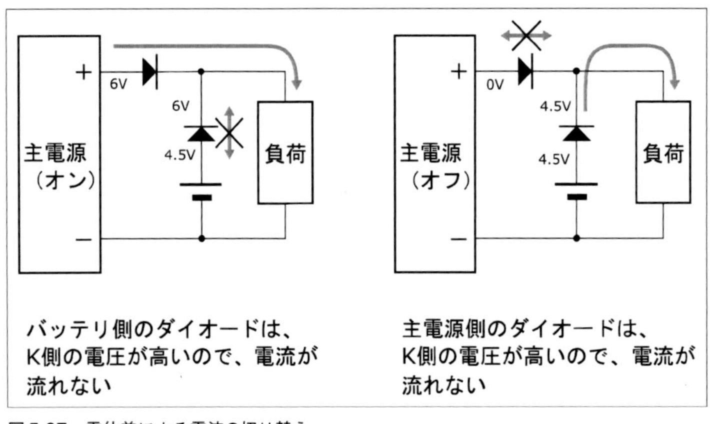

図5-07　電位差による電流の切り替え

主電源が6V、バックアップバッテリが4.5Vとすると、主電源が供給している間は、主電源側のほうが電圧が高いので、バックアップバッテリからの電流はダイオードで遮られます。また主電源からバッテリ側に電流が流れることもありません。しかし主電源が切れて電圧が下がると、バックアップバッテリから電流が流れ、回路には電力が供給され続けます。主電源側のダイオードは、電源停止時にバックアップバッテリから電流が逆流しないようにするためのものです。ここでは考慮していませんが、実際にはダイオードでV_Fだけの電圧降下があることに注意してください。

ダイオードを使った電流の切り替えは、リレー（電磁石で動作するスイッチ）などと違い、切り替え動作に時間を要しません。そのためこのような回路は、一瞬も電流が途切れることなく、電力の供給を続けることができます。リレーでの切り替えは、接点が切り替わるまでの間、供給が途絶えてしまい、瞬断が発生してしまいます。

5-3-2 ダイオードを使ったロジック回路

ダイオードによる電流の流れの制御で、論理演算を行うことができます。

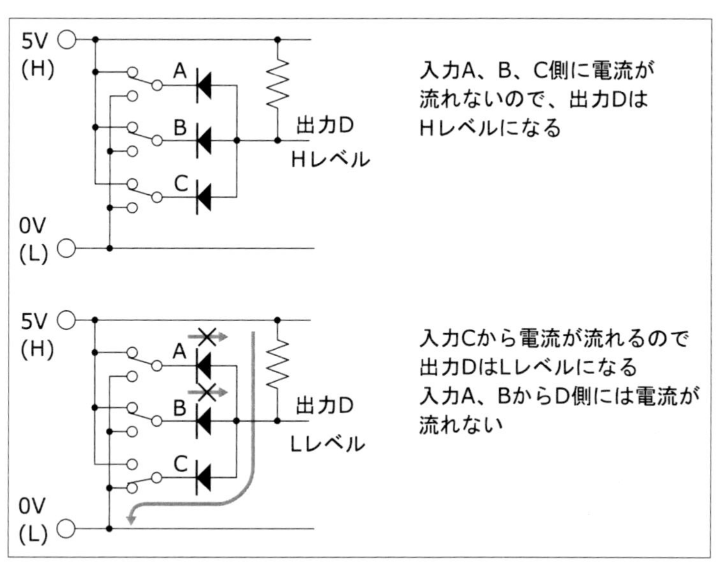

図5-08 ダイオードロジック

図5-08の回路は、入力端子A、B、Cがあり、それぞれにダイオードがつながっています。D点はプルアップされているので、入力がすべてH（5V）なら、D点から入力端子に電流は流れず、状態はHになります。入力のどれか1つでも0V（L）になれば、プルアップ抵抗－Lレベルの端子のダイオードという経路で電流が流れ、回路のD点の電圧は0Vに近くなります（ダイオードの電圧降下V_Fは残る）。

それぞれの入力にダイオードが入っているため、例えばC入力がLでD点がLになったとしても、AとBはHのままで問題ありません。ダイオードによって電流がせき止められるため、A、Bの電圧はD点の電圧に引きずられないのです。もしダイオードがなければ、AがLになった時点でBとCもLになってしまい、そこにつながっているほかの部分からの出力信号がショートしてしまいます。

この回路の意味を考えましょう。A、B、Cの3つがすべてHの時、DもHになるので、この回路はHを真状態とした場合、AND回路となります。あるいは逆に、L状態を真とみれば、どれか1つでもLになるとD点がLになるので、OR回路となります。つまりダイオードだけで論理回路を作れたということです。

<コラム>いろいろなダイオード

整流や小信号のスイッチング（切り替え）といった用途のほかに、ダイオードにはさまざまなバリエーションがあります。その中からいくつか紹介します。

●ショットキーバリアダイオード

一般的なダイオードと内部の構造が違い、V_Fが小さく、逆回復時間（電圧が変わった後、電流が流れ終わるまでの時間）が短いという特徴があります。

●発光ダイオード（LED）

電流を流すと発光するダイオードです。本章で説明します。

●レーザーダイオード

LEDに似ていますが、発生する光が位相の揃ったレーザー光である点が異なります。CD/DVDなどの光学ディスクのピックアップ、光ファイバー通信、レーザーポインタなどに使われます（図5-09）。

図5-09　レーザーダイオード

●フォトダイオード

光が当たると電流が流れるダイオードです。光センサーに使われます。

●トンネルダイオード

電圧ー電流特性が変わっていて、順方向電圧が高くなると順方向電流が小さくなるという特性を持ちます。

●ガンダイオード

マイクロ波の発振に使います。

●可変容量ダイオード

逆方向電圧をかけた時に、K-A間の静電容量が変化することを利用し、可変容量コンデンサとして利用します。

5-4　LEDの全体像をつかもう

LEDは発光ダイオード（Light Emitting Diode）という意味で、順方向に電流を流すと、光を発するダイオードです。

LEDは電球に比べるとわずかな電力で光を発し、効率がよいのが特徴です。かつてはインジケータ類に使うようなわずかな発光出力のものしかありませんでしたが、より大出力発光が可能な高輝度LED、超高輝度LEDが作られ、現在は照明素子としても広く利用されています。

LEDは電球に比べ、反応速度が速いという特徴もあります。電球は熱で光を発するので、フィラメントの温度が上昇する時間、下降する時間が必要なため、高速な点滅はできません。LEDは電流のオン／オフで即座に発光／消灯するので、光通信のような高速な点滅動作に対応できます。

5-4-1　LEDの構造

LEDは半導体で作られた発光部を、光を通す樹脂部品に封入しています。この樹脂部品はレンズの役割もあります。LEDの半導体の発光部分はとても小さいのですが、樹脂の部分がレンズとして働き、部品として見た時の発光部分を大きくしています。用途や形状によって、発光部の形は異なります。樹脂は透明なもの、半透明なもの、発光色のものなどがあります（図5-10、図5-11）。

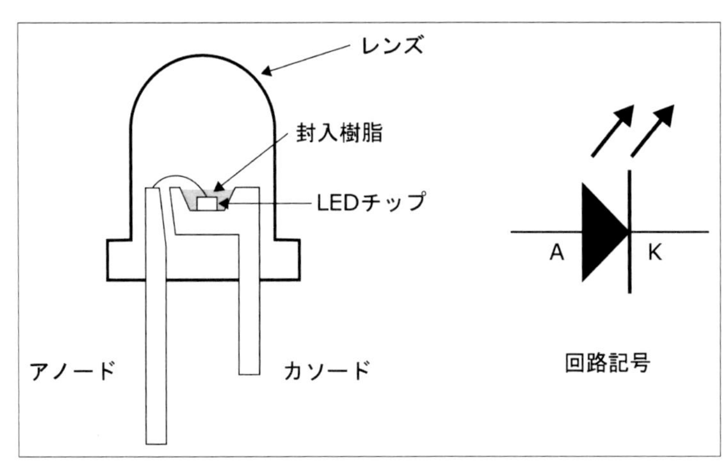

図5-10　LEDの構造

電流は2本の端子で供給します。リードが出ているタイプのLEDでは、リードが長いほうがアノードです。LEDの極性はテスターで調べることもできます。テスターを抵抗測定レンジかダイオードチェックレンジにして、プラス側のリードをアノード、マイナス側のリードをカソー

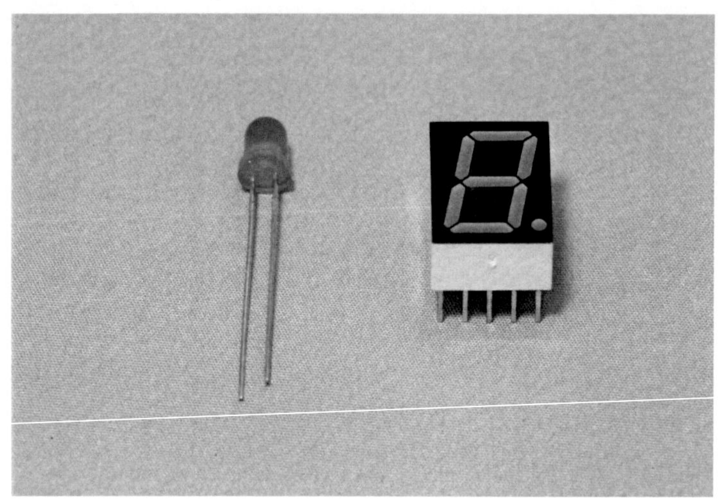

図5-11　各種のLED（左は一般的なLED、右は7セグメントLED）

ドに接続すると電流が流れ、LEDがうっすらと点灯します（テスターによって、赤リードと黒リードとプラスマイナスの関係が異なることがあるので注意してください）。

5-4-2　LEDの特性

LEDは普通のダイオードと同じような順方向電流特性を持ちます。電流はアノードからカソードに向かって流れます。ある程度以上の電流を流すと光を発し、光の強さはLEDに流れる電流の大きさによって決まります。

LEDの順方向電圧降下（V_F）はシリコンダイオードなどより大きくなります。LEDの光の色は使用する半導体材料で決まり、そしてV_Fの大きさは材料の種類で決まるので、V_Fは発光色によって変わります。一般に赤、黄色、黄緑は1.8Vから2.2V、青は3.2Vくらいです。

LEDはダイオードなので、カソードからアノードへの向きには電流は流れません。ただ一般的なシリコンダイオードなどと比べ、逆方向耐圧はあまり高くありません。LEDは通常は発光のために使うので、逆方向の電圧がかかるような使い方はあまりないのですが、交流回路のインジケータに使う場合などは、注意が必要です。

実際にLEDを点灯させる回路については、第8章で解説します。

5-4-3　色

LEDは1960年代に赤色が作られ、その後、黄、緑（黄緑）が実用化されました。そして1990年頃に青色LEDが作られました。また可視光以外にも赤外線、紫外線を発光するLEDがあります。赤外線LEDは、各種のリモコン、センサーなどに広く使われています。

青色LEDの実用化により、光の三原色（赤、緑、青）が揃ったので、赤、緑、青の光を適当な比率で混ぜることで、任意の色を表すことができます。大型のカラーLEDディスプレイは、この方法でカラー表示を行っています。

半導体部分で発光した光の波長を蛍光物質を使って変えることで、違う色を発色させる方法もあります。蛍光物質は外部からエネルギーを受けると発光する材料で、使用している化学物質により発光する色が決まります。蛍光物質に光を当てると、その蛍光物質固有の色を発光します。

LED内部の封入樹脂の部分に蛍光物質を混ぜることで、LEDの発光エネルギーによって蛍光物質が発光し、LED本来の色と混じった光となり、色が変わります。例えば青色LEDに黄色に発光する蛍光物質を組み合わせると青色光とその補色の黄色光が混じり、白色光になります。

5-4-4　明るさ

LEDの特長の1つは、従来使われていた白熱電球よりも低消費電力、長寿命であることです。これは照明用光源として大きなメリットですが、初期のLEDはさほど明るいものではなく、電源や動作の表示灯などが主要な用途でした。白熱電球は、パイロットランプや照光スイッチなどに使う豆電球でも100mA程度の電流が必要でしたが、LEDにすることで数ミリアンペアで済むようになりました。これは電力面だけでなく、部品点数についても有利です。白熱電球の点灯の制御にはトランジスタやリレーが必要ですが、消費電流の少ないLEDは、ロジックICの出力で直接点灯することができます。

その後、より明るいLED製品が開発され、数十ミリアンペア以上流すことで、普通の電球並の明るさが実現できました。しかし初期の頃は色が限られていたため、屋外で使う案内表示などが主な用途でした。そして青色LEDの発明と高輝度化により任意の色の発色が可能になりました。これによりフルカラーLED表示や白色LEDによる照明が実用になりました。

インジケータなどに使われる一般のLED（数ミリアンペア程度）のものに対し、明るいものを高輝度LEDや超高輝度LEDと言います。基本的な原理はどれも同じですが、高輝度のLEDは発光効率が高い構造で、より大きな電流を流せるようになっています。大電流を流すと損失による発熱も大きくなるので、照明に使えるような超高輝度タイプのLEDを使う際は、放熱も考えなければなりません。

LEDは小電流で点灯するのがメリットですが、高輝度タイプのものだと、マイコンやロジックICの出力では電流が足りず、トランジスタを使ったドライバ回路が必要になります。

5-4-5　7セグメントLED

LEDを組み合わせ、数字を表示させるために作られたのが7セグメントLEDと呼ばれる部品です。長方形の発光部を「日」の字型に並べ、さらに小数点（D.P.、Decimal Point）を付けたものです（図5-12）。

小数点と合わせて1桁に8個のLEDを使いますが、各LEDの片側の端子はまとめて接続されているので、端子の数は9つとなります。アノード側を共通にしたものをアノードコモン型、カ

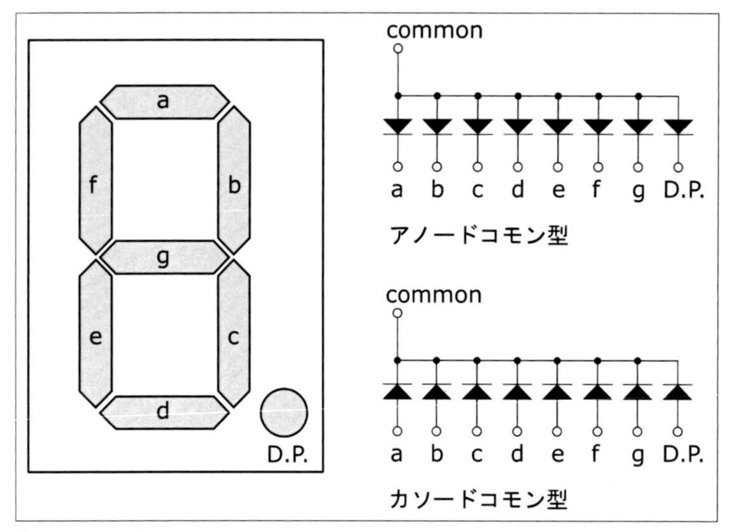

図5-12　7セグメントLED

ソード側を共通接続したものをカソードコモン型と言います。接続する回路に応じて、適切なものを選ぶ必要があります。

7セグメントLEDには大きさ、色、桁数などさまざまなバリエーションがあります。また時計用にコロンが付いているもの、セグメント数をさらに増やしてより自然な形の数字やアルファベットを表示できるものなどもあります。

<コラム>7セグメントLEDで16進数を表示

マイコンをいじっていると10進数だけでなく16進数もよく使います。昔のマイコンキットは、表示部が7セグメントLEDしかなかったため、これで16進数といくつかのアルファベットを表示していました。素子数が限られているため、小文字を混ぜるなどかなり無理がありました（図5-13）。

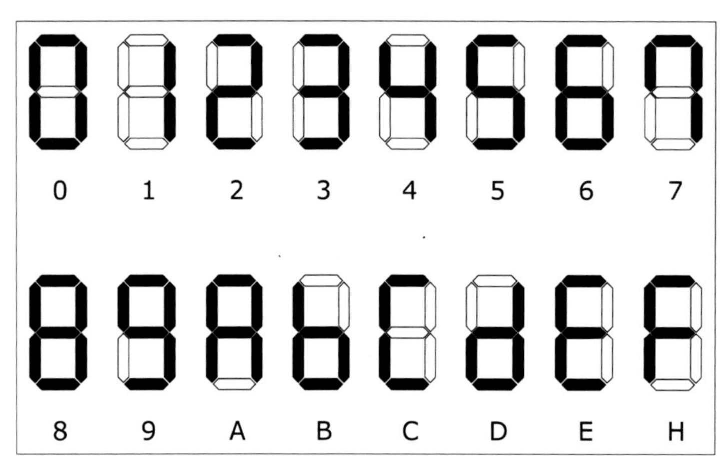

図5-13　7セグメントLEDによる16進数表示

5-4-6　多色発光LED

複数のLEDを組み合わせることで、発光色を変えることができます。駅の案内表示などに使われている赤、緑、オレンジに光るLEDパネルは、赤と緑の2色発光LEDを使っています。両方を同時に点灯するとオレンジ色になります。また三原色のLEDを組み合わせ、各色のバランスを変えれば、白色を含む任意の色の発光ができます。案内表示や大型のディスプレイなどに使われています。

このような多色発光LEDは1つのパッケージに複数のLEDチップを組み込んでいます。個々のチップに個別に電流を流す必要があるので、各チップの片側を共通接続にしています（図5-14）。したがって7セグメントLEDと同様に、アノードコモン、カソードコモンという2種類の接続パターンがあります。

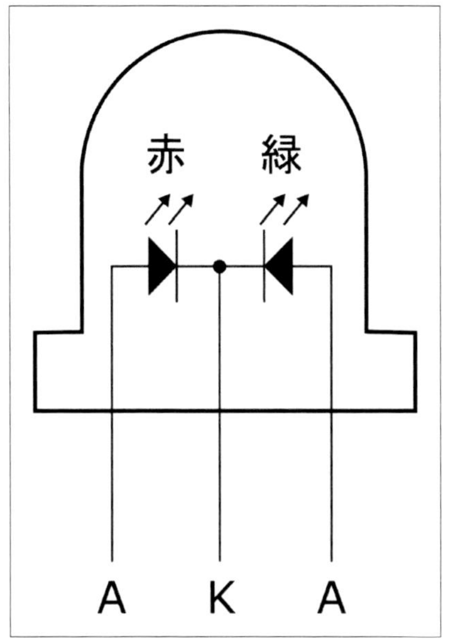

図5-14　2色発光LED

5-4-7　LEDマトリクス

点光源であるLEDを使ってさまざまな文字や図形を表すために、LEDマトリクスという部品があります。これは1つのパッケージに4×4、8×8、16×16など、多数のLEDを格子状に組み込んだものです（図5-15）。個々のLEDを点灯制御することで、文字や図形を表示できます。さらにこれをいくつも縦横に並べれば大型のディスプレイを構築でき、多色発光LEDを使えば色も変えられます。

LEDがたくさんあると、配線も工夫する必要があります。例えば8×8だと64個のLEDが必要で、片側を共通接続にしても65本の配線が必要です。そのためLEDマトリクスでは、配線も

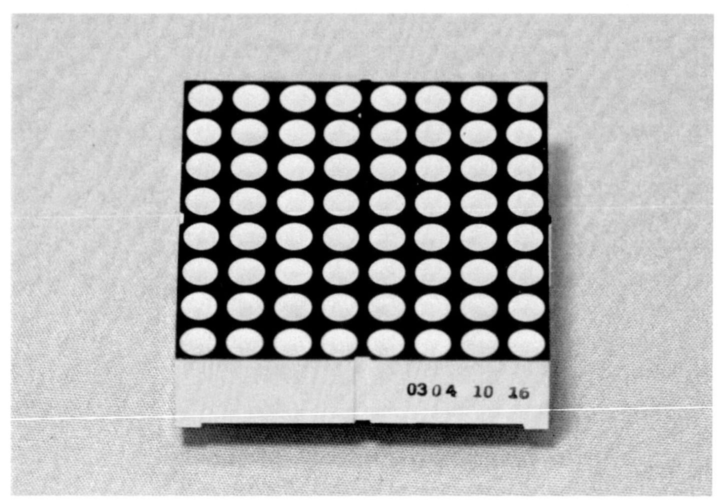

図5-15　LEDマトリクス（8×8の赤色LEDマトリクス）

マトリクスにすることで、配線の量を少なくしています。

図5-16のように行と列の配線を用意することで、例えば8×8のマトリクスでも16本の配線で済みます。そして1行単位でLEDの点滅を制御することができます。これを各行について順に繰り返すことで、多くの行のLEDの制御ができます。一度に点灯できるのは1行だけですが、これをすばやく繰り返すことで、人間の眼には残像として残り、マトリクスの2次元的に並んだすべてのLEDが同時に点灯しているように見えます。このような点灯手法をダイナミック点灯と言います。

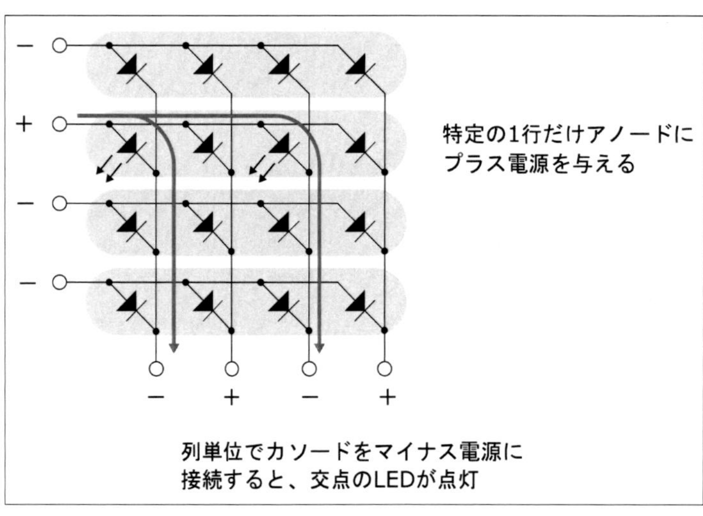

図5-16　LEDマトリクスの配線

6

第6章 【基礎編】トランジスタを学ぶ始めの一歩

◉

第3章で触れたように、マイコンの出力ポートは扱える電流が小さいので、それ以上の電流を使いたい時は外部に適当な回路を組み、より大きな電流を制御できるようにしなければなりません。このような用途にはトランジスタという素子が使えます。マイコンにトランジスタを接続することで、より明るいLED、モーター、その他電力を消費する機器を制御できるようになります。トランジスタを使いこなすには、その動作や特性の詳細を理解し、周辺回路の構成なども学ぶ必要があります。そこまでの知識を本書で解説するのは無理ですし、またマイコン回路での基本的な用法だけであれば、限定的な知識だけで事足ります。本章では、トランジスタをマイコンやデジタル回路と組み合わせて使う際の、基本的な動作や回路について解説します。

6-1　知っておきたいトランジスタの働き

簡単に言ってしまうと、トランジスタは与えられた小さな入力電流や入力電圧で、より大きな出力電流を制御する半導体素子です。この時、入力に比例した出力電流を得ることができるので、増幅という作用を実現できます。例えばマイクで発生した微弱な電流をトランジスタで増幅し、大きな駆動電流を必要とするスピーカーから大きな音を出すことができます。

同じようして、デジタル回路の出力端子の微小な電流をトランジスタに与えて大きな電流を制御し、より大きな電流を必要とする高輝度LEDを点灯したり、モーターを回したりすることができます。

トランジスタにはさまざまな種類があります。本書ではもっとも一般的なバイポーラトランジスタと呼ばれるものについて説明します。

6-1-1　トランジスタの端子と極性

バイポーラトランジスタにはPNP型とNPN型という2種類の極性があり、電流を流す向きによって使い分けます。PやNというのは、第5章で説明した半導体の性質です。

P型半導体とN型半導体を組み合わせると、さまざまな電気的な現象が起こります。バイポーラトランジスタは、P型とN型を3つ組み合わせたもので、その並びはPNP型かNPN型になります。この並びの違いにより、流れる電流の向きが逆になります。半導体をこのように組み立てることで、微小な電流で大きな電流を制御するという特性が得られます。

図6-01　各種のトランジスタ（左は小電力トランジスタ、右はパワートランジスタ）

それぞれの半導体部分にリードを接続し、プラスチックや金属のパッケージに収めたものがトランジスタです（図6-01）。トランジスタの3つの端子を、コレクタ（Collector、C）、ベース（Base、B）、エミッタ（Emitter、E）と言います（図6-02）。

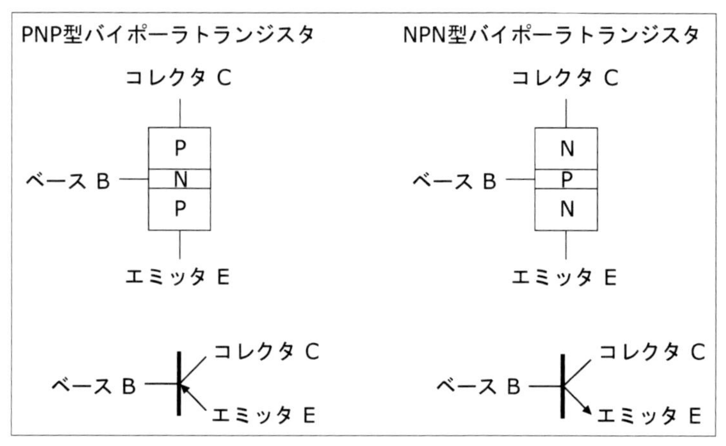

図6-02　トランジスタ

6-1-2　NPN型バイポーラトランジスタの動作

バイポーラトランジスタ（以下、単にトランジスタ）は、PNP型とNPN型で電流の流れる向きが逆になり、回路構成により使い分けます。まずNPN型について説明します。

NPNトランジスタは、基本的に以下のような回路で機能します（図6-03）。

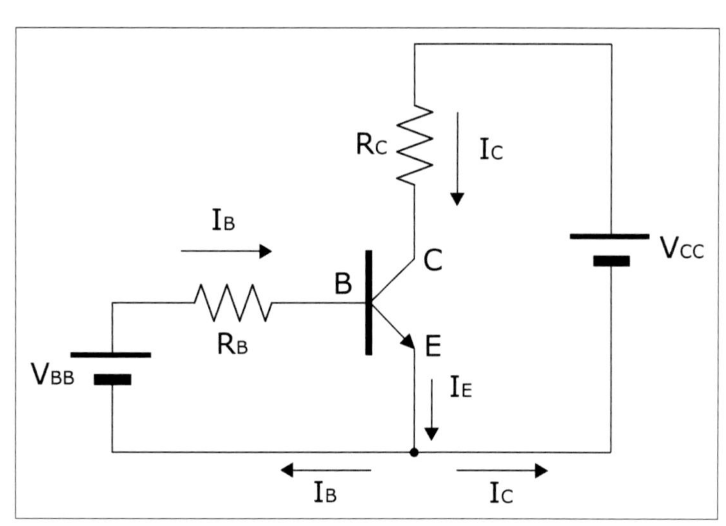

図6-03　トランジスタの基本回路

トランジスタのベースとエミッタの間に、ベースをプラス側とする電源V_{BB}とベース抵抗R_Bを接続します。そしてコレクタとエミッタの間に、コレクタをプラス側とする電源V_{CC}とコレクタ抵抗R_Cを接続します。つまり電源を持つ2つの回路がトランジスタの部分で重なった形になっています。そしてコレクタ抵抗R_Cが、トランジスタによって電流が制御される負荷となります。現実の回路では、抵抗R_Cの代わりにLEDやモーターが接続されることもあります。

この回路は電圧の基準（グラウンド）を、エミッタに接続された2つの電源のマイナス側としています。そのためこのような回路を、エミッタ接地回路と言います。

回路を流れる電流は、途中で増えたり減ったりしません。そのため電流は次のように流れます。

・電源V_{BB}のプラス側から流れ出た電流は、ベース抵抗R_Bを通ってトランジスタのベースに流れ込み、そしてエミッタから流れ出て電源V_{BB}のマイナス側に戻ります。このベースに流入する電流をベース電流I_Bと言います。

・電源V_{CC}のプラス側から流れ出た電流は、コレクタ抵抗R_Cを通ってトランジスタのコレクタに流れ込み、そしてエミッタから流れ出て電源V_{CC}のマイナス側に戻ります。このコレクタに流入する電流をコレクタ電流I_Cと言います。

この2つの回路の重なっている部分、つまりエミッタからマイナス側の分岐点までは、2つの回路に流れる電流が両方流れるので、エミッタから流出する電流（I_E）の大きさは、$I_B + I_E$となります。

トランジスタの基本的な動作は、ベースに流れ込むベース電流I_Bの大きさによって、コレクタ電流I_Cが制御されるというものです。この時、わずかなベース電流を流すことで、コレクタ電流が大きく変化するので、微小な電流で大電流を制御することができます。

ここまで説明してから言うのもなんですが、トランジスタにつまずく人の多くは、この回路を見てよくわからなかったのではないかと思います。「電源が2つあって、その間にトランジスタがあるってどういうこと？」とか思うのではないでしょうか。そこでこの回路を次のように1つの電源に書き換えてしまいます（図6-04）。

コレクタ側は同じですが、ベース抵抗につながっていた電源V_{BB}を、コレクタ側の電源V_{CC}につなぎ変えます。これにより、コレクタにはコレクタ抵抗R_Cを通って電流I_Cが流れ、ベースにベース抵抗R_Bを通って電流I_Bが流れ、そしてエミッタからはこの両方の電流が合流して流出します。デジタル回路でトランジスタを使う場合、このような回路を組むことが多いのです。

この回路で、コレクタ抵抗R_Cにはどれだけの電流が流れるのかを考えてみます。V_{CC}が5V、R_Cが100Ωとしましょう。電源電圧V_{CC}とR_Cの抵抗値はわかっていますが、流れる電流を求めるには、トランジスタのコレクタ－エミッタ間の「抵抗値」が必要になります。残念ながら、トランジスタの資料のどこを見ても、このような抵抗値は記されていません。

ここで適当なベース抵抗R_Bを使い、この回路に電流を流します。前に触れたように、トランジスタのベースからエミッタに電流を流すと、コレクタからエミッタにも電流が流れるのです。

この状態で10mAのコレクタ電流I_Cが流れたとします。5Vで10mA流れたわけですから、全

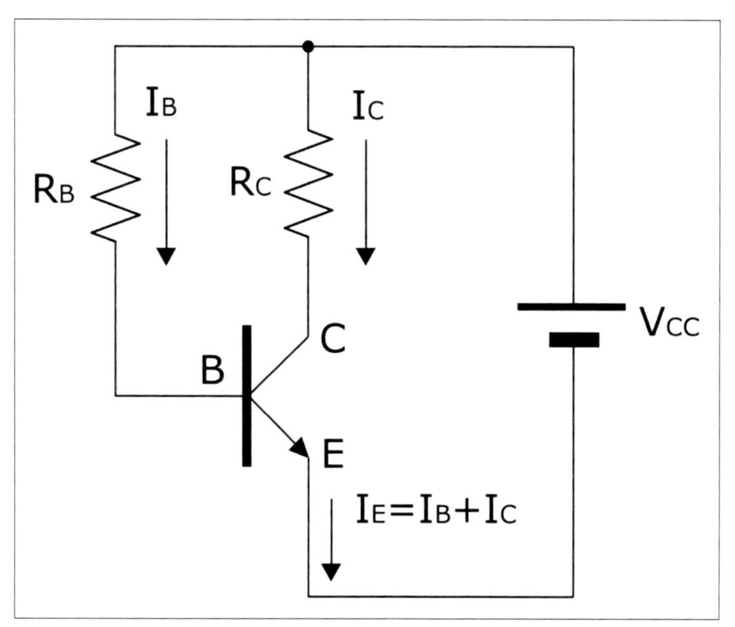

図6-04　1電源化したトランジスタの回路

体の抵抗値は500Ω、したがってコレクター－エミッタ間の抵抗は400Ωと計算されます。

トランジスタにこのように電流が流れている時、ベース電流I_Bの大きさが変わると、それに連動して電流量I_Cが変化します。これがトランジスタの重要な特性です。例えばI_Bを変化させてコレクタ電流I_Cが20mAになったなら、全体で250Ωなのでコレクター－エミッタ間は150Ωであり、I_Cが5mAなら全体が1000Ωでコレクター－エミッタ間は900Ωということになります。つまりトランジスタのコレクター－エミッタ間の「抵抗値」は、ベース電流によって変化することになります。

トランジスタの特性として、「ベース電流に応じてコレクター－エミッタ間抵抗が変化する」としてもよいのですが、話はそんなに簡単ではありません。この「抵抗値」はまわりの条件、具体的にはV_{CC}の電圧やR_Cの抵抗値によって大きく変わってしまうからです。

より的確な特性の表現は「ベース電流に応じてコレクタからエミッタに流れる電流が変化する」です。抵抗値の変化によって電流量が変わると考えるのではなく、そもそも電流量が変わるので、逆算された抵抗値が変化すると捉えたほうが、トランジスタの本来の特性を正確に示しています。つまりトランジスタは、ベース電流で制御される電流源と考えることができます(図6-05)。

実はベース電流でコレクタ電流が変化するといっても、これもまわりの条件によって変化のしかたが変わってきます。厳密な動作を考えるなら、さまざまな条件の元でトランジスタがどのように動作するかを示した特性グラフを調べる必要があります。しかしデジタル回路で簡単な制御を行うだけなら、「ベース電流でコレクタ電流が制御される」という認識で問題ないでしょう。

ベース電流とコレクタ電流の変化の関係は、ある条件の元では比例関係になります。つま

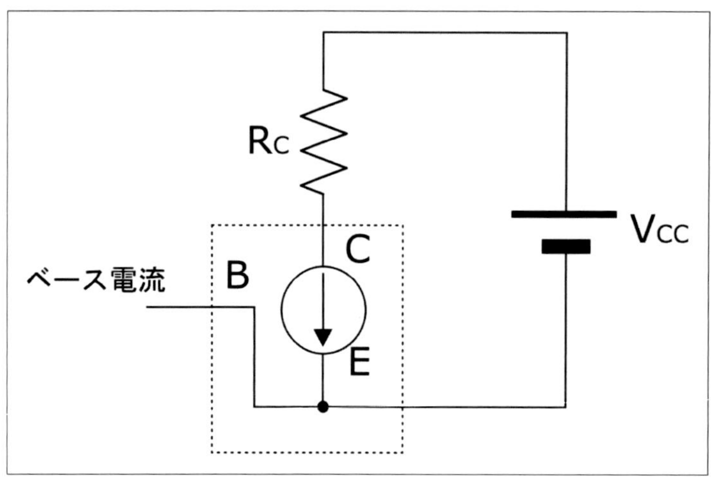

図6-05　ベース電流で制御される電流源

りI_Bが倍になればI_Cも倍になるということです。この比例関係の倍率は数十から数百になります。この倍率の値を電流増幅率（h_{FE}）といい、トランジスタの形式ごとに異なります。これはトランジスタの重要な特性パラメータの1つです。例えばh_{FE}が100なら、I_Bが1mAの時のI_Cは100mA、I_Bが2mAの時のI_Cは200mAとなります。つまり微弱な電流の変化が、大きな電流の変化に増幅されることになります。

ここで注意してほしいのは、トランジスタが電流を生み出しているわけではないということです。トランジスタはバッテリのように電流を生み出す素子ではなく、電流源はあくまでも電源V_{CC}です。しかし電源V_{CC}とトランジスタの組み合わせが、I_Bで制御される可変電流源になると考えることができます。

6-1-3　ベース電流

この回路では電源電圧は一定なので、ベース電流I_Bはベース抵抗R_Bの大きさで変化します。しかしそれだけではI_Bはまだ決まりません。トランジスタのベース－エミッタ間の抵抗値、あるいは電圧がわかっている必要があります。

トランジスタは半導体なので抵抗器のような単純な特性ではなく、抵抗値は何オームというような数値は出てきません。トランジスタのベースとエミッタの間の特性は、「ある程度以上のベース電流が流れている時に、約0.6Vから0.8Vくらいの電位差になる」という形になります（半導体材料がシリコンの場合）。これをベース－エミッタ間電圧V_{BE}と言います。ベースとエミッタの間はPN接合で、構造的にはダイオードと同じなので、ダイオードのV_Fと同じような特性を示すのです。正確にはベース電流の変化で数百ミリボルトの変化はあるのですが、デジタル回路で考える場合は、おおよそ0.6Vとして考えて問題ありません。またベース電流がきわめて少ない場合は、0.6V以下になり、電流量が0なら0Vになります。

1つのループ回路に流れる電流はどの部分でも同じ値になるので、ベースとエミッタの間に流れる電流は、抵抗R_Bに流れる電流と同じになります。V_{BE}は約0.6Vで一定と考えれば、ベース電流I_Bは、電源電圧から0.6Vを引き、その電圧が抵抗R_Bにかかった時に流れる電流値ということになります。例えば電源電圧が5V、ベース抵抗が10kΩであれば、オームの法則から次のようになります（図6-06）。

$$I_B = (5V - 0.6V) / 10000\Omega = 0.00044A \quad (0.44mA)$$

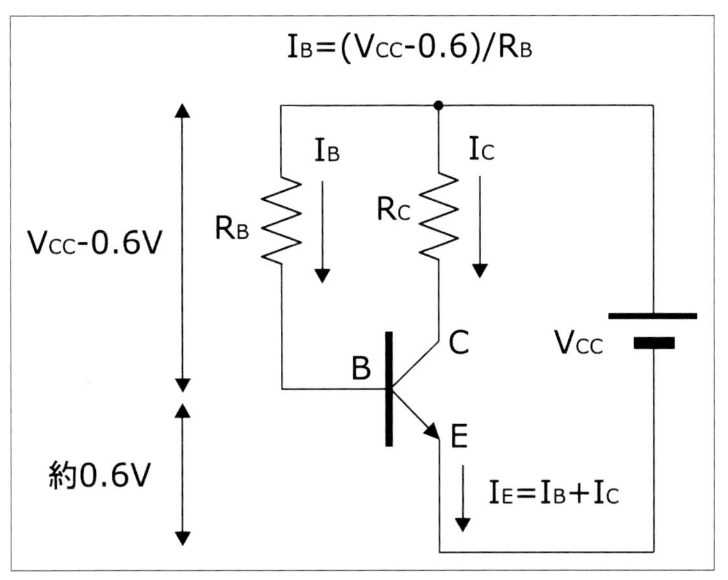

図6-06　ベース電流

ベース抵抗値R_Bを小さくすればベース電流I_Bは大きくなり、逆にR_Bを大きくすればI_Bは小さくなります。またベース抵抗を電源側ではなく、グラウンドに接続すれば、ベースとエミッタの間の電位差はなくなるので、ベース電流は流れません。

6-1-4　コレクタ電流

抵抗回路などは先に電圧が決まっていて、それに基づいて電流が決まることが多いのですが、トランジスタの回路では先に電流が決まり、その電流値に整合するように回路のほかの部分の電圧などが変化するという状況がしばしばあります。コレクタ電流の変化はこのパターンです。

電源電圧やベース電流がある一定の範囲であれば、コレクタ電流I_Cはベース電流I_Bにh_{FE}を掛けたものとなります。この電流が電源V_{CC}から抵抗R_Cを通り、コレクタからエミッタに流れて電源に戻ります。この時、コレクタ端子の電圧V_{OUT}はどうなるでしょうか？

コレクタ抵抗R_Cにコレクタ電流I_Cが流れると、オームの法則により、R_Cの両端には$R_C \times I_C$の電圧が発生します。電流は電源からR_Cに流れるので、R_Cとコレクタを接続する部分V_{OUT}、つまりコレクタの電圧V_{CE}は電源の電圧V_{CC}から抵抗R_Cによる電圧降下$I_C \times R_C$を引いた値となります。

上記のベース電流（0.44mA）が流れ、h_{FE}が100の場合、コレクタ電流は44mAとなります。コレクタ抵抗R_Cが50Ωだと、R_Cの両端の電圧は2.2Vとなります。コレクタの電圧は5Vから2.2Vを引いた値になるので、2.8Vとなります（図6-07）。

$$V_C = 5V - (0.00044A \times 100) \times 50\Omega = 2.8V$$

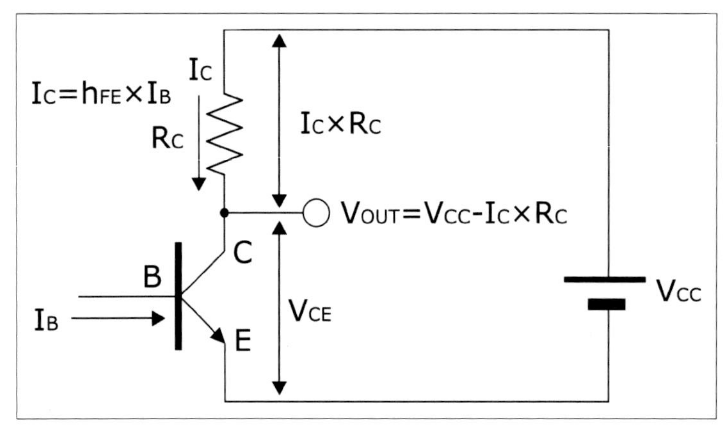

図6-07　コレクタ電流

この電圧は、コレクタ抵抗R_Cの値によって変わることに注意してください。例えばR_Cが100Ωなら電圧降下は0.00044（A）×100×100（Ω）＝4.4Vとなり、コレクタ電圧は0.6Vということになります。では200Ωならどうなるでしょうか？　200Ωの抵抗に0.44mA×100の電流が流れると8.8Vの電圧が発生することになりますが、この回路の電源電圧は5Vなので、単純に計算するとコレクタの電圧は－3.8Vということになってしまいます。もちろんこの回路ではコレクタ電圧がマイナスになることはありません。この場合は、コレクタ電圧が0V以上になるぎりぎりの値の電流が流れることになります。200Ωの抵抗に5Vをかけた場合、流れる電流は25mAになります。つまりコレクタ抵抗が200Ωの場合は最大でも25mAしか流れず、コレクタ電圧は0Vになり、その結果、電流増幅率は100にならず、57に低下することになります。

同じような現象、つまりコレクタ電流が限界に達するという状況は、ベース電流が増えた場合にも起こります。コレクタ抵抗R_Cが50Ωの場合、ベース電流が1mA流れるとコレクタ電流は100mAとなり、R_Cの両端にちょうど5Vが発生することになります。したがってベース電流を1mA以上流したとしても、コレクタ電流はこれ以上増えることはなく、比例関係は成立しなくなります。

実際にはコレクタ電流が増えた時にエミッタとコレクタの間の電圧が0Vまで低下することはなく、ある程度の電圧が残ります。この電圧がコレクタ－エミッタ間飽和電圧で、トランジスタの形式ごとに異なり、またその時のコレクタ電流によっても変化します。

トランジスタの動作において、コレクタ電流が上限に達してそれ以上増えない状態、つまりV_{CE}が最小になった状態のことを、飽和と言います。飽和状態では、ベース電流とコレクタ電流は比例しません。ベース電流が増えてもコレクタ電流が増えないからです。これはh_{FE}が小さくなるとみることもできます。h_{FE}はベース電流とコレクタ電流の比率ですから、ベース電流が増えてコレクタ電流が増えない場合、h_{FE}は小さくなるのです。

飽和状態に対し、ベース電流とコレクタ電流の比例関係が成立している範囲のことを、非飽和領域や活性領域と言います。

逆にベース電流をどんどん小さくしていくとコレクタ電流も減っていき、最後はほとんど流れなくなります。前に触れたベースをグラウンドに接続した状態もこの状態です。ベース電流を流さず、コレクタ電流が流れなくなった状態を、遮断状態と言います。実際には漏れコレクタ電流が流れるのですが、これはごくわずかなので、通常は考える必要はありません。

このように、トランジスタはその動作の範囲として、遮断領域、非飽和領域、飽和領域があるということを覚えておいてください（図6-08）。テレビなどのボリュームを上げすぎると音が割れたり歪んだりすることがありますが、（スピーカーが限界の場合もありますが）増幅回路の動作が飽和領域に達し、正しく音声の波形を増幅できていないためです。

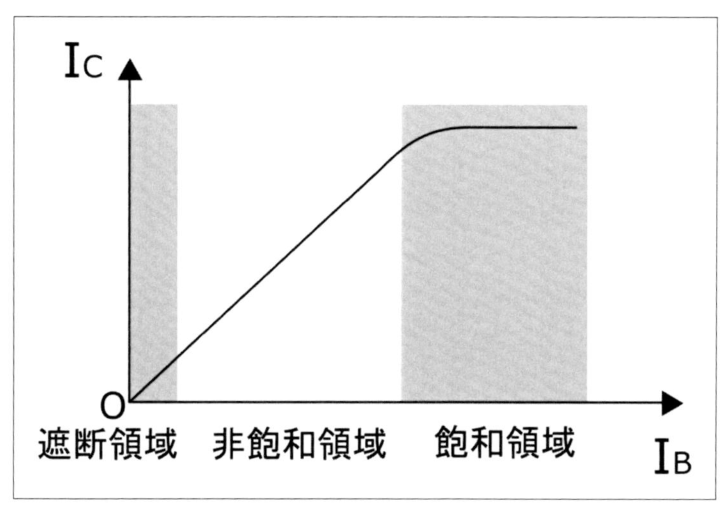

図6-08　ベース電流とコレクタ電流の関係

＜コラム＞トランジスタの電圧増幅作用

ベース電流に比例してコレクタ電流が変化し、それがR_Cに流れることで、R_Cの両端にI_Bに比例した電圧が発生します。これがトランジスタのもっとも基本的な電圧増幅回路です。つまりR_Cとコレクタの接続部分（図6-07のV_{OUT}）の電圧は、入力電流I_Bに比例しているのです。ただしR_Cは電源側に接続されているので、入力電流I_Bが増えると（グラウンドに対する）コレクタ電圧が下がり、I_Bが減るとコレクタ電圧が高くなるので、反転増幅回路となります。本書ではこのような形の増幅については扱わないので、これ以上は踏み込みませんが、一般的なトランジスタの入門書は、これが増幅回路の第一歩として説明しています。

１つ重要なことは、電圧と電流の変換を抵抗で行っているということです。トランジスタは基本的に電流に基づいて動作しますが、その電流を抵抗に流すことで電圧が得られます。またベースに接続する電圧信号を抵抗に与えることで、信号は電流の変化になります。

6-1-5　コレクタ損失

トランジスタの使用について、もう1つ考えることがあります。それがトランジスタの発熱です。

コレクタ電流I_Cが流れると、コレクタ抵抗R_Cの値に応じてコレクターエミッタ間電圧V_{CE}が決まります。これによりトランジスタでは、$I_C \times V_{CE}$の電力が消費されることになります。つまりコレクタとエミッタの間にかかっている電圧と流れている電流に比例してトランジスタで電力が消費され、熱になるのです。これをコレクタ損失と言います。

半導体は高温になると破損してしまいます。そのため発熱が多い場合は放熱器を付けて冷却する必要があります。トランジスタには最大コレクタ損失（W）というパラメータがあり、これを超える熱量が発生した場合、部品破損に至ります。また大電流を扱えるパワートランジスタの場合、最大コレクタ損失は十分な冷却能力を持つ放熱器を装着した状態での値なので、放熱が不十分な場合は、より少ないコレクタ損失しか許されません。

では、コレクタ損失が少ないのはどのような条件の時でしょうか？　電力は電圧×電流ですから、1つはコレクタ電流、つまり負荷電流が少ない時です。負荷が小さいと発熱も少ないということです。そしてもう1つの状況は、コレクターエミッタ間電圧が低い時です。たとえ負荷電流が増えても、ベース電流を十分に流し、コレクタ電流が増えて飽和領域に達すると、前に説明したようにコレクタ電圧は限界まで下がります。そのため、電流は多く流れているのに、発熱は意外と少なくなるのです。逆に言うと、非飽和領域で動作しているトランジスタは、飽和状態以上の発熱があるということです。

6-1-6　スイッチング動作

ベース電流とコレクタ電流の比例関係は、前に触れたように「一定の範囲で」という条件が付きます。コレクタ電流の範囲は電源電圧やコレクタ抵抗の値に応じて決まり、無制限に流せるわけではありませんし、またベース電流が大きい場合も比例関係は成立しません。

比例関係から外れた飽和領域でのトランジスタの動作は、信号の正確な増幅という点では問題ありですが、前述の、電流の割には発熱が少ない、コレクターエミッタ間電圧は最小というメリットがあります。例えば大電流が流れるLEDやモーターなどのオン／オフをトランジスタで行いたい場合、トランジスタを飽和状態で使うことで、V_{CE}が最小になるので負荷にかかる電圧は最大になり、そして流れる電流に対して発熱を抑えることができます。つまりトランジスタをスイッチとして使うのであれば、飽和状態は都合がよいのです。意図的に飽和状態にするには、ベース電流を十分大きくします。例えば目的のコレクタ電流を流すために、h_{FE}から計算される必要なベース電流に対し、倍くらい流すような回路にすることで、トランジスタは飽和するでしょう。あるいはh_{FE}を小さく想定して計算しても同じです。実際のh_{FE}が100のトランジスタで、h_{FE}を50くらいに想定して計算すれば、同じように飽和状態になります。

トランジスタをスイッチとして使うなら、オフのことも考えなければなりません。ベース電流I_Bを0にすれば、あるいは0に近づければコレクタ電流は流れなくなります。つまり遮断状態です。電流が流れないので、もちろん発熱はありません。

ベース電流を流さない、あるいはたっぷりと流し、トランジスタを非導通か導通の状態でのみ動作させるというのは、トランジスタの非飽和領域を使わないということです。このようなトランジスタの使い方を、スイッチング動作と言います。電流を流すか流さないかという二択の使い方であり、接点式のスイッチと同じような動作となるからです。

トランジスタをオンとして使うには、ベース抵抗R_Bを電源側に接続します。これにより（V_C − 0.6V）/ R_Bのベース電流I_Bが流れますが、$I_B \times h_{FE}$がコレクタ電流I_Cより大幅に大きくなるようにR_Bを決めれば、飽和領域で動作することになります。

オフとして使うには、R_Bをグラウンド側につなぎます。これでR_Bの大きさに関わらず、ベース電圧は0Vになり、コレクタ電流I_Cは流れなくなります（図6-09）。

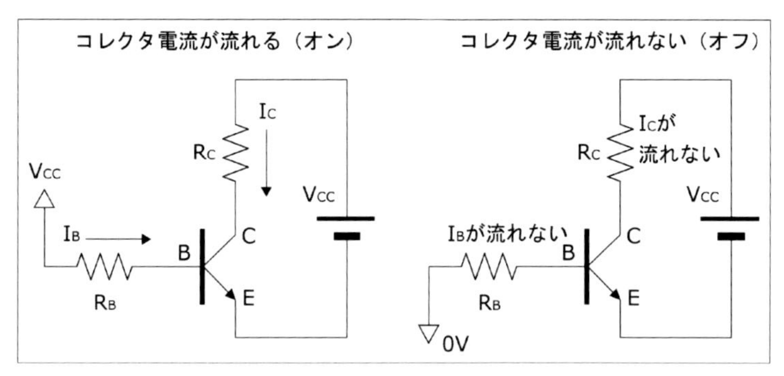

図6-09　スイッチング動作

デジタル回路で大電流を制御する場合、トランジスタをこのようにスイッチング動作で使うのが一般的です。本書でも、このようなやり方で大電流を必要とするLEDやモーターの制御について解説します。

6-1-7　PNP型バイポーラトランジスタ

バイポーラトランジスタにはNPN型とPNP型があり、電流の流れる向きが異なります。日本のバイポーラトランジスタ製品は、2SAXXX、2SBXXX、2SCXXX、2SDXXXという型番が付いていますが、2SAと2SBがPNP型、2SCと2SDがNPN型です。この規則は日本製の汎用トランジスタの命名規則で、海外製品ではこの規則は通用しません。また日本製でもこの規則ではない型番のものがかなりあります。

NPN型とPNP型は、電流が流れる向きが逆になるだけなので、ここで簡単にPNP型にも触れておきます。ここでは最初から1電源の回路で説明します。

NPN型では、ベースとコレクタに電流が流入し、エミッタから流出したので、NPN型はコレクタをプラス側、エミッタをマイナス側に接続しました。PNP型は逆になり、電流がエミッタに流入してベースとコレクタから流出するので、エミッタをプラス側に接続します。NPN型はベースをプラスにすると電流が流れましたが、PNP型は逆になり、コレクタをマイナス側に接続し、ベース電圧をエミッタ電圧より低くするとコレクタ電流が流れます（図6-10）。

またベースの電位を上げてベース電流が流れないようにすれば、コレクタ電流も流れなくなります。

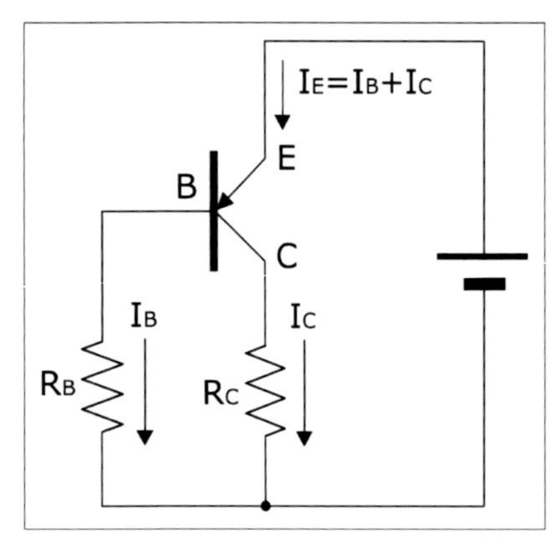

図6-10　PNP型トランジスタの電流の流れ

エミッタとベースの間の電圧は、NPN型と同様に0.6V程度ですが、極性が逆であるため、ベースの電圧はエミッタより0.6V低いことになります。つまりベース－エミッタ間電圧は－0.6Vとなります。

ベースからベース抵抗R_Bを介してマイナス電源側に接続すると、ベースからマイナス側に向けてベース電流が流れ、その電流値に比例してh_{FE}倍のコレクタ電流が流れます。コレクタ電流もベース電流と同じように、コレクタからマイナス側に向かって流れます。したがって、ベース電流、コレクタ電流の大きさもマイナスで表すことになります。

図6-10を見れば、PNP型バイポーラトランジスタの動作、電圧値や電流値は、NPN型の動作をきれいに反転した形になっていることがわかるでしょう。

6-1-8　トランジスタの選択

トランジスタには微弱電流の増幅用から大電流用のもの、低電圧用のものから高圧用のものなど、いろいろな製品があります。実際に自分の回路に必要なトランジスタを選択する場合、以下のような項目を考える必要があります。

●最大コレクタ電流

コレクタからエミッタに流す電流、つまり負荷に流せる電流の最大値です。大電流の負荷を駆動する場合は、その電流を十分にまかなえる最大コレクタ電流のトランジスタを選ぶ必要があります。

●最大コレクターエミッタ電圧

コレクタとエミッタの間にかけられる最大の順方向電圧（負荷電流が流れる方向での電圧）です。この電圧は電流が流れない時に高くなるので、実際問題として、電源電圧以上にしなければなりません。規格以上に高い電圧をかけると、トランジスタが壊れたり異常電流が流れたりする可能性があります。

●最大コレクタ損失

コレクタからエミッタに流れる電流と、コレクタとエミッタの間にかかっている電圧の積が、トランジスタで発生する熱量（W）となり、これをコレクタ損失と言います。それぞれのトランジスタは、耐えられる最大のW数が規定されており、これを超えると熱で破壊される可能性があります。なお大電力用（コレクタ電流が1Aを超えるようなもの）では、この熱量は適切な放熱（放熱器の装着、送風など）を行うことを前提にしているので、大電流で使う場合は実装を適切に行う必要があります。

●h_{FE}

ベース電流に対するコレクタ電流の増幅率です。この値が大きいほど、わずかなベース電流で大きなコレクタ電流を制御できます。一般に最大コレクタ電流が大きいほど、つまり電力用トランジスタは、h_{FE}が小さくなる傾向があります。

●周波数

どれぐらいの周波数まで増幅できるかを示します。これも、大電流用になるほど、使用可能な周波数が低下する傾向があります。マイコン周辺回路の場合、小電力ならせいぜい1桁メガヘルツ、モーターなどの電力制御では100kHz程度なので、あまり気にする必要はありません。

6-2 NPN型とPNP型とを組み合わせてみる

コレクタにつながれた抵抗を負荷として考えた時、NPN型とPNP型の回路構成は以下のようになります。トランジスタは負荷に対するスイッチとして働きます（図6-11）。

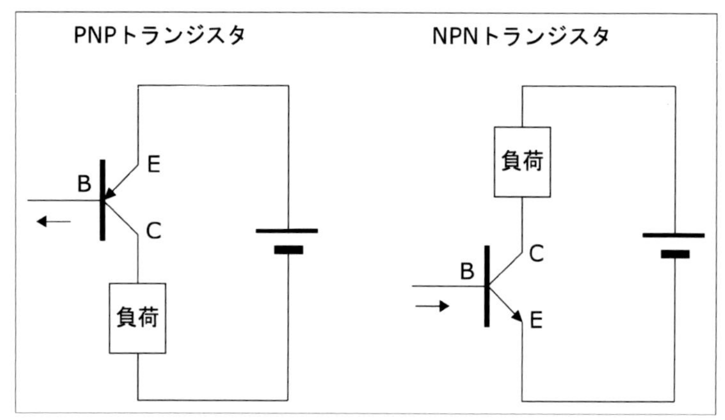

図6-11　トランジスタの極性と負荷の位置

●PNP型

トランジスタは負荷と電源の間にはいります。つまり電源と負荷の間にスイッチがはいる形になります。ベースから電流を流出させるとトランジスタがオンになり、電源電圧をかけるとオフになります。

●NPN型

トランジスタは負荷とグラウンドの間にはいります。つまり負荷とグラウンドの間にスイッチがはいる形になります。ベースに電流を流入させるとトランジスタがオンになり、グラウンドに落とすとオフになります。

この2つを組み合わせてみましょう（図6-12）。

図6-12で注意してほしいのは、負荷であるコレクタ抵抗がなく、NPN型トランジスタのコレクタとPNP型のコレクタが直接つながっていることです。もし両方のトランジスタが同時に電流を流すと、電源がグラウンドにショートすることになり、トランジスタが壊れるか電源が過電流状態になってしまいますが、一方のトランジスタだけが電流を流すようになっていれば、このような接続も可能です。

この回路では、トランジスタの間に置かれた出力端子からは、電源のプラス側からの電流の供給（出力端子から電源のマイナス側に電流が流れる）、あるいは電源のプラス側からの電流の

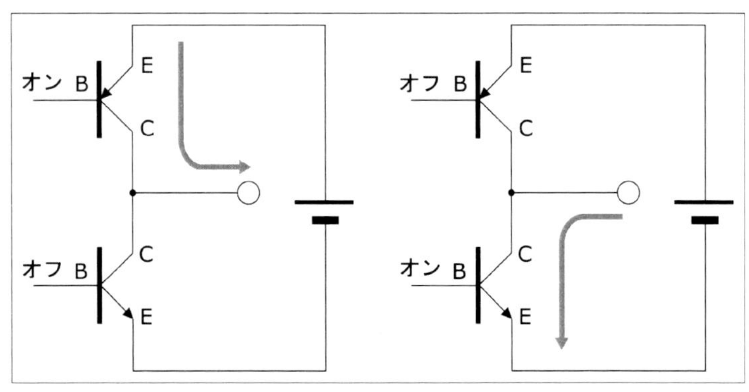

図6-12　トーテムポール接続

吸い込み（電源のプラス側から出力端子に電流が流れる）ができるようになります。もちろん、両方のトランジスタがオフなら、出力端子での電流の出入りはありません。

この図6-12を見て第3章の図3-04を思い出しませんか？　第3章ではMOS FETと接点式のスイッチで示していましたが、バイポーラトランジスタを使えば図6-12のようになります。実際の出力ポートは、トランジスタやFETがこのように接続され、Hレベルではおおよそ電源電圧を出力し、グラウンドに向けて電流を流し、Lレベルではグラウンド電位となり、電源側から電流を流し込むことができるのです。

マイコンチップも含め、現在のほとんどICはバイポーラトランジスタではなくMOS FETを使っていますが、かつて広く使われていたTTLと呼ばれるバイポーラロジックICは、これに近い構成の出力端子を備えていました（実際には抵抗などが付加されています）。

また第14章で説明しますが、この回路を2セット組み合わせて、逆転できるモーター駆動回路を組むことができます。

6-3 FETはどんなトランジスタか？

トランジスタにはバイポーラ型以外のものもあり、FET（Field Effect Transistor、電界効果トランジスタ）というトランジスタもよく使われます（ICやLSIに使われているのは、ほとんどMOS FETというトランジスタです）。

バイポーラトランジスタがベースに流れる電流で出力電流を制御するのに対し、FETはゲート（ベースに相当する端子）にかけた電圧で、出力電流を制御するという特徴があります。つまり電流で制御するか電圧で制御するかの違いです。

FETはパワー回路の制御にも適しています。バイポーラトランジスタはコレクタとエミッタの間の電圧がある程度高いため、大電流を流すと発熱が多くなり、放熱器が必須です。それに対し、パワーMOS FETというトランジスタはソースとドレイン（コレクタとエミッタに相当）の間の電圧が低く、発熱が少ないのです。そのため、数アンペア以上の電流を扱う場合は、バイポーラトランジスタよりもパワーMOS FETが適しています。

本書では誌面の都合で、FETについては取り上げていません。

第7章　【基礎編】Arduinoとは どんなマイコンボードなのか？

第8章以降の実践編では、実際にマイコンにいろいろなものを接続し、プログラムを組んでみます。本書では実験用のマイコンとして、現在広く使われているArduino（アルドゥイーノ）を使用します。

7-1　マイコンシステムはこんな仕組みだ

最初に、マイコンシステムについて簡単に説明します。小さなマイコンシステムも、PCやサーバーなどの本格的なコンピュータ、スマートフォンなどの情報機器と同じ原理で動作しますが、もちろん同じものではありません。ここではおもにマイコンシステムに固有の点を説明します。

7-1-1　コンピュータの構成要素

マイコンシステムよりも大きなコンピュータは、プロセッサ、メモリ、外部ストレージ、入出力装置（キーボード、ディスプレイなど）、通信インターフェイス（ネットワーク、USBなど）などから構成されます。マイコンシステムは用途に応じて接続する機器やデバイスの構成が変わるため、一般的な構成というのは示すことができません。例えばユーザーとのやり取りがスイッチやLEDだけという機器もありますし、外部ストレージを必要とする用途は限られています。

簡単にまとめると、PCやスマートフォンなどの高機能なコンピュータシステムと共通する点は、プロセッサ、メモリを備えているということくらいです。それ以外の要素、つまり接続する周辺機器やデバイスは、マイコンシステムの場合、用途によってさまざまに変わってきます。

このような点も含めて、マイコンシステムの構成を見てみます。

プロセッサはプログラムを実行し、プログラムで指定されたデータ処理を実行するユニットです。一般にCPU（Central Processing Unit）と呼ばれます。マイコンの場合、CPUの基本処理語長は4ビット、8ビット、16ビット、32ビット、64ビットがあります。Arduino UNOで使われているATmega328は8ビットプロセッサです。

CPUが実行するプログラム、プログラムで処理されるデータなどは、メモリに記憶されます。マイコンで使われるメモリには以下のものがあります。

●ROM

Read Only Memoryの略で、実行中に内容の読み出ししかできないメモリです。電源を切っても内容は失われません。ROMは、プログラムや実行時に変化しない定数データの保存に使われます。一般的なマイコンシステムでは、制御のためのプログラムすべてをROMに格納します。ROMへの書き込みや消去は、専用のデバイスを使ったり、個々のマイコンシステムで規定されている特別な手順に従って行ったりします。あるいはチップの製造時に、チップの構造の一部として作り込まれます。この場合は後から変更はできません。

●RAM

Random Access Memoryの略で、読み書きが可能なメモリです。ROMに対してRWM（Read Write Memory）と呼ばれることもありますが、一般にはRAMという名称が使われます。ROMと異なり、電源を切ると内容は失われます。RAMはCPUによって自由に読み出し、書き込みができます。マイコンシステムでは、プログラムの実行中にデータを一時的に格納するために使われます。

●その他のメモリ

RAMの欠点は電源を切ると内容が失われる点です。そのため電源が切れても内容を保持でき、ROMよりは簡単な手順で書き込みが行えるメモリも用意されています。スマートフォンやSDカード、USBメモリなどに使われているフラッシュメモリが、このような用途のためにマイコン内部に搭載されています。現在のマイコンシステムでは、ROMも実際にはフラッシュメモリで実装されているものが多くあります。

マイコンシステムは、用途によって接続する機器やデバイスが変わります。そのためマイコンチップは、それらのものを接続するための汎用的なインターフェイスを備えています。

もっとも単純な構成のインターフェイスは、電気的にデジタル信号をやり取りするための入出力ピン（I/Oポート）です。マイコンは、チップの規模に応じて、数ビットから数十ビットの入出力ピンを備えています。これらのピンは、プログラムによってデジタル信号の出力、外部からのデジタル信号の入力が行えます。

マイコンの多くは、広く使われている汎用通信インターフェイスも備えています。COMポートやRS-232通信と呼ばれる調歩同期式のシリアル通信インターフェイスは、現在のPCではもうほとんど使われていませんが、制御用のシステムではまだまだ現役です。またI^2C（Inter-Integrated Circuit）やSPI（Serial Peripheral Interface）といった高速シリアル通信機能を内蔵しているものもあります。I^2CやSPIは通信距離が短いものの（基板上や機器内程度）、高速伝送が行えるというメリットがあります。

入出力とは別に、プロセッサやプログラムの動作を支援するためのモジュールがいくつかあります。これには次のようなものがあります（図7-01）。

●タイマ／カウンタ

時間を計測したり、外部からのパルス入力の数を数えたりするモジュールです。

●割り込みコントローラ

割り込み（外部イベントによってプログラムを非同期に分岐させる機能）を使う際に、割り込みのオン／オフを管理したり、複数の割り込み要因の優先順位を管理したりします。

●DMAコントローラ

高速な周辺装置とメモリの間のデータのやり取りや、メモリ間の大量のデータの転送を、CPUを介さずに行うモジュールです。これによりデータ転送中も、CPUがほかの処理を行うことができます。

●その他のコントローラ

マイコンシステムの動作モードの管理、ROMの書き込みやフラッシュメモリの制御、省電力のためのスタンバイ機能のサポートなど、用途に応じてさまざまな機能が組み込まれています。

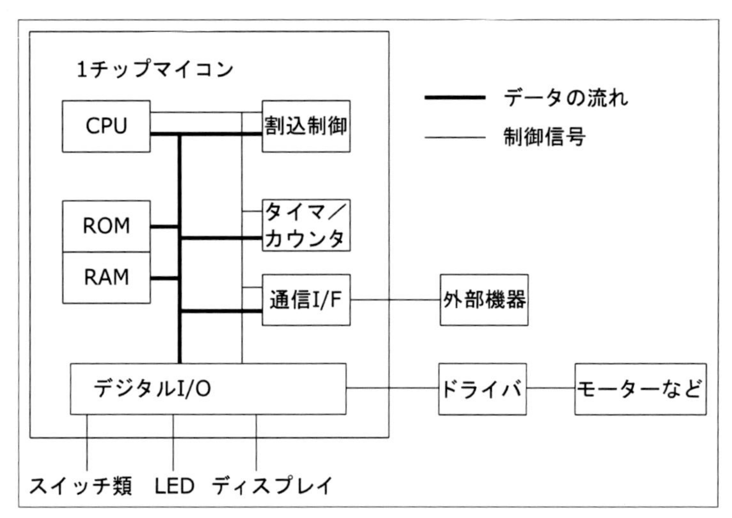

図7-01　マイコンシステムの構成例

<コラム>ハーバードアーキテクチャ

Arduinoに使われているAtmelのATmegaシリーズは、ハーバードアーキテクチャという構成になっています。

一般的なコンピュータシステムはノイマン型アーキテクチャと呼ばれ、プログラムやデータがメモリ中の共通のアドレス空間に存在します。ROMやRAMといった制約により、プログラムはROM空間、データはRAM空間というように別れますが、それでも同じアドレス空間であり、ROMとRAMは単にアドレス範囲が違うだけです。

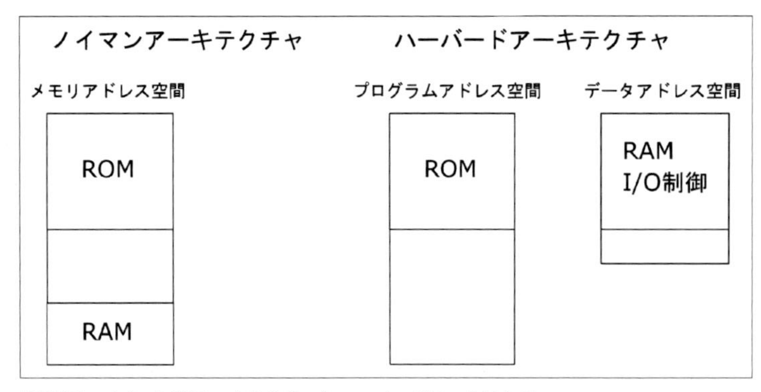

図7-02　ノイマン型アーキテクチャとハーバードアーキテクチャ

それに対してハーバードアーキテクチャは、プログラムとデータが独立したアドレス空間に存在します。

ノイマン型はプログラムとデータを同じようにアクセスできるため、たとえばオペレーティングシステムの管理下で、プログラムをデータとして管理し、自由にロードしたり実行したりできます。一方、組み込み制御などに使うマイコンシステムでは、このような必要性はないので、別空間に分けたハーバードアーキテクチャがよく使われます（図7-02）。

7-1-2　1チップマイコン

発明された頃のコンピュータは、1台で広い部屋いっぱいになるほど大きなものでしたが、半導体技術の発展によりどんどん小さくなり、1970年代にはCPUを1つのLSI（大規模集積回路）にまとめることが可能になりました。現在のPC類に使われているCPUは、このLSI化されたCPUをより高性能に進化させたものです。

CPUの高性能化とは別に、1つのLSIに多くの機能をまとめるというアプローチもあります。コンピュータシステムを構成するために必要なCPU以外のものを1つのLSIにまとめることで、1個のチップでコンピュータ全体を構成できるようになりました。具体的には、以下のものが1つのLSIに組み込まれています。

・CPU
・プログラム／定数データ用ROM
・データ用RAM
・入出力ポート／通信インターフェイスなど
・タイマ／割り込みなどの制御モジュール

これらの機能が1チップ化されたことで、マイコンはコンパクトな汎用制御用部品となりました。制御対象の機器の中にマイコンを組み込み、適切なプログラムを用意することで、機器をうまく制御することができます。高度な制御やデータ処理が必要な機器はもちろん、現在では簡単な機能の電気／電子機器であっても、何らかのマイコンが組み込まれているものが多数あります。

プログラムを書くことにより、少ない部品点数でいろいろな制御ができるという点は、工業用部品としてのニーズとは別に、アマチュア電子工作において、とても便利な部品として使えます。これから紹介するArduinoも、このような1チップマイコンを使って作られたシステムです。

7-2　Arduinoはどこが便利なのか？

1970年代に開発されたマイクロプロセッサは、もともと制御用などの組み込み用途を意図したもので、その時代時代でプロもアマチュアもマイコンを活用してきました。一般にマイコンを使った電子工作とプログラミングは、かなり敷居の高いものと捉えられてきました。周辺回路のハードウェア工作と、裸のマイコンチップ用のプログラムを作らねばならなかったためです。それを実践するには、さらに測定器や開発用ハードウェア、ソフトウェア開発環境なども必要です。

Arduinoは2005年にイタリアで始まったプロジェクトで、マイコンシステム構築を誰でも、特にエンジニア以外の人でもできるようにすることを目指して作られたものです。その後、ArduinoはArduino LCCとArduino SRLに分離し、商標権などで争っていましたが、現在ではArduino Holdingという会社で一元管理されています。

Arduinoのハードウェアは、簡単に使えるようにするために、ある程度固定的に構成されたものとなっています。構成を自由に決められるというマイコンシステムのメリットが失われますが、チップの選択、構成の検討、その構成を実現するためのハードウェア設計やプログラミングといった、広範な知識や経験が必要とされる作業も必要ありません。

またハードウェア構成が決まっているため、プログラムの作成もその構成に合わせたものでよくなります。そのため細かな設定などをあまり考えることなく、プログラムの本質部分に集中することができます。Windows、Mac、Linux上で動作するArduino IDEという開発環境は、この構成のハードウェア用のプログラムを作成するためのコンパイラ、ライブラリなどを含んでいます。

実際にマイコンシステムをゼロから開発する場合、ハード構成の検討、回路設計と製作があって、やっとソフトウェアに至るのですが、Arduinoを使えば、目的のシステムのためのハードウェアの準備とプログラミングに集中できます。

Arduinoはオープンソースハードウェアなので、ソフト環境だけでなく、ハードウェアに関する情報もすべて公開されており、他者が使用することができます。そのため純正以外の互換品やキット製品なども流通しています。これらを使えば、純正品より安価にArduino同等品を入手することができます。ただし微妙な仕様の差などがあるので、純正品も1つは持っていたほうがいいでしょう。

ハードウェア規格が固定的なので、これに接続する規格化されたハード製品も作れます。Arduinoの大きなメリットに、センサーやドライバ、ディスプレイなど、外部と情報や信号をやり取りするために必要なハードウェアが、完成品として入手できる点があります。これはハード工作が苦手な人や、そういったことに時間を費やしたくない人には魅力的です。

7-3　ハードウェアの構成とその働きを知ろう

Arduinoの純正品（Arduino Holdingの管理下で設計、販売されているもの）には、いくつかの製品バリエーションがあります。その中でももっとも標準的なものと言えるシリーズの製品があります。これは何度も新バージョンがリリースされていますが、本書の執筆時点（2018年初頭）では、Arduino UNO Rev 3が該当します（図7-03）。

図7-03　Arduino UNO Rev 3

7-3-1　MCU

Arduino UNOはMCUにATmega328Pを使っています。MCUはMicro Controller Unitの略で、いわゆる1チップマイコンです。つまりプロセッサ、メモリ、I/O回路などを1つのパッケージにまとめたものです。ATmega328Pのおおよその仕様を以下にまとめておきます。

●28ピンDIPパッケージ

純正のArduino UNOはICソケットを使っているので、MCUチップを差し替えることができます。そのため、破損した時に交換したり、あるいはシステムができあがった後、チップだけを別の専用基板に載せたりするといったことができます（図7-04）。

互換品には、交換できない表面実装タイプのチップを使っているものもあります。

図7-04　ATmega328P（左は通常のもの、右は端子名シールが貼られたもの）

●電源

ATmega328Pは1.8Vから5.5Vの電源電圧で動作しますが、Arduino UNOでは5V電源で動作します。

●クロック

5V動作時は最高20MHzのクロックで動作します。Arduino UNOは16MHzで動作しています。

●ROM（32KB）

プログラムは32KBのフラッシュROMに格納します。電源を切っても内容が失われません。書き換え保証回数は10,000回となっています。書き込み可能なROMは、PROM（Programmable ROM）とも呼ばれます。

●RAM（2KB）

プログラムで使用する一時的なデータの記憶に使われます。電源を切ると内容が失われます。

●EEPROM（1KB）

プログラムから読み書きできるメモリ領域で、電源を切っても内容は失われません。EEPROMは、Electronically Erasable Programmable ROMという意味で、外部機器を使用せずに消去できるROMです。

●シリアルインターフェイス

シリアルインターフェイス、I²C、SPIインターフェイスを内蔵しています。

●デジタル入出力

23本の入出力ピンを備えていますが、いくつかのピンはシリアル通信など、特定の用途に割り当てられています。そのため使用する機能に応じて、実際に使える入出力ピンの数は変化します。

●PWM出力

6チャンネルのPWM出力に対応しています。

●アナログ入力

28ピンDIPパッケージの製品では、分解能10ビットのADコンバータを備えており、6チャンネルのアナログ電圧の入力をサポートしています。

7-3-2 通信インターフェイス

ArduinoはUSBを使ってPCに接続して使います。この接続はシリアル通信接続であり、Windows側からはCOMポートとして認識されます。Arduino側は、内蔵しているシリアルポートをUSB用ICに接続しています。UNO Rev3ではUSB－シリアルインターフェイスに、ATmega16U2というMCUを使っています。

Arduino側は回路を工夫することで、PC側からリセットできるようになっています。これにより、プログラムの実行中に（暴走している時であっても）いつでも新しいプログラムを転送することができます。

7-3-3 入出力ピン

Arduino UNOは、I/Oポート、電源などを外部に引き出せるように、基板の両側に入出力用の端子が並んでいます。このソケットは2.54ミリ間隔の単列ソケットで、0.64mm角のピンに対応しています（図7-05）。

6ピン、8ピン、8ピン、10ピンのソケットが基板上にあり、一部のソケットの配置が半ピッチ分ずらされているので、このソケットに挿さるピンを備えた基板を作った場合、向きを間違えると挿さらないようになっています。ただしこのピン間隔の調整のため、一般的なユニバーサル基板では拡張基板を作れないという欠点があります。

各ピンの内容は以下の通りです（表7-01）。

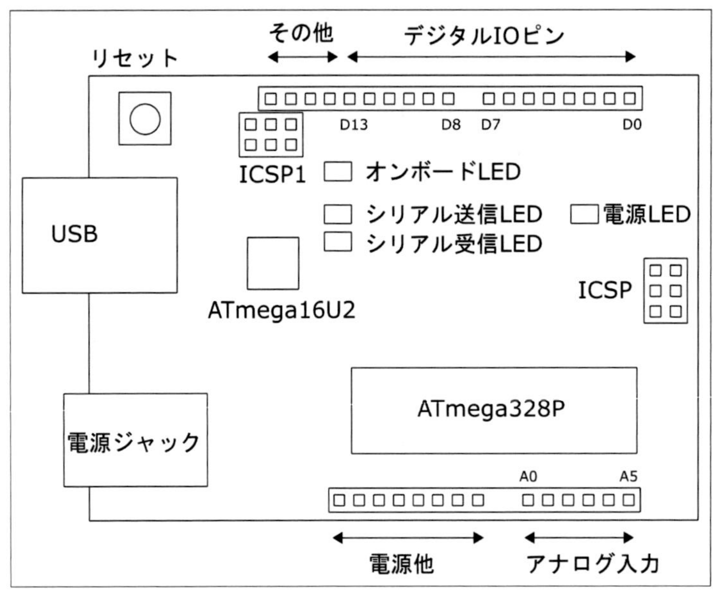

図7-05　Arduinoの基板

表7-01　入出力ピン

電源など		未使用
	IOREF	IOピンの電圧を指定
	RESET	Lで基板にリセットがかかる
	3.3V	外部に3.3Vを供給
	5V	外部に5Vを供給
	GND	グラウンド
	GND	グラウンド
	Vin	電源入力（7V~12V）
この部分に1.5倍の空き		
アナログ入力	A0	アナログ入力0
	A1	アナログ入力1
	A2	アナログ入力2
	A3	アナログ入力3
	A4	アナログ入力4、SDA
	A5	アナログ入力5、SCL

その他	SCL	ICSP/I^{2}C用（A0）
	SDA	ICSP/I^{2}C用（A1）
	AREF	AD変換の参照電圧
	GND	グラウンド
デジタルI/O	D13	デジタル入出力13、オンボードLED
	D12	デジタル入出力12
	D11	デジタル入出力11、PWM
	D10	デジタル入出力10、PWM
	D9	デジタル入出力9、PWM
	D8	デジタル入出力8
1ピン分の空き		
デジタルI/O	D7	デジタル入出力7
	D6	デジタル入出力6、PWM
	D5	デジタル入出力5、PWM
	D4	デジタル入出力4
	D3	デジタル入出力3、PWM
	D2	デジタル入出力2
	D1	デジタル入出力1、TX
	D0	デジタル入出力0、RX

●デジタル入出力ピン

0から13までの14本があります。このうち0と1はPCと接続するためのシリアル通信端子で、0がRX（受信）、1がTX（送信）です。3、5、6、9、10、11はPWM出力ができます。13には基板上のLEDが接続されており、Hレベルにすると点灯します。

●アナログ入力ピン

ADコンバータによりアナログ値が読み込めるピンで、0から5まで6本あります。AREFピンはAD変換の際のリファレンス電圧です。詳細は第11章で説明します。

●電源関連ピン

GNDはグラウンドで電圧の基準となります。Vinは7Vから12Vの外部電源入出力、5Vと3.3Vは外部に電源を供給するピンです。

●通信関連

Arduino UNOのATmega328 MCUはシリアル通信、SPI通信（Serial Peripheral Interface）、I²C通信（Inter-Integrated Circuit）をサポートしています。これらは、入出力ピンの特定のものを利用します。

●その他

RESETはArduinoをリセットする信号で、グラウンドレベルに落とすとリセットされます。AREFはADコンバータ用の参照電圧の入力です。IOREFはI/Oピンの電圧レベルを示すもので、5V電源で動作するArduino UNO Rev 3では5Vが出力されます。IOREFは新しく制定されたもので、以前のArduinoでは未使用です。

＜コラム＞プログラムを組み替える時の注意

ある用途に使っていたArduinoを、別の用途に使うために周辺回路を組み替える場合、I/Oピンの入出力に気をつける必要があります。以前、出力として使っていたピンを入力で使う際には、新しい回路を接続する前に、一度新しいスケッチ（プログラム）を実行し、I/Oピンを入力に切り替えておく必要があります。

Arduinoは電源を切ってもプログラムが失われないため、新しいスケッチを転送しない限り、出力に使われるピンは出力のままです。そこに外部からの出力信号をつないで電源を入れると、出力信号どうしがぶつかり、部品が破損する可能性があります。

基板の両側の単列のソケットとは別に、ICSPという2列×3の6ピンプラグがあります。Arduino UNO Rev 3には2組、それ以前のものは1組備えています。もともと存在しているものがICSP、追加されたものがICSP1です。USBソケットのそばにあるものが、Rev 3で追加された2組めのICSP1インターフェイスです。

ICSPはIn-Circuit Serial Programmingの略で、ATmega MCUを基板上に搭載したままプログラムを書き込むためのインターフェイスです。ISP（In-System Programmer）とも呼ばれます。Arduinoはすでに書き込まれているファームウェアの働きで、シリアルポート経由でプログラムを転送できますが、工場出荷状態の何も書き込まれていないチップには、このインターフェイスを使ってファームウェアプログラムなどを転送します。

もともと備えられているICSPは、Arduinoの中核であるATmega328P MCUにプログラムを書き込むためのものです。UNO Rev3ではUSB-シリアル変換に、専用チップではなくATmega16UというMCUを使っており、2組めのICSP1はこのMCUのプログラミング用のものです。

7-3-4 ファームウェア

ArduinoのMCUのROMには、ファームウェアと呼ばれるソフトウェアが書き込まれています。このソフトウェアは、リセット後にシリアルポート（USB接続）でPC側からスケッチ（プログラム）を受信し、それをチップ内のROMに書き込み、起動します。スケッチの転送を行わない場合は、単に書き込み済みのスケッチを開始します。

PCとArduinoのシリアル接続は、PC側からArduinoをリセットできるようになっており、これにより何らかのプログラムの実行中であっても、随時スケッチを転送することができます。手作業でリセットしたり、電源を入れ直したりするなどの必要はありません。

ファームウェアが書き込まれていないと、Arduino基板にスケッチを転送することができません。

＜コラム＞ファームウェアの書き込み

MCUのATmega328Pは一般に市販されているLSIチップなので、1個数百円で部品として入手できます。ただし普通に買ったものにはファームウェアが書き込まれていないので、Arduinoとして使うことはできません（お店によっては、書き込み済のチップも販売しています）。

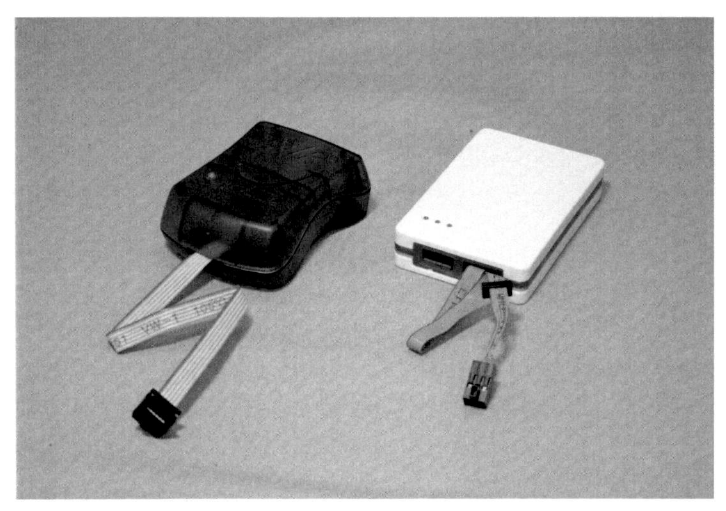

図7-06　左はAVRISP、右はAtmel-ICE

書き込みツールを用意すれば、自分でファームウェアを書き込むこともできます。書き込みツールとしてAVRISPやAtmel-ICEなどのAtmel社の開発ツール（図7-06）もありますが、別のArduinoを用意し、それを書き込みツールにするという方法もあります。

<コラム>オペレーティングシステム

現在のPCやサーバー、スマートフォンなどでは、WindowsやiOSなどの商用オペレーティングシステム（OS）や、LinuxやBSD系のUnix系OSなどの管理プログラムが動作しており、ユーザーのプログラムはそのOSの管理下で動作します。OSはファイルシステム、接続されているデバイスを使うためのI/O処理や、メモリ管理、そして複数のプログラムが並行して動けるようにするプロセス管理などの機能を提供します。

一方、マイコンを使ったシステムは、大規模／高性能なものを除き、多くはOSを導入していません。Raspberry PIのような高性能マイコンはフルセットのLinux系OSが稼働しますが、Arduinoのようなシンプルなシステムでは、OSは使われていません。

7-3-5　電源の供給

Arduinoは5Vで動作し、I/Oピンを介して外部に5V、3.3Vの電源を供給することができます。Arduino本体への電源供給は、以下の方法で行うことができます（図7-07）。

●USBコネクタ

基板上のUSBコネクタに供給される電源で動作できます。USB接続はUSB 2.0で5V 500mA、3.0で5V 900mAの電力を供給することができるので、これを使ってArduino基板上のデバイスとI/Oコネクタに接続された回路に電力を供給することができます。もちろんPCだけでなく、USB接続タイプのバッテリやACアダプタも使用できます。

開発段階ではPCにUSBで接続するので、開発中は特に電源を用意することなく、PCの電力を利用できます。

●外部電源用DCジャック

基板上にはACアダプタなどを接続できるDCジャックがあり、ここに直流7V～12Vの電源（中央のピンがプラス）を接続すれば、基板上の電源レギュレーターICによって安定化された5Vが生成され、Arduinoが動作します。7Vから12Vというのは推奨値で、限界値は6Vから20Vとなっています。しかし6Vだと電圧が低く、生成される5Vの安定度が低下する可能性があり、また電圧が高いと電源レギュレーターの発熱が増えるので、推奨値の範囲で利用するほうがよいでしょう。

USBとDCジャックの両方に電源が接続されている場合は、DCジャック側から電力が供給されます。この切り替えは基板上の制御回路で行われており、動作中に切り替えることもできます。切り替えに際して電源が切れることはありません。

●Vinピン

I/OピンのVinは外部電源ジャックと同じように基板上の電源レギュレーターにつながって

おり、直流7V～12Vの電源を接続できます（マイナス側はGNDピンに接続します）。DCジャックに電源が供給されている場合は、Vinピンにこの電圧が出力されます。そのためこのピンを介して、外部に電源アダプタからの電力を供給することもできます。

DCジャックとVinの両方に電源をつなぐと、Vinに電流が逆流する可能性があります。しかし、VinからDCジャック側には、逆流防止ダイオードが挿入されているため、逆流しません。

DCジャックにACアダプタ、Vinピンにバッテリを接続すれば、AC電源断の際にバッテリで動作させるという使い方もできますが、前述したように両方に電源をつなぐ場合は、充電電流なども含めて逆流の問題に対処しなければならないので、適切な回路設計を行わないと部品破損やバッテリの発火などの問題が起こる可能性があります。

●5V端子

5V端子は外部回路に5V電源を供給するためのものですが、ほかの電源が接続されていない状態で、この端子に安定化された5Vを加えることで、Arduinoを動作させることも不可能ではありません。

ただしこれは推奨されないやり方なので、このような接続はしないほうがよいでしょう。動作していない基板上の5V電源回路に外部から5Vが加えられるというのが問題になります。Arduino UNOで使われている部品はこのような使い方が許容されるものですが、ほかの製品や互換品が対応している保証はありません。またほかの電源が接続されている場合は、電流が逆流する可能性があります。

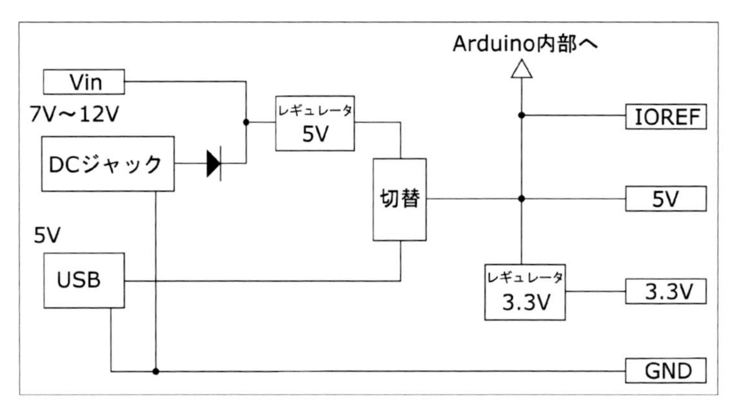

図7-07　Arduinoの電源構成

Arduinoは基板上に3.3V用電源レギュレーターを搭載しており、5Vから生成された3.3Vの電圧をI/Oピンで外部回路に供給できます。外部に3.3V電源の回路や部品をつなぐ際に便利でしょう。

7-3-6　システム全体の電源の構成

Arduinoのマイコン基板1つだけであれば、USBで供給する電力で動作しますが、周辺回路を接続した場合は、USB給電だけでは電力が不足するかもしれません。またスケッチが完成した後は、PC類に接続せずに使うことも多いでしょう。このような場合は、Arduino基板、周辺回路に電力を供給する電源を考えなければなりません。

ソケットを使ってシールドを接続する場合、あるいは適当な配線で外部回路を動作させる場合、小電力で5V、3.3VだけならArduinoから供給することができます。Arduinoのコネクタには、+5V、+3.3Vの端子があり、ICや小電力のトランジスタ、LEDを駆動することができます。

電源を検討する時は、供給/消費電流を考えなければなりません。USBの基本的な規格では最大供給電流は500mAです。より大きな電流供給の規格をサポートしているUSBタイプのACアダプタやモバイルバッテリは、もっと大きな電流を供給できますが、PCに接続した時のことを考えれば、USBは500mAと考えておくべきです。

DCジャック、Vinから供給する場合は、電源レギュレーターICの定格により最大1Aとなります(ACアダプタの電力をVinピンから外部に供給する分については、これには含まれません)。もちろんACアダプタは必要な電流を供給できるものでなければなりません。

内部の5V電源から生成される3.3Vは、レギュレーターの定格により最大で150mAです。ただしArduino UNO Rev3以前のものにはもっと少ないものがあります。

使用可能な電流から、Arduino本体の消費電流を除いた分が、5Vピンから外部に供給できる電流となります。Arduino UNO単独の消費電流を実測したところ、60mA程度でした。

Arduinoでシステムを組んだ場合の電源構成の例を以下に示します。

●小電力の場合

PCでスケッチを開発している間は、PCとの接続に使うUSBにより電力が供給されます。USBによる通常の接続では、最大500mAの電流を供給できるので、Arduino本体、消費電力の少ないシールド程度なら、これでまかなえます。

PCと切り離して使う場合は、USB接続タイプのACアダプタやバッテリなどを使うことができます。あるいはDCジャックかVinピンに直流7V～12Vの一般的な(USBタイプでない)ACアダプタを接続します(図7-08)。

周辺回路にはArduinoの5V、3.3Vピンから供給できます。

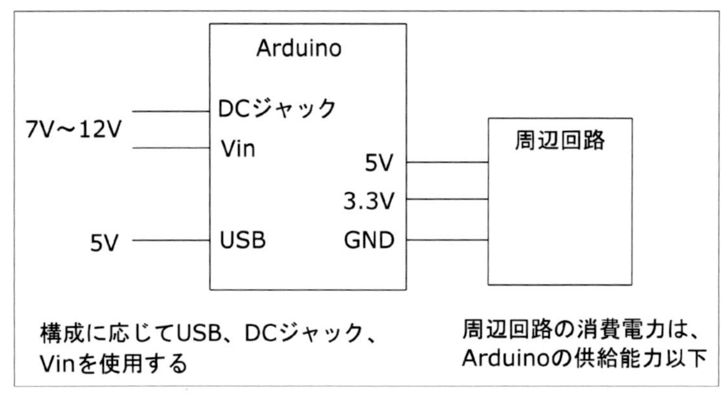

図7-08　小電力の場合の電源構成例

●大電力の場合

Arduinoでモーター制御などを行う場合はUSBや外部電源ジャックからの電力では足りなくなるので、電源を別に用意しなければなりません。この時、2つの選択肢があります。モーター類とロジック回路を1つの電源でまかなう方法と、ロジック回路用電源、モーター用電源を分けるという方法です（図7-09）。

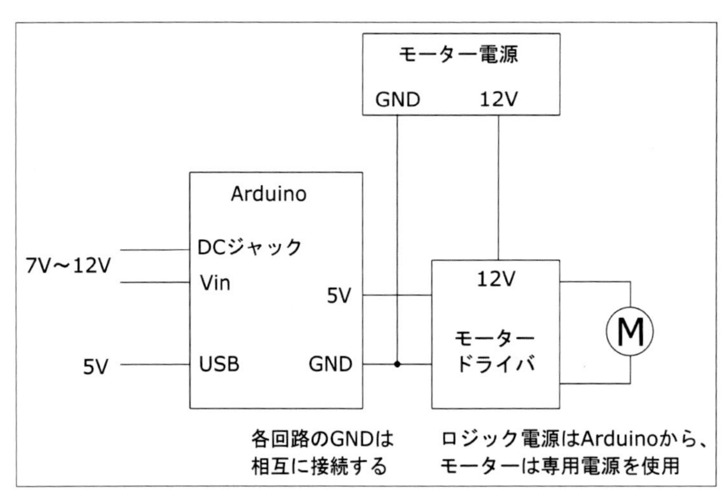

図7-09　大電力の場合の電源構成例

モーター用の電圧が12Vなど、ロジック電源電圧と異なる場合は、専用のモーター電源を用意することになります。Arduinoの電源は別に用意することもできますし、電圧範囲に適合するなら、モーター電源をArduinoのVinに接続して供給することもできます。

モーターもロジック電源と同じ5Vでまかなえる場合は、ロジック電源とモーターを共用することもできますし、別の電源とすることもできます。Arduinoに5Vの外部電源を接続するには、前に触れたように5V端子を使うのではなく、USBコネクタを使うのが確実です。USBケーブルを切断して、電源とグラウンドを接続すればよいでしょう。

注意しなければならないのは、モーターなどの大電流部品は運転中に大きなノイズを発生することです。ノイズは電源線に乗ってロジック回路側に悪影響を与える可能性があるので、モーター側でノイズ対策をしなければなりません。ロジック用電源とモーター用電源を分けることで、この影響を小さくできます。また電源を共有する場合でも、それぞれを分けて配線すると、ノイズの影響を低減できます。

7-4　シールドとは何か？

Arduinoで何かを制御する場合、自分で回路を組むだけでなく、市販の拡張ハードウェアを組み合わせることもできます。Arduino UNOなどのI/Oピンは配置や位置が統一されているので、この規格に合わせた各種の拡張基板が用意されています。Arduinoでは、このような拡張ハードウェア基板のことを「シールド」と呼んでいます。

7-4-1　各種のシールド

Arduino用のシールドはさまざまなものが市販されています。各種センサー、ジョイスティックなどのユーザーインターフェイス部品、液晶ディスプレイ、ネットワークや無線通信モジュール、モータードライバなど、さまざまなものが完成品やキットとして市販されています。

シールドを自分で作ることもできます。Arduinoと同じ大きさの基板に、シールド用のピン配置の穴が開いているユニバーサル基板が市販されています。この基板上に自分が必要とする回路を組み立てれば、独自のシールドを作ることができます。Arduinoを何らかの機器に組み込んで使う場合、必要な外部回路やコネクタ類をこの基板に組み込めば、システムをすっきりとまとめることができます（図7-10）。

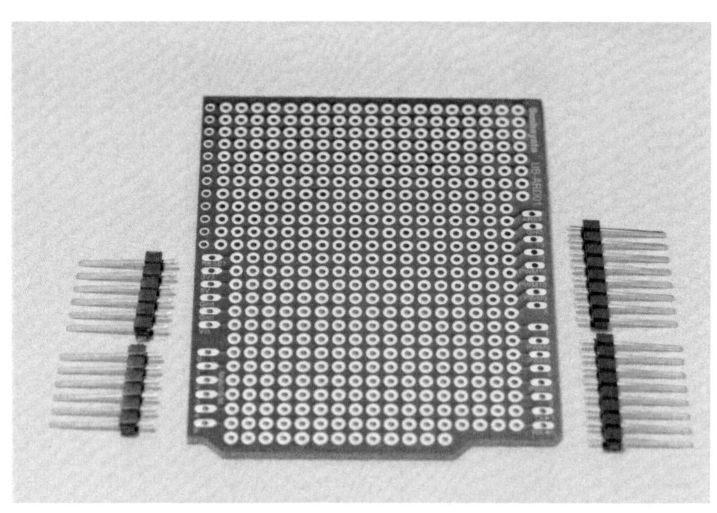

図7-10　汎用シールド基板（写真は、未組立の汎用シールド基板）

1つのArduinoに複数のシールドを装着することもできます。Arduino基板の表側にはメスのコネクタがあり、シールド基板の裏にはこれに挿さるようにオスのピンが並んでいます。シールドによっては裏側のピンに加えて、表側にメスコネクタも備えているものがあり、そこに別のシールドを挿し込めるようになっています（図7-11）。

図7-11　シールドのスタック（UNOの上にイーサネットシールドを取り付けた）

このような構造により、Arduinoの電源やI/Oピンを複数のシールドで共用できます。シールドを重ねて使う場合、それぞれのシールドが使うI/Oピンが異なるものであるか、あるいはI^2Cのように複数のデバイスの接続に対応したものでなければなりません。そのためシールドを組み合わせて使う場合は、各シールドの仕様に注意してください。

7-4-2　シールドのソフトウェア

シールドの機能はさまざまであり、単純なもの、一般的なものであれば標準のライブラリ関数で対応できます。より複雑な機能を持つものについては、その目的に合ったライブラリが必要になります。

例えばイーサネットシールドを使うためのライブラリは、Arduino IDEに標準で含まれています。センサーやドライバなどのシールドで、標準でライブラリに含まれていないものは、一般にそのシールドの製造元がライブラリを公開しています。あるいは第三者が作ったライブラリが広く使われている場合もあります。もちろん、必要な関数を自分で書くこともできます。

7-5 Arduinoでプログラミングを始めるには

Arduinoでは、プログラムのことを「スケッチ」と呼んでいます。本書では一般論として述べる部分では「プログラム」という用語を使っていますが、Arduino固有の話題については「スケッチ」としています。基本的には、スケッチはプログラムと読み替えることができます。

Arduinoのスケッチは、無償、あるいは任意の寄付で入手できるArduino IDEを使って構築します。このIDEはWindows、Mac、Linux、Webベースで使うことができます。

7-5-1 Arduino IDEのインストール

Arduino IDEはArduinoのサイト（https://www.arduino.cc/en/main/software）からダウンロードできます（URLやダウンロード手順は変わる可能性があります）。Webベースで使えるもの、PCやMac、Linuxにインストールして使うものがありますが、本書ではWindowsベースのものを使っています（図7-12）。

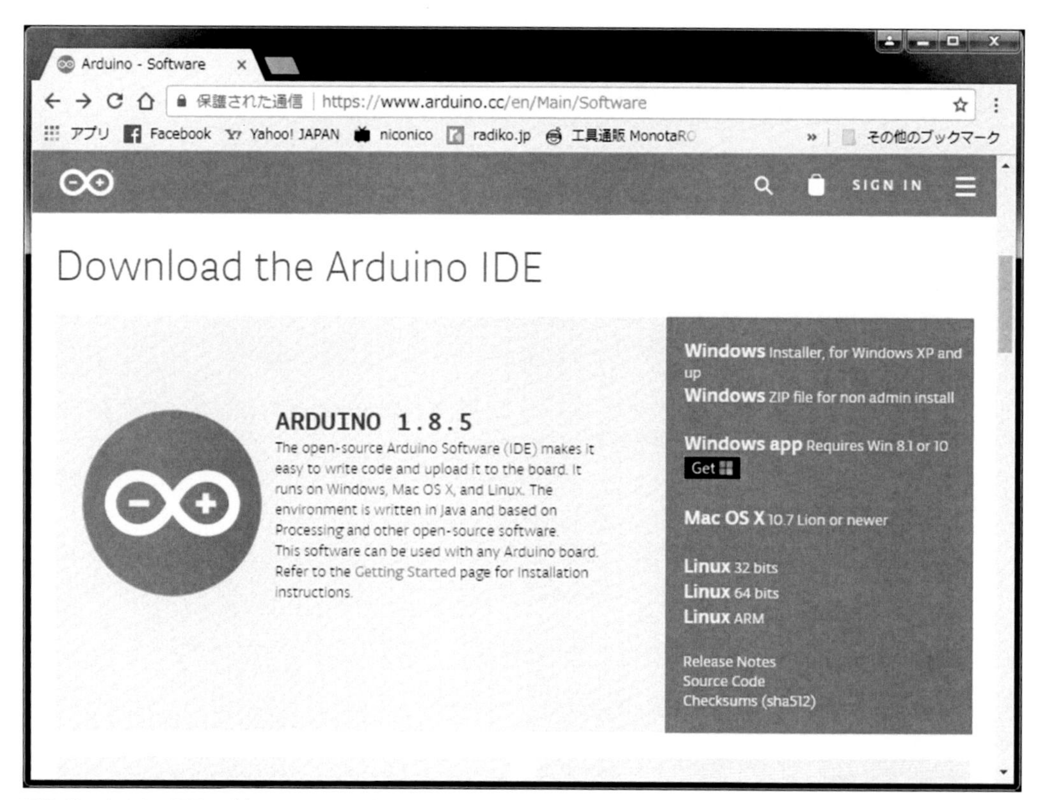

図7-12　Arduino IDEのダウンロードページ

［Windows Installer］をクリックすると寄付のお願いの画面が出てきます。寄付をしない場合は［JUST DOWNLOAD］をクリックするとインストーラのダウンロードが始まります。このインストーラ（arduino-X-X-X-windows.exe）を実行すると、Arduino IDEとArduinoをUSB接続するためのドライバがインストールされます。

IDEプログラムや各種ライブラリのためのヘッダファイルやソースコード類は、C:\Program Files (x86)\Arduino以下に展開されるので、必要な場合は自分で参照することができます。

7-5-2 セットアップ

Arduinoのスケッチを作成し、実行するためには、IDEとArduinoマイコン基板、接続用のUSBケーブルが必要になります。Arduino IDEをインストールすると、デフォルトで主要なArduino用のUSBドライバもインストールされます（互換品の場合は、必要なドライバを製造元などからダウンロードしなければならない場合もあります）。Arduinoを適切なUSBケーブルでPCに接続すれば、自動的にドライバがインストールされ、使用可能になります。Windowsであれば、画面の右下隅に「ドライバのインストール中」といった表示が出て、問題なく完了するはずです。またArduinoはUSBからの電源で動作できるので、Arduino基板も同時に動作を始めます。すでにスケッチが書き込まれていれば、その動作を始めるでしょう。

ArduinoのUSB接続は、Windows側からはシリアルポート接続として認識されます。デバイスマネージャーを開けば、適当な番号のシリアルポートを見ることができます（図7-13）。

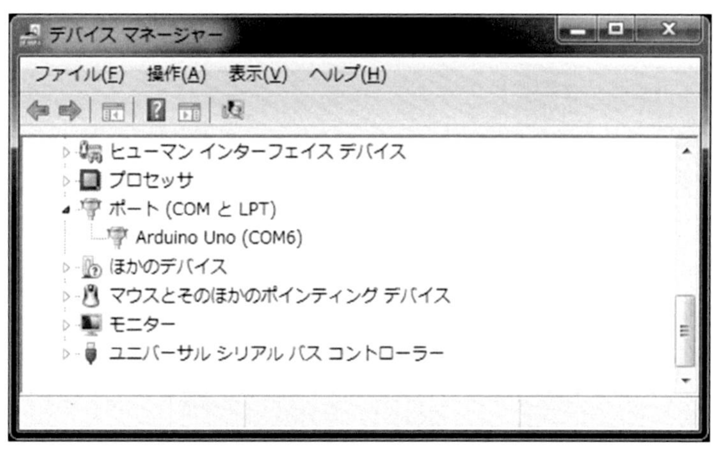

図7-13　デバイスマネージャーの画面

Arduino IDEを起動したら、まず使用するArduinoの種類と接続方法を指定します。Arduinoの種類によって使用しているMCUの型番が違い、ポート構成などが変わるため、正しく指定しないと正常に動作するスケッチを作成できません。そして接続方法を指定します。USB接続の場合はCOM*n*のどれかを指定することになります（図7-14）。

これらの設定をすれば、以後、スケッチを作成し、Arduinoに転送して実行することができ

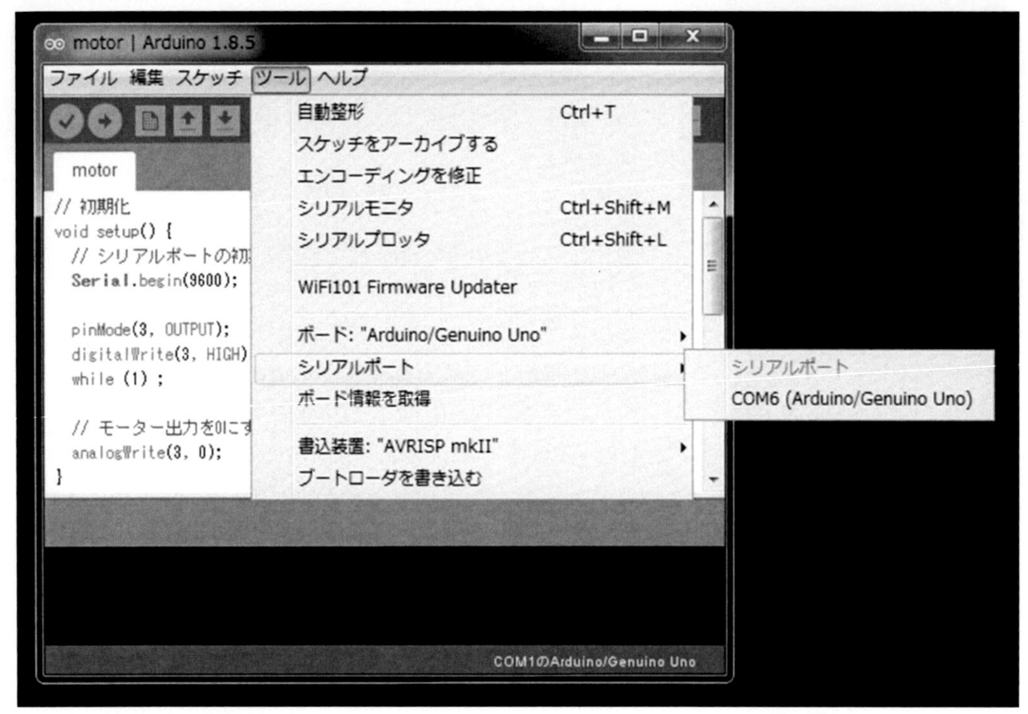

図7-14 IDEのポート選択の画面

ます。

7-5-3 プログラミング言語

Arduino IDEを使ってスケッチを作成するための言語（正確には言語と各種ライブラリの集合体）をArduino Programming LanguageあるいはArduino言語と言います。言語は基本的にはC/C++言語です。ただし一般的なC/C++プログラミングで必要になる各種の宣言、main関数などは自動的に付加されるようになっているので、Arduinoのプログラミングでは、おまじない的な各種宣言などを省略することができます。そのため初心者でも、その言語のためのいろいろや約束事などを事前に学習することなく、すぐにプログラムの本質部分に取り組むことができます。

Arduinoのプログラミングが簡単である最大の特徴は、マイコンプログラミングで必須の入出力や各種制御要素の大半が、簡単に使える関数やクラスとして提供されていることです。これによりわかりにくいマイコンの内蔵ハードウェアの制御が簡単に行えます。このライブラリは、Wiringというやはりマイコン開発を容易にするための環境に由来したものです。

またArduino IDEを使ってコンパイルをする際には、C言語のライブラリもリンクされるので、C言語で一般的に使われる各種関数も使うことができます。

7-5-4　スケッチの作成

Arduinoは専門知識を持たないユーザーでもマイコンに親しめるようにという意図で作られているため、ほかのマイコン開発に比べ、開発がとても簡単に行えるようになっています。

スケッチのソースコードは、Arduino固有の規則に基づいて記述しますが、言語としてはC/C++です。しかし前に触れたようにC/C++によるプログラム作成に伴う面倒な部分、例えばヘッダファイルのインクルード、コンパイル時のライブラリの指定といったことは、すべてIDEの内部でうまく処理されているので、これらの雑事は最低限で済み、スケッチの作成に集中することができます。

ソースは複数のモジュールに分けて記述することができます。起動時は1つだけですが、タブ部分の右端にある下向き三角のボタンをクリックし、[新規タブ]を選択すると新しいタブが追加されます。

スケッチのソースコードは以下の要素から構成されます。

●setup関数

MCUのリセット直後、つまりスケッチの実行開始直後に1回だけ呼び出される関数です。ここで、最初に1回だけ行う処理を記述します。つまり各種の初期化処理はここに記述することになります。

●loop関数

`setup`関数が終了した後、この`loop`関数が実行されます。この関数からリターンすると、再び`loop`関数が呼び出されます。つまりMCUが動作している限り、この関数が呼び出され続けます。ここには、スケッチが繰り返し行う処理を記述します。処理を繰り返す場合、`loop`関数中で無現ループにしてもかまいませんし、1回処理を行ったごとにリターンしてもかまいません。

●その他の関数

同じ処理を複数の場所で実行したり、あるいはプログラムを見やすく整理したりするために、自分で適当な関数を記述し、`setup`、`loop`中から呼び出すことができます。またファイルを分割することもできます。

自分で作成した関数を使う場合、一般にコードの先頭部分やヘッダファイルの中でその関数のプロトタイプ宣言が必要ですが、Arduinoではそのような宣言を行うことなく、使うことができます。これは宣言が不要なのではなく、IDEの側で適切に処理してくれるということです。実際、型のミスマッチなどがあるとエラーや警告が表示されます。

Arduino IDEの中で使用できるライブラリや各種関数については、ArduinoのWebサイト中に英語のリファレンスマニュアルがあります（https://www.arduino.cc/reference/en/）。日本語の情報については、日本でのArduinoの普及に努めた武蔵野電波のWebサイトの中にリファレンスマニュアルがあります（http://www.musashinodenpa.com/arduino/ref/）。またネットで検索すれば、さまざまな情報が得られます。

7-5-5 スケッチのファイル

スケッチはファイルとして保存できますが、いくつかの注意すべき規則があります。

スケッチを新規作成して保存、あるいはほかのスケッチを新しい名前で保存するときには、新しいスケッチのファイルが作成されますが、この時、スケッチのコードを収めたファイルは、同じ名前のフォルダの下に作られます。たとえばtestという名前でスケッチをデスクトップに保存した場合、デスクトップ上にtestという名前のフォルダが作成され、そのフォルダの中にtest.inoというファイルが作成されます。

test.inoをダブルクリックすればArduino IDEが起動し、このファイルが開かれますが、この時test.inoはtestフォルダの中になければならず、もし違う場所であった場合は、IDEが同じ名前のフォルダを作ることを求めてきます。つまりArduinoのスケッチはフォルダ単位で扱わなければならないということです。

またファイル名に漢字を混ぜると、IDE上で正しく扱えません。ファイル名は英数字を使うようにしてください。スケッチ中のコメントには漢字を使用できます。

スケッチが大きくなる場合、新しいタブを作成し、機能モジュールを分割することができます。Arduino IDEでタブ列の右側にある下向きの三角をクリックし、[新規タブ]を選択して名前を指定すると、その名前の新しいタブが作成されます。複数のタブを用意し、機能モジュールを分けることで、大きなスケッチの見通しがよくなります。

C/C++プログラムで複数のソースを使う場合と同様、新しいタブは別のファイルとなり、スケッチのフォルダ中にそのタブの名前のinoファイルとして保存されます。ただしこのファイル分割は、C/C++の流儀とはちょっと異なるので注意が必要です。

Arduino IDEでスケッチを作成する際、関数などのプロトタイプ宣言が不要ですが、別のタブ（ファイル）中のものについても必要ありません。同様に別ファイル中のグローバル変数も、外部宣言することなく使えます。

しかしファイルが別れていることを前提としたスコープの挙動が異なるので注意が必要です。具体的には、`static`宣言が意味を持ちません（`static`のローカル変数は使用できます）。C/C++では、`static`スコープで宣言した関数や非ローカル変数の名前は、そのファイル内でのみ有効であり、ほかのファイル中で同じ名前を別の関数や変数として使うことができます。しかしArduino IDEでは重複エラーとなります。

タブの形でファイルが別れていても外部宣言が省略できること、`static`スコープが使えないことは、つまり複数のソースファイルはすべて1つにまとめられた形で扱われるということです。

7-5-6　ライブラリの使用

Arduino IDEを使う場合、I/Oピンを使った標準的な入出力やシリアル通信などは、特に何の宣言もせずに使うことができます。これらの機能とは別に、イーサネット、ラジコン模型などに使われるサーボモーター、I²C通信などの機能も、ライブラリの形でIDEに標準で含まれています。

Arduino IDEはC/C++用の多くのヘッダファイル（クラス、関数、定数などの定義ファイル）の読み込みを自動的に行ってくれますが、一部の機能については、ヘッダファイルのインクルードをソース中に明示的に記述する必要があります。例えばサーボモーターを使う場合は、ファイルの先頭に`#include <Servo.h>`という行を置かなければなりません。

あるライブラリ機能を使う際に、ヘッダファイルの読み込みが必要かどうかは、リファレンスマニュアルを参照してください。

一般的なC/C++コンパイラでは、非標準のライブラリを使う場合、ソース中にヘッダファイルのインクルードを記述するのに加え、リンクするライブラリの指定も必要ですが、Arduino IDEではライブラリの指定は必要ありません。

Arduino IDEで標準的にサポートされているライブラリとは別に、Arduino用として販売されている拡張シールドなどのために、製造元が専用のライブラリを提供していることがあります。また誰かが作ったライブラリや、自分で作ったライブラリを使いたい場合もあるでしょう。ここでは手順は示しませんが、Arduino IDEは、非標準のライブラリをIDEに登録し、スケッチの中から参照することができます。

7-5-7　スケッチのコンパイルと実行

Arduino IDE上で作成したスケッチのソースコードは、メニューやIDE上のボタン操作でコンパイル、Arduinoへのダウンロードを行えます（図7-15）。

チェックマークのボタンをクリックすると、入力したソースコードが検証されます。もしソースコード中にエラーがあれば、エラーメッセージが表示されます。

右向き矢印マークのボタンをクリックすると、ソースコードがコンパイルされ、MCUで実行可能なバイナリファイルが作成されます。そしてこのファイルがArduinoに転送されます。生成された中間ファイルやバイナリファイルは、ユーザーが管理することを想定しておらず、Arduinoに転送する際は、常にソースコードのコンパイルから始まります。

スケッチの転送は、USBケーブルが接続されていれば、いつでも実行できます。転送開始時にUSB経由でMCUにリセットをかける構造になっているので、別のプログラムが動作中だったり、あるいはプログラムが暴走したりしている時でも、転送を行えます。

転送が完了すると、Arduino側でそのスケッチの実行が始まります。

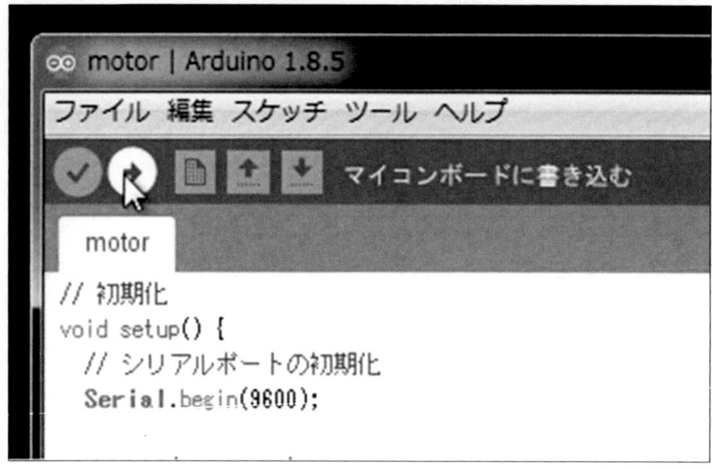

図7-15　IDEのボタン

7-5-8　シリアル通信で動作を確認

Arduinoでスケッチが動作すれば、接続したLEDやモーターが動作したり、スイッチやセンサーにより何らかの反応を示したりするようになりますが、慣れないうちは、そうは簡単には動きません。スケッチがうまく動かない場合、自分が書いたコードをじっと睨んで問題を探すわけですが、これはなかなか大変な作業です。スケッチ中から適当なメッセージをPCに表示できれば、デバッグはかなり楽になります。例えば以下のような情報をPCに表示できれば、問題の絞り込みがかなり容易になります。

●プログラムがどの部分まで到達したか

関数の先頭や条件判断を行った時に、コード中のある部分に到達したことを示すメッセージを表示すれば、プログラムの実行の流れを追うことができます。

●ポートの状態や変数の値

何らかの処理を行う時、入力ポートの状態や変数の値を示せば、処理が意図した通りに実行されているかどうかがわかります。

ArduinoはUSBによるシリアル接続を使い、PC側に文字列を送り、メッセージを表示することができます（PC側から文字列を送ることもできます）。また変数の値を数値文字列に変換できるので、データの内容などをPCに送ることもできます。

メッセージをPCに送るには、シリアルポートのセットアップを行い、そしてスケッチ中の適当なところでメッセージ送信の関数を呼び出します。

<リスト>シリアルポートの例

```
void setup() {
```

```
  :
  // シリアルポートの初期化
  Serial.begin(9600);  // 通信速度（bps）を指定
  :
}

void loop() {
  :
  Serial.print("Value:");  // 文字列の表示
  Serial.print(x);         // 変数の内容を表示
  :
}
```

IDE側で［ツール］－［シリアルモニタ］を選ぶと、Arduinoから送られてきたメッセージを表示するウィンドウが開きます。シリアルモニタを使う際は、Arduino側とモニタ側の通信速度（bps）が一致していなければなりません。

＜コラム＞Atmel IDE

ArduinoでAtmelのATmegaシリーズを使っているものであれば、Arduino IDEではなく、チップのベンダーであるAtmelが無償で提供しているIDEを使うこともできます。

このIDEは当然Arduinoの環境やライブラリは備えていないので、基本的には裸のマイコン開発をすることになります。つまりチップのデータシート、サンプルコードや基本的なAtmelのライブラリを使って開発するので、技術的な敷居はArduino IDEよりかなり高くなります。しかしライブラリやファームウェアなどの制約がないので、チップの機能のすべてを使うことができ、またArduino IDEでサポートされていないチップのコンフィギュレーション変更（動作モードの指定など）を行うことができます。

Arduino IDEは、チップに事前に書き込んだファームウェアを使ってUSB接続（シリアル通信）でプログラムのダウンロードや各種メッセージ交換を行うことができますが、AtmelのIDEを使う場合はこのような機能がないので、Atmel-ICEなど、各種チップ用のプログラマハードウェアが必要になります。

AtmelのIDEは、Arduino IDEよりもデバッグのサポートが充実しているという特長があります。対応しているプログラマハードウェアを使えば、WindowsやMacでのプログラム開発と同じように、プログラムを実行しながらのデバッグができるようになります。

8

第8章 【実践編】出力ポートにつなぐLED回路――LEDを点灯させる

◉

マイコン電子工作の最初の一歩として、LEDを点灯させる回路を組み、プログラムから点滅させるというのが、この世界でのお約束になっています。この回路とプログラムは、LEDをチカチカ点滅させることから、一般に「Lチカ」と呼ばれています。本書もお約束に従い、最初の課題としてLEDを光らせてみます。

8-1 Arduinoのblinkスケッチを読んで理解しよう

Arduino UNOには電源LED、シリアル通信の送信と受信を示すLED、そしてスケッチから制御できるLEDが1つ用意されています（図8-01）。電源とシリアル通信のLEDは現在の動作状態に応じて点灯、あるいは点滅します。もう1つのLEDはMCUチップのポート13に接続されており、スケッチで制御できます。

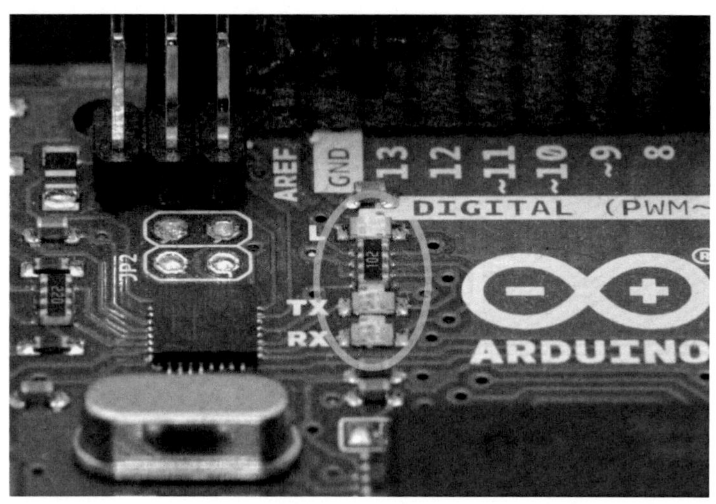

図8-01　Arduino UNOのLED（楕円内の上からオンボードLED、送信LED、受信LED）

本来のLチカは、LEDをマイコンに接続するところからやるのですが、オンボードのLEDを使えば、スケッチを作るだけで、LEDの点滅実験ができます。

このためのスケッチは、Arduinoのサンプルにも含まれています。

8-1-1 スケッチの構成

LEDを点灯させるための回路は本章の後半で解説するとして、ここではどのようにすればArduinoのスケッチでLEDを点灯させられるかについて説明します。

まずはサンプルのスケッチを見てみましょう。Arduino IDEを起動し、［ファイル］－［スケッチ例］－［01.Basics］－［Blink］を開いてみます。第7章で説明したように、Arduinoのスケッチは最初に1回だけ実行される`setup`関数と、動作中は常に繰り返し呼び出される`loop`関数からなります。Blinkスケッチの実際のコード部分は次のようになっています（コメントは日本語に訳してあります）。

<リスト>Blinkスケッチ

```
// setup関数は、リセットを押した時、あるいは電源投入時に1回だけ実行される。
void setup() {
  // デジタルピンLED_BUILTINを出力として初期化する。
  pinMode(LED_BUILTIN, OUTPUT);
}

// loop関数は永遠に繰り返し実行される。
void loop() {
  digitalWrite(LED_BUILTIN, HIGH);    // LEDをオンにする (HIGHは電圧レベ
ル)。
  delay(1000);                        // 1秒待つ。
  digitalWrite(LED_BUILTIN, LOW);     // 電圧レベルをLOWにしてLEDをオフにす
る。
  delay(1000);                        // 1秒待つ。
}
```

setup関数の中では、LEDが接続されているポート（LED_BUILTIN）を出力に設定します。pinMode関数は、最初の引数で指定された番号の1ビットのデジタルI/Oポートを、2番めの引数で指定したモードにします。スケッチ中ではピン番号はLED_BUILTINという定数で示されていますが、これはArduino UNOでは13です。2番めの引数は定数INPUTかOUTPUTを指定します。ここではOUTPUTを指定しているので、ピン13が出力ポートとなります。この設定は最初に1回だけ行えばよいので、1回だけ実行されるsetup関数中に記述します。

loop関数は電源が切られるか、リセットされるまで繰り返し呼び出されます。つまりloopからリターンすると、再びloopが実行されるということです。そのため、動作中にずっと繰り返す処理は、loop中に1回記述すればよいことになります。

loop関数中のdigitalWrite関数は、最初の引数で指定した番号のポートに、2番めの引数で指定したデジタル値を出力します。ポート番号はsetup中で指定したLEDのポートを示しています。出力値はHIGHかLOWで、出力ポートの状態がHかLとなります。

LED_BUILTIN、HIGH、LOWなどはArduino IDEの標準状態で定義されている定数なので、自分で宣言したり、明示的にヘッダファイルをインクルードしたりすることなく使用できます。またこれらは実際には数値なので、変数に代入したり参照したりすることもできます。

delay関数は指定したミリ秒時間だけ、何もせずに待ちます。つまり指定時間が経過した後にリターンしてくる関数です。delay(1000)は、1000ミリ秒、つまり1秒間待つことになります。

基板上のLEDは出力Hで点灯する回路になっています。そのためdigitalWrite関数とdelay関数の呼び出しは、LED点灯－1秒－LED消灯－1秒となります。これがloop関数が呼び出されるごとに行われるので、この2秒サイクルの点滅動作がずっと繰り返されることに

なります。

pinMode関数、digitalWrite関数、そして次章で説明するdigitalRead関数に渡す引数は、すべて符号なしのchar型（バイト）データですが、自動的に型変換されるので、普通にint型の値や数値定数を指定することができます。

8-1-2 スケッチの実行

第7章で説明したように、スケッチをArduinoで実行するためにはスケッチをコンパイルし、作成されたマシンコードプログラムをArduinoに転送します。Arduino IDEのツールバーの右矢印ボタンをクリックすれば、コンパイルと転送が行われ、Arduinoは自動的に再起動し、スケッチの実行を始めます。もしスケッチに致命的なエラーがあれば、エラーメッセージを表示し、転送は行いません。チェックマークのボタンは、スケッチの検証（コンパイル）だけ行い、転送は行いません。正常にコンパイルと転送が終わった時の画面を以下に示します（図8-02）。

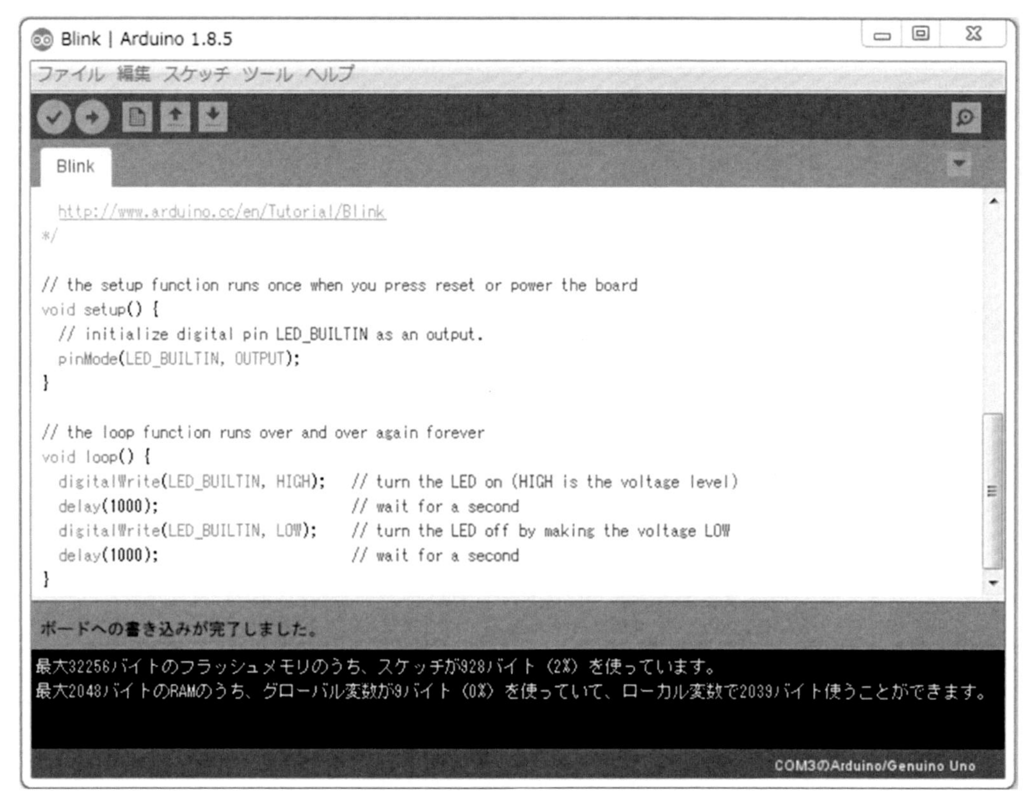

図8-02　Arduino IDE

スケッチ中のdelay関数の引数を書き換えれば、点滅時間を変えることができます。標準のBlinkスケッチは点灯1秒、消灯1秒というサイクルですが、例えば2つのdelay関数の値をそれぞれ500にすれば0.5秒ごとになり、点滅速度が倍になります。あるいはdigitalWriteとdelayのペアを増やし、点滅パターンを変えることもできます。以下のloop関数の例は、0.5

秒の短い点灯と1秒の長い点灯というサイクルを、0.5秒の消灯時間を挟んで繰り返します。

<リスト>点滅サイクルを変更

```
void loop() {
  digitalWrite(LED_BUILTIN, HIGH);  // LED点灯
  delay(500);                       // 0.5秒
  digitalWrite(LED_BUILTIN, LOW);   // LED消灯
  delay(500);                       // 0.5秒
  digitalWrite(LED_BUILTIN, HIGH);  // LED点灯
  delay(1000);                      // 1秒
  digitalWrite(LED_BUILTIN, LOW);   // LED消灯
  delay(500);                       // 0.5秒
}
```

8-2　出力ポートにつなぐLED回路を考えてみよう

オンボードのLEDを光らせるだけではつまらないので、自分でLEDをつないでみます。LEDを出力ポートにつないで光らせるためには、いくつか考えることがあります。

8-2-1　LEDの選定

解説記事で作例を示す場合、部品の型番まで指定することが多いのですが、LEDのような汎用部品はきわめて種類が多く、○○社のXXXXといった指定は難しいのです。指定した部品を入手できるかどうかわかりませんし、しばらくしたら廃品種になっているかもしれません。そこでLEDについては概要やおおよその仕様を示すだけにします。とはいっても難しいことはなく、色、明るさ（電流値）、電圧などが同じようなものを選べば、ほぼ問題なく動作します。またパラメータが違ったとしても、本書ではその違いを吸収するだけの情報を解説していきます。

LEDは目的に応じてさまざまなものを選ぶことができますが、ここでは以下のような点について考えます。

●色

さまざまな色がありますが、ここでは小電流で点灯する赤色LEDを使います。違う色であっても、青や白以外なら電圧降下V_Fや電流値はさほど変わりません。

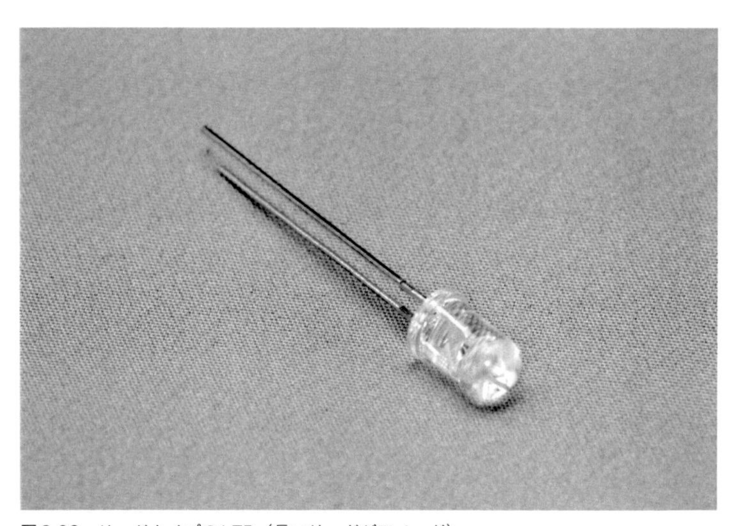

図8-03　リードタイプのLED（長いリードがアノード）

●形状

形状もいろいろありますが、実験には直径5ミリの砲弾型がいいでしょう。重要なのは配線の方法です。LEDにはリードがあるものと基板に直接取り付けるチップタイプのものがありますが、電線をつないだりブレッドボードで使えたりするのはリードタイプのものです（図8-03）。チップタイプのLEDは、Arduinoの基板上で見ることができます（図8-01を参照）。

●電流I_F

照明などに使う高輝度タイプはかなりの電流を流すことができますが、機器パネルや基板上にインジケータとして置くLEDは、点灯していることがわかればいいだけなので、さほど明るいものである必要はなく、電流もわずかで済みます。製品にもよりますが、だいたい数ミリアンペア、具体的には3mAも流せば点灯していることがはっきりわかります。

どのようなLEDでも、流すことができる最大電流が定められています。明るいLEDほど最大電流が大きくなります。LED点灯回路を組む際は、この最大電流を超えないようにしなければなりません。ここではマイコンのポートで直接駆動するため、ポートの推奨許容電流である20mAを超えないということも重要です。

ここでは大電流を必要とする高輝度タイプではないLEDを使用しますが、高輝度タイプであっても、流す電流を数ミリアンペアに抑えれば問題なく使用できます。最大電流I_Fが50mA以上のものは、高輝度タイプと考えてよいでしょう。30mA程度なら、インジケータなどに使う一般用です。

●順方向電圧降下V_F

第5章で説明したように、ダイオードにかかっている電圧と電流は、抵抗のような比例関係にはなりません。順方向に電流を流し、発光しているLEDのアノード（A）とカソード（K）の間の電圧V_Fは、ある程度の範囲に収まります。V_Fの値はそのLEDの半導体としての構造や材料で決まります。LEDのデータシートを見れば、数値やグラフの形で示されているはずです（図8-04）。

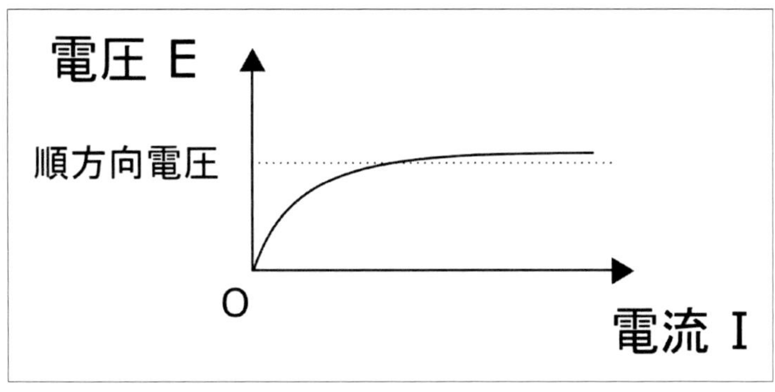

図8-04　電流－V_Fのグラフ

V_Fは一定ではなくある程度の電圧範囲となり、部品のばらつき、流す電流や温度によって変化します。例えばある赤色LEDは、最小値$V_F$minが1.8V、最大値$V_F$maxが2.5Vで典型値$V_F$typが2.0Vとなっています。ここで説明するように電流制限抵抗を使う場合は、典型値で考えておけば普通は問題ありません。

使用するLEDを選択する際は、このV_Fがわかっている品物を選んでください。あるいは適当な抵抗をつないで電流を流して発光させ、V_Fを測定することもできます。

<コラム>LEDのチェック

テスターの抵抗レンジやダイオードチェックレンジで、LEDのテストを行うことができます。テスターの抵抗レンジ、ダイオードチェックレンジは、テストリードに電圧がかかっており、テストリードで接続した測定対象に電流を流して測定を行います。

一般的なアナログテスターであれば、R × 10抵抗レンジにすると、数ミリアンペアから10mA程度の電流が流れるので、LEDにちょうどよい値となります。リードを順方向に当てると電流が流れ、適当な抵抗値を示します。逆方向では電流は流れず、抵抗値は無限大となります。

ダイオードチェックレンジがあるテスターなら、順方向電流が流れている時にはダイオードの電圧降下（V_F）を表示し、逆方向なら0を表示します。

これらのレンジで、LEDに順方向電流を流すと、LEDがうっすら点灯します。逆方向に接続した場合は電流が流れず、点灯しません。LEDのV_Fが高い場合、測定電圧が不足して点灯しない場合があります。しかし電流が流れる／流れないは判定できます（図8-05）。

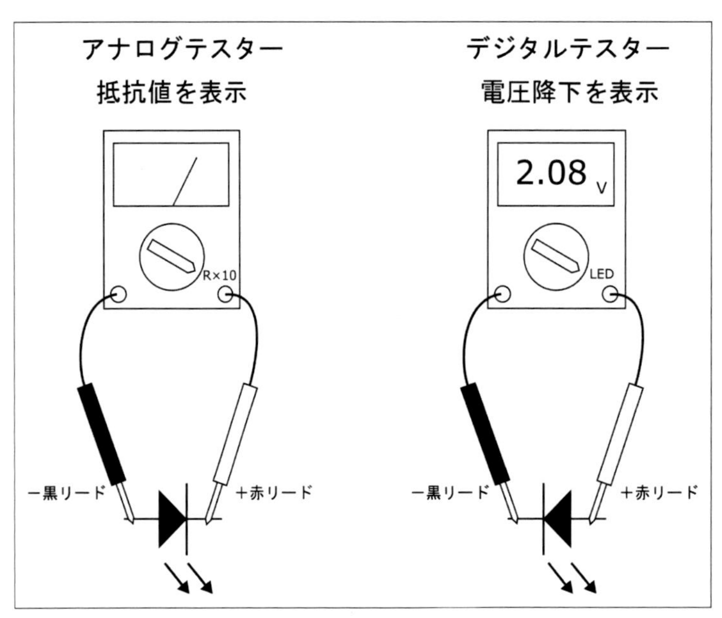

図8-05　テスターを使ったLEDチェック

注意しなければならないのは、テスターのリード（赤と黒）のどちらがプラス側かということです。一般に電気の世界では赤がプラスで黒がマイナスとなっており、テスターも電圧や電流測定モードではこのルールに従っています。

しかしアナログテスターの抵抗レンジは、黒がプラス側で赤がマイナス側になるのです。テスターで電圧／電流を測定する場合、プラス側の赤リードから電流がテスターに流れ、マイナス側の黒リードから流出します。抵抗測定の場合も同じ向きに電流が流れるのですが、電源がテスター内部にあるため、黒リードから流出して赤リードに流入すると、黒側がプラスになってしまうのです。ダイオードの極性を調べる時は、この特性を理解していないと間違った判断をしてしまいます。

さらに混乱するのが、デジタルテスターだとまた変わってくることです。デジタルテスターは、抵抗やLEDのレンジで、赤リードがプラスになっています。直感的でわかりやすいのですが、アナログテスターと逆の関係になるので、両方を使っている場合は間違えないように注意する必要があります。

いずれにせよ測定器類は、使う前に説明書をきちんと読み、正しく理解することが重要です。

8-2-2　抵抗の接続

前にも述べたように、LED（ダイオード全般）のV_Fはほぼ一定です。ここにV_Fより高い電圧をかけるとどうなるでしょうか？　電圧と電流のグラフを見てわかるように、ダイオードにかけた電圧を上げていくと、V_F近辺で急激に電流値が増えます。電流の視点で見ると、電流が増えてもV_Fはあまり上昇しないということです。ここでV_Fより高い電圧をかけてしまうと、ダイオードには大きな電流が流れることになります。この大きな電流とは、電源の限界値か、ダイオードの限界値ということです。よほど非力な電源でない限り、ダイオードの半導体部分が大電流で発生する熱によって破損してしまいます（LEDで実際にやると、短時間明るく光って消えます）。

LEDを安定的に点灯させるためには、LEDにかかる電圧V_Fがその定格値になるような回路を組む必要があります。といっても難しいことはなく、抵抗を1本入れるだけです。まずはマイコンのポートにつながず、電源に直接つないで光らせてみます。V_Fを2Vとし、5Vの電源で点灯させましょう。LEDのKをグラウンドに、Aを抵抗Rを介して5V電源に接続します（図8-06）。実際にこの回路を組んでみたい場合は、USBでPCなどに接続したArduinoの5V端子とGND端子を利用できます。

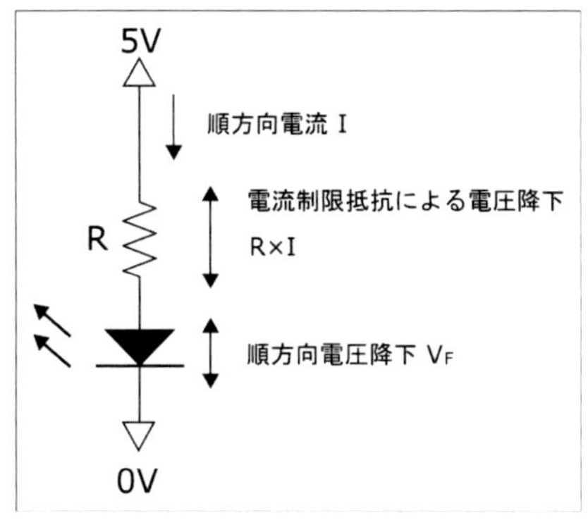

図8-06　LEDの点灯回路

この場合、電源が5VでV_Fが2Vなので、抵抗Rで3Vだけ電圧降下させる必要があります。LEDに3mA流すとすると、LEDに直列につながった抵抗にも3mA流れます。ということは、3mA流れた時に抵抗の両端に3V発生すればよいので、オームの法則から抵抗Rは1kΩになります（抵抗値＝電圧÷電流）。このような用途の抵抗を、電流制限抵抗と言います。

<コラム>定電流ダイオード

本書では抵抗を入れて電流を調整するやり方を解説していますが、定電流ダイオードを使うという方法もあります。定電流ダイオードは、ある程度以上の電圧をかけた時に、流れる電流が一定になるという特性を持った半導体素子です。電流値は素子の特性として決まっています。

例えば10mAの定電流ダイオードとLEDを直列にし、ある程度以上の電圧をかければこの回路に10mAの電流が流れます。この時、電流が10mAになるように、定電流ダイオードで電圧が降下し、電力が消費されます。定電流ダイオードにかかる電圧が高くなるほど発生する熱が増えることになるので、無制限に高い電圧をかけることはできません。

極端に電流が少ない時（LEDがほとんど点灯していない状態）を除くと、LEDに流れる電流が変わってもV_Fはあまり変化しません。そのため抵抗の両端の電圧、つまり電圧降下は、電流値に関わらずおおよそ3Vになります。したがってこの抵抗値を変えることで、LEDに流れる電流を制御できます。1kΩで3mAでしたが、これを2kΩにすると1.5mAになり、500Ωなら6mA流れます。LEDの明るさは電流値で変わりますから、この抵抗の値で明るさを調整できることになります。

抵抗を使う時は、抵抗の消費電力も考える必要があります。今回のように1kΩで3mAだと、抵抗の発熱は次のようになります。

$$W = 0.003^2 (A) \times 1000 (\Omega) = 0.009 (W)$$

0.009Wなら発熱を気にする必要はありません。LEDに20mA流し、電流制限抵抗を150Ωとした場合なら、0.06Wになります。これも単独の抵抗器としてはたいした発熱とはなりません。しかし8素子の集合抵抗（1つのパッケージに多数の抵抗素子が組み込まれた部品）で回路を組んだとすると、0.5W近い発熱となります。

抵抗で消費されるエネルギーはすべて熱になるので、ワット数が大きくなる場合は注意が必要です。実際のワット数以上の許容ワット数の抵抗を選ぶのは当然ですが、余裕を持って倍以上のものにしておくのが安全です。また発熱量が大きい場合、周辺の部品への熱の影響なども考える必要があります。コンデンサや半導体部品からはなるべく離し、周辺に空気の流れる隙間を空けておくといった配慮が必要になります。

<コラム>電流制限抵抗を使う場合の注意

電流制限抵抗を挿入することで、LEDにかかる電圧V_Fと電源電圧の間でバランスを取ることができますが、注意すべき条件もあります。V_Fと電源電圧が近いと、抵抗による電圧降下が小さくなります。この場合、電源電圧の変動、あるいはV_Fの変化により、LEDに流れる電流の変化が大きくなります。

例えばV_Fが2.0VのLEDに3Vの電圧をかけ、10mA流すなら、制限抵抗は100Ωになります。電源電圧が10％増えて3.3Vになると、電流は13mAと、30％増しになります。同じLEDを5Vで点灯する場合、制限抵抗は300Ωで、電源電圧が10％増えて5.5Vになっても電流は約11.7mAで、17％しか変動しません。

8-2-3　LEDの直列と並列

同時に複数のLEDを点灯する場合、電源電圧とV_Fの関係によっては、直列接続することができます。例えばV_Fが2VのLEDを直列に接続すると、2個のLEDによる電圧降下は4Vなので、5V電源に抵抗を接続し、点灯させることができます。抵抗で1V電圧降下させるので、例えば3mA流すのであれば333Ωということになります。直列に接続されたLEDには同じ量の電流が流れるので、同じ形式のLEDであれば、2個はほぼ同じ明るさで点灯するでしょう（図8-07）。

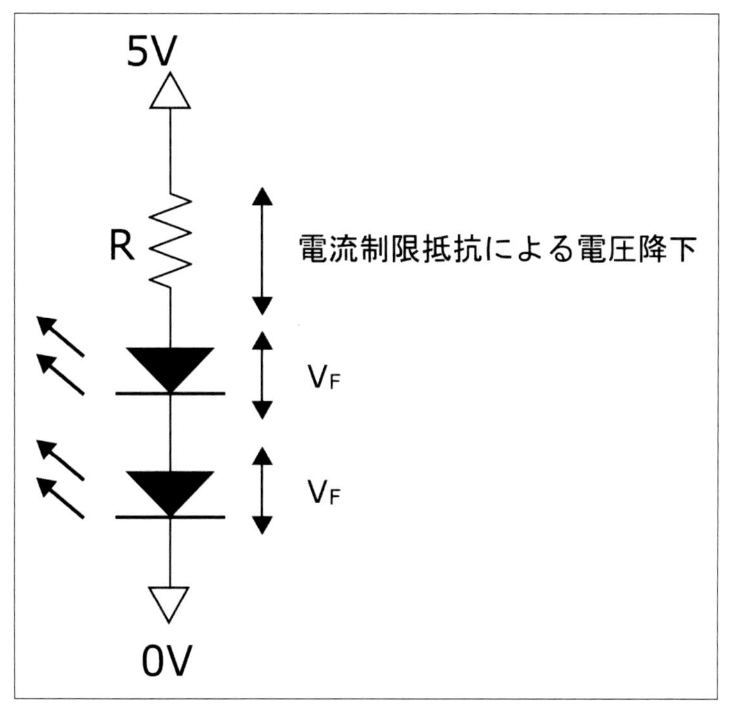

図8-07　LEDの直列接続

このやり方ができるのは、V_Fの合計が電源電圧を超えず、なおかつ電流制限抵抗を入れられるだけの電圧差があることが条件になります。例えばV_Fが2V、電源が6VならLED3個でちょうどV_Fの合計と電源電圧が同じになりますが、V_Fは温度などで多少変動します。グラフで見てわかるように、V_Fがわずかに変動するだけで電流は大きく変化します。そのため、ちょっとした条件の変化で明るさが大きく変わったりする可能性があります。電流制限抵抗があれば、電圧変動をこの抵抗が吸収してくれるので、動作が安定するのです。

ただし「<コラム>電流制限抵抗を使う場合の注意」で触れたように、V_Fの合計が電源電圧に近くなると、電圧変動による電流変化が大きくなることに注意してください。現実問題としては、電源電圧が5Vの回路で、V_Fが2VのLEDを2個直列にするのは、出力ピンの電圧なども考えるとちょっと無理があります。

直列接続について触れたので、並列接続も考えてみます。同じV_F値だからといって、LEDを並列に接続すると問題が起こります。個体のばらつきや温度の違いなどで、同じ形式のLEDであっても、V_Fにはわずかな差が出ます。これを並列につないでしまうと、V_Fが低いほうのLEDの電流が大きくなり、一方だけが明るく光ることになります。並列の意図は、おそらく同じ明るさで光らすことでしょうから、これではうまくいきません。図8-08の右側のように、電流制限抵抗までセットで並列化すれば、問題は起こりません。

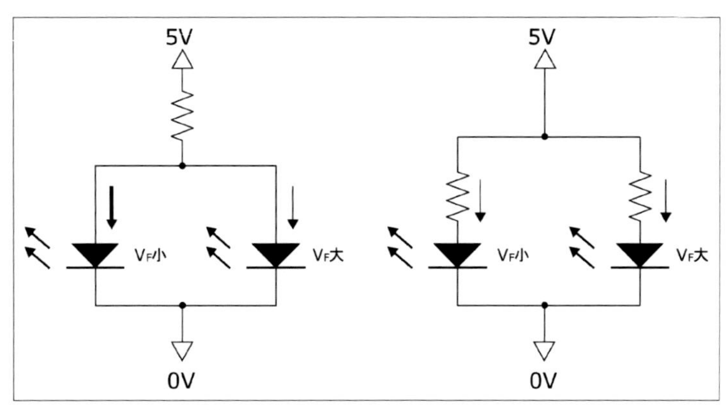

図8-08　LEDの並列接続

8-2-4　出力ポートの特性

前に触れたように、マイコンの出力ポートは、1ポート当たりの流せる電流の上限値と、チップ全体での電流の最大値があり、Arduino UNOのATmega328Pでは、出力ポート1つ当たりで20mA、チップ全体で100mAが推奨値です。絶対定格はそれぞれ倍ですが、発熱や余裕を考えると、推奨値で使用するのが現実的です。

したがって、10mA程度のLEDをいくつかのポートに接続する程度なら電力的な問題はありません。しかし大電流を必要とする高輝度タイプや、多数のLEDを点灯させたい場合は、ポートに直結させることはできません。

8-2-5　Hで点灯とLで点灯

第3章のデジタル信号の出力のところで説明したように、マイコンチップも含めてデジタルICの出力端子を使って電流を制御する場合、Hの時の流れ出し（ソース電流）とLの時の吸い込み（シンク電流）のどちらを使うかを考える必要があります。せっかくなので、ここでは2個のLEDを使い、この両方の接続をやってみましょう（第3章の図3-07と図3-08を参照してください）。

LED-1はピンD3（デジタルポートの3番ピン）、LED-2はピンD5に接続します。使用したLEDはESL-R5A33ARという赤色のもので、IF（最大）30mA、V_Fが1.8Vから2.4V、典型値は2.1Vです。自分で実験する場合は、同等の赤色LEDを使えば問題ありません。

回路は図8-09のようになります。

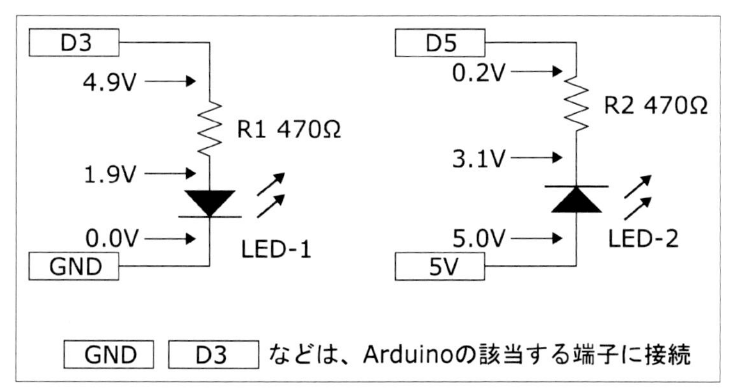

図8-09　LEDの接続回路図

LED-1が出力ポートHの時に点灯する回路で、H状態のポートから抵抗、LED、グラウンドに電流が流れます。ポートがL状態だと、LEDと抵抗にかかる電圧はほぼ0Vで、電流が流れないので点灯しません。

LED-2はLの時に点灯する回路で、電源から抵抗、LED、L状態のポートに電流が流れます。ポートの状態がHだと、電源とポートのHレベルの間の電位差が小さく、電流がほとんど流れないのでLEDは点灯しません。5Vと0V（GND）はArduinoの端子から供給します。

Hで点灯とLで点灯の回路を比べると、ポートに接続されるLEDの極性が逆になっていることがわかります。

この回路では470Ωの電流制限抵抗を使い、LEDに約6mAの電流を流しています。

この回路のLEDは出力ポートに接続するので、ポートの電位も考えなければなりません。ポートがLの時の電圧、Hの時の電圧は、ポートに流れる電流によって多少変化しますが、LEDに数ミリアンペア流す程度なら、Hは約5V、Lは0Vで計算して大丈夫です。厳密に計算しようにも、もともとE24系列などの抵抗ではとびとびの抵抗値しか選べません。大雑把に言ってしまえば、単に小電流LEDを点灯させるだけなら、ポートの電圧や抵抗値はあまり厳密に考える必要はないということです。例えば計算した抵抗値が400Ωだったとしても、近い抵抗値は330Ωか470Ωです。しかも抵抗値には誤差があります。LEDのV_Fの正確な値も、実際には測ってみないとわかりません。結局のところ、誤差が20％くらいあっても大きな問題にはなりません。したがって絶対最大定格を超えないことだけ注意して、つまり最大定格ぎりぎりで使うことを避けて、適当に決めれば済んでしまいます。

参考までに、実際に筆者が作った回路の各部の電圧を回路図（図8-09）に示しておきます。V_Fは1.9V、470Ωの電流制限抵抗に約3Vかかっています。

<コラム>TTL時代の習慣

かつてはバイポーラの74シリーズTTLという汎用ロジックICが広く使われていました。TTLはTransistor Transistor Logicの略です。意味がよくわからないかもしれませんが、これは回路の構成を示しています。TTLとは別にDTL（Diode Transistor Logic）という構成があり、これは入力部でダイオードを使ったロジック処理を行い、その結果をトランジスタで受けていました。その初段のダイオードをトランジスタ化したのがTTLで、DiodeがTransistorに変わったので、このような名称になったのです。

この74シリーズTTLは70年代から80年代に代表的なロジックICとして広く使われました。現在ではバイポーラICのTTLはほとんど使われていませんが、74HCシリーズという同じ機能、ピン配置、型番のC-MOS汎用ロジックICが広く使われています。

TTLロジックICの出力回路は、H側のトランジスタに抵抗がはいっていて、Hレベルでのソース（流れ出し）電流が制限されていました。そのため数ミリアンペア以上の電流を扱いたい場合、Hでのソース電流は使えず、Lのシンク電流を使う必要がありました。これによりLEDを接続する時は、Lで点灯という回路を組んでいました。現在はC-MOS ICが主流でこのような制限はないのですが、過去の回路との互換性や習慣などで、シンク電流を使うという回路も多くあります。

8-3　点滅スケッチを組んでみる

このような回路を組んだら、スケッチで2個のLEDの点滅を制御することができます。基本的には最初のBlinkプログラムと同等のことを、自分で組み立てたLED回路の出力ポートに対して行うだけです。

8-3-1　実際の回路

2個のLEDはポートD3とD5に接続しています。LEDを点灯させるために、ポートとの接続のほかに、5V電源（Lで点灯するLED）とグラウンド（Hで点灯するLED）の接続も必要です。

今回は、ブレッドボード上に組んでみます（図8-10）。どのような結線になるかを図8-11に示します。

図8-10　実際に組んだ回路（ブレッドボード上に組んだLED点灯回路）

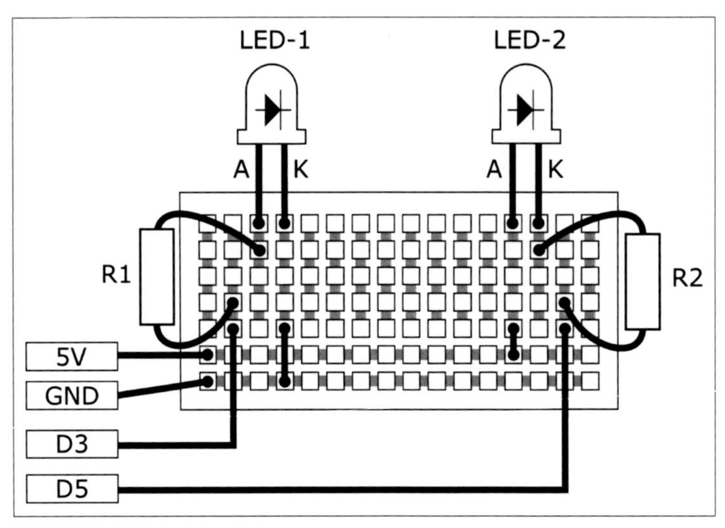

図8-11　ArduinoとLEDの接続

8-3-2　スケッチ

LEDの点灯はBlinkスケッチと同じで、1秒点灯、1秒消灯とします。それぞれのポートに同じ値を出力していますが、LEDの点灯回路が異なるので、実際には交互に点滅する形になります。

<リスト>2個のLEDの点滅スケッチ

```
void setup() {
  // ピン3とピン5を出力に設定
  pinMode(3, OUTPUT);
  pinMode(5, OUTPUT);
}

void loop() {
  // ピン3とピン5をHに
  digitalWrite(3, HIGH);  // 点灯
  digitalWrite(5, HIGH);  // 消灯
  delay(1000);
  // ピン3とピン5をLに
  digitalWrite(3, LOW);  // 消灯
  digitalWrite(5, LOW);  // 点灯
  delay(1000);
}
```

＜コラム＞入出力の高速化

Arduinoの I/O ピンは０から番号が振られており、その番号を指定することで、１ビットの出力と入力ができます。これはArduinoのライブラリにより実現されている機能で、実際のマイコンのハードウェア構成はこのようにはなっていません。

多くのマイコンは、入出力は８ビット単位（使用可能なビット数はこれより少ないこともあります）の I/O ポートで行い、そして I/O ポートはマイコンのメモリ空間、あるいは I/O 空間中のアドレスで指定されます。そのため、普通にポートの入出力を行う場合は、アドレス 0xXXXXXX で１バイトのデータを読み書きするという形になります。

このアドレスはマイコンチップの形式ごとに変わるので、実際にプログラムを書く際は、使用するチップに合わせてアドレスを指定する必要があります。またバイト単位ではなく、ビット単位で扱いたい場合は、８ビットデータに対して適当なビット演算を行う必要があります。

Arduinoの `digitalWrite`、`digitalRead` などの関数は、こういった仕様上の違いをすべてライブラリが吸収し、プログラマは単にピン番号を指定すればよいようになっています。背後では、ポートアドレスへの変換、読み書きするバイトデータの処理などを行っているのです。これはArduinoが初学者にとってわかりやすい大きな理由です。

ところが実際にプログラムを作っていくと、外部と４ビットや８ビットのデータをやり取りしたいという状況があります。すると、多ビットのデータを１ビットずつ分け、それを１ビットの入出力関数に渡すことになります。これらの関数は、内部で再びバイトデータを組み立て、実際の入出力処理を行うことになります。

これはかなり無駄な処理であることがわかるでしょう。しかも、時間がかかるのです。タイミングがシビアな処理を行っている場合、この処理時間はかなり効いてきます。

そこでライブラリを使わず、Arduinoのスケッチから直接 I/O ポートにアクセスするという方法を考えることになります。

MCU のデータシートやライブラリのソースコードを調べれば、実際のポート構成やアドレスを調べることができ、その情報を使って直接ポートにアクセスすれば、入出力処理の高速化が期待できます。しかしこのやり方には、大きな問題もあります。ライブラリによって隠蔽されていたハードウェアを直接操作することで、スケッチの互換性が低下することです。使用している MCU が変わると、スケッチが動かなくなる可能性が高くなります。

9

第9章　【実践編】入力ポートにつなぐスイッチ――非同期イベントをうまく処理するには

◉

前章では、出力ポートを使ってLEDを点灯させました。本章では入力ポートにスイッチを接続し、マイコンのプログラムでスイッチのオン／オフの状態を調べます。マイコンに限らず、電気／電子機器を人間が操作する上で、スイッチは欠かせない要素です。ここでは実例として、前章のLEDをスイッチで制御してみます。スイッチの基本的な構成については第4章で解説したので、ここではスイッチをデジタル回路に組み込むための回路や注意を示し、スイッチの状態を調べるプログラムについて解説します。

9-1　マイコン制御とスイッチとの関係を覚えておこう

電気／電子回路において、人間にとって一番身近な操作要素はスイッチでしょう。動作のオン／オフや機能の切り替えなどにスイッチは欠かせません。ここではマイコンにスイッチを接続し、スイッチを使ってプログラムの動作を切り替えることについて考えてみます。

9-1-1　直接制御と間接制御

スイッチは昔から電気／電子機器で、回路の開閉に使われています。典型的な用法は、目的の回路（負荷）に電圧をかける／電流を流すかどうかを、スイッチにより制御するというものです。具体的には、スイッチによってモーターや照明、各種回路に流す電流のオン／オフを制御するという方法です。このような制御のしかたを直接制御と呼びます。

マイコンにスイッチを接続して使う場合、このような使い方とはちょっと異なります。マイコン制御の場合、LEDやモーターなどの対象物の動作を制御するのは、マイコンとそれに接続されたドライバ回路類であり、出力ポートの状態によって対象物に送られる電流のオン／オフが行われます。マイコンにスイッチをつないで何らかの制御を行う場合、マイコンのプログラムがスイッチのオン／オフ状態を調べ、それに基づいて出力ポートを制御して何らかの処理（LEDやモーターなどの制御、その他各種動作）を行います。このような制御を間接制御と言います。つまりスイッチと操作対象の間に、マイコン（あるいはその他の制御回路）が介在している形です（図9-01）。

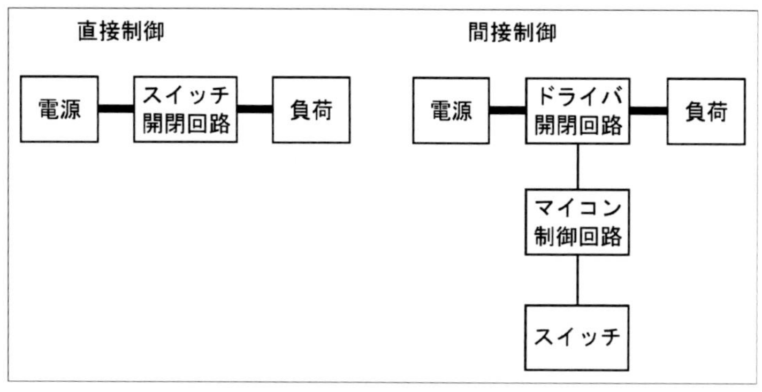

図9-01　直接制御と間接制御

マイコンを使った制御では、スイッチ操作が必ずしも対象物のオン／オフにつながらないこともあります。例えば動作条件を満たさない時は、スイッチを操作してもモーターが動かないようにプログラムを書くことで、機械に無理がかかったり、危険な動作をしたりしないように制御することができます。

単にオン／オフが目的なら、わざわざマイコンを介在させるのは無駄ですが、マイコンを使うことで、きめ細かな制御が可能になります。

9-1-2 モーメンタリスイッチとオルタネートスイッチ

第4章で説明したように、オルタネート動作のスイッチは、スイッチそのものが状態を保持します。オンとオフを切り替える場合、オルタネートスイッチを使えばオンの状態とオフの状態をスイッチ自身が保持します。例えばLEDを点灯させるスイッチであれば、レバーが上で点灯、下で消灯といった形で使うことができます。

同じことをモーメンタリスイッチ、例えばプッシュスイッチで行う場合は、少し考えなければなりません。単純に接続したら、スイッチを押している間だけLEDが点灯という動作になります。これを1回押したら点灯、離しても点灯のままで、もう1回押すと消灯という形で使いたいと思ったら、どこかで点灯と消灯という2つの状態を記憶しておく必要があるでしょう。スイッチをマイコンにつなぐのであれば、状態の記憶はマイコンで行うことになります（図9-02）。

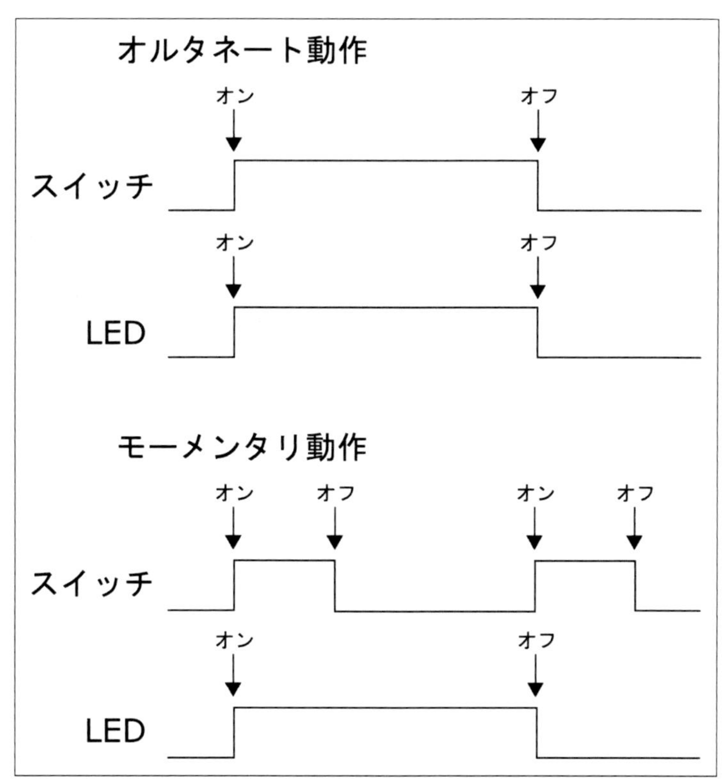

図9-02 オルタネート動作とモーメンタリ動作

スイッチによって状態を切り替える、つまりある状態を維持するという用途で、モーメンタリスイッチとオルタネートスイッチのどちらを使うかは、設計者が考えることです。ただ、いくつか考慮する点があります。

●モーメンタリスイッチを見ても状態はわからない

オルタネートスイッチは、ボタンの引っ込み具合やレバーの角度で、スイッチの状態、つまり現在オンかオフかがわかりますが（スイッチによっては、構造的にわかりにくいものもありますが）、モーメンタリスイッチではわかりません。そのため、操作することで何らかの状態が変わるような使い方をする際は、現在の状態を示す（LEDの点灯など）必要があるかもしれません。次項の「9-1-3　スイッチとインジケータ」を見てください。

●オルタネートスイッチとマイコンの内部状態を一致させなければならない

オルタネートスイッチが状態を保持できるといっても、実際の制御を行うのはマイコンプログラムですから、プログラム側もスイッチの状態を常に監視し、スイッチが操作されたら、変数の値の変更などの形でただちにプログラム側の内部の状態も更新しなければなりません。つまりスイッチが状態を保持できるからといって、プログラム側での状態の管理が簡単になるとは限らないのです。もしスイッチとプログラムの状態に食い違いがあると、かえって混乱してしまうでしょう。

9-1-3　スイッチとインジケータ

トグルスイッチのようにスイッチの状態が目で見てわかるタイプのスイッチであれば、スイッチそのもので制御対象の動作状態を示すことができます。例えばレバーの位置でオンとオフがわかります。あるいはスイッチに頼らず、動作状態を示すLEDを用意し、オンの時は点灯、オフの時は消灯させることができます。このような用途の表示要素をインジケータやパイロットランプと言います。

インジケータがあれば、スイッチ自体が状態を保持しないモーメンタリスイッチでも、動作のオン／オフをわかりやすく示すことができます。スイッチを1回押すとオン、もう1回押すとオフという動作も、押すごとにインジケータが点滅することで、現在の状態がわかります。スイッチ操作によって何かが光ったりモーターが回ったりする場合は、インジケータがなくてもユーザーは動作を認識できます。しかしスイッチ操作によって動作内容が変わるものの、ユーザーがわかりやすい形でそれが示されない場合は、状態を示すインジケータが不可欠です。

スイッチと別にインジケータを用意することもできますが、こういった用途のために、スイッチとインジケータのLEDを組み合わせたものもあります。スイッチの一部に小型LEDが組み込まれたもの、スイッチのボタンやレバーが半透明で、内部にLEDが組み込まれた照光スイッチなどがあります（図9-03）。この機能はモーメンタリスイッチで特に便利ですが、オルタネートスイッチにも照光タイプがあります。

何らかの条件によって動作が起こる、起こらないが変わることがあります。

図9-03　インジケータが組み込まれたスイッチ（左は照光スイッチ、右はLED付きスイッチ）

例として何かを動かすモーターを考えてみます。モーターを動かすオルタネートスイッチがオン位置であるにも関わらず、モーターが動かないという状態があります。例えばスイッチがオン位置の状態でシステムの電源を入れた時は安全のために起動しないとか、すでに限界位置に達しているのでそれ以上の動作ができないという場合、スイッチがオンでもモーターが動かないように制御プログラムを作ります。

このような場合、つまりスイッチと動作の状態に食い違いがあるときは、そのことを示すインジケータ、例えばエラー表示の点灯といった対応があればユーザーにとって親切でしょう。レバースイッチがオン位置なのに動作しない、プッシュボタンを押しても動作しないという時に、その近くにあるエラー表示が点灯すれば、ユーザーはシステムの状態を把握できます。つまりスイッチを操作しても動かない原因があるということがわかるのです。

マイコン制御を行う場合、マイコンはスイッチの状態を調べ、必要な処理を行います。この時欠かせないのが、スイッチや制御対象の状態をプログラム中で認識することです。このことについては、本章後半のプログラムの解説のところで説明します。

9-2　スイッチをデジタル回路内で使ってみる

スイッチをデジタル回路中で使うことを考えましょう。第4章のスイッチの解説も参照してください。

9-2-1　プルアップ／プルダウン

第3章でも少し触れましたが、スイッチを使ってデジタル回路用のHレベル、Lレベルの信号を生成するには、抵抗と組み合わせてプルアップ、プルダウンを行う必要があります（図9-04）。これにより、スイッチを含む回路がHレベルかLレベルの安定した電圧を維持します。プルアップ／ダウンを行わないと、スイッチがオフの時、その接続先が電気的にどこにも接続されていない状態になってしまいます。

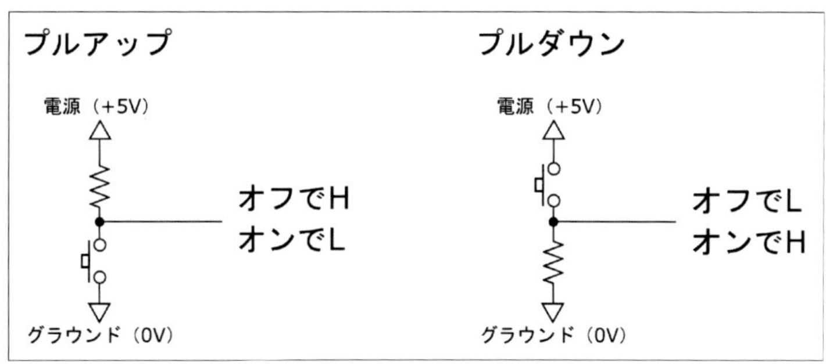

図9-04　プルアップとプルダウン

スイッチをグラウンド側に接続し、プルアップすれば、スイッチオンでL、オフでHとなります。逆にスイッチを電源側に接続し、プルダウンすれば、スイッチオンでH、オフでLとなります。

第3章のプルアップ／ダウンのところで説明したように、プルアップ／ダウンの抵抗値によってスイッチに流れる電流が決まります。抵抗値が小さければ電流が増え、システム全体の消費電力が増えます。抵抗値が大きいと電流は減りますが、減らしすぎるとスイッチの接点で安定した導通が得られない可能性があります。通常は1kΩないし数キロオームとします。

9-2-2　入力ポートのプルアップ機能

マイコンの入力端子にスイッチを接続したり、あるいは脱着される回路を接続したりするという使い方はさまざまな状況で必要であり、そのためにプルアップ／プルダウン抵抗を接続しなければなりません。このコストや場所を節約できるように、多くのマイコンはチップ内の回路によって入力端子をプルアップできるようになっています。ATmega328Pの場合は、入力に設定したポートにHを出力することでプルアップが有効になります。Lを出力するとこの機能がオフになります。

<リスト>入力ピンのプルアップ

```
pinMode(4, INPUT);          // I/Oピン4を入力に設定
digitalWrite(4, HIGH);   // HIGHを出力するとプルアップされる
```

MCUの機能によるプルアップは、20kΩから50kΩの抵抗でのプルアップとなります。もっと小さい抵抗を使いたい、あるいはプルダウンしたい場合は、外付け抵抗が必要です。

9-2-3 チャタリング

金属の接点が接触するというスイッチの構造には、ある問題があります。接点が接触する時、ごく短時間ですが、接点がバウンドすることです。接点は何回かバウンドして、最終的に安定した接触状態になります。また接点が離れる際にも、離れる瞬間に一時的な断接が発生します。

このようなスイッチが一時的に断接を繰り返し、最終的に接触、あるいは切断状態に至るという現象のことを、接点のチャタリングあるいはバウンスと言います。チャタリングは、機械的に接点が接触するスイッチ（リレーなども含む）では避けがたい現象です（図9-05、図9-06）。

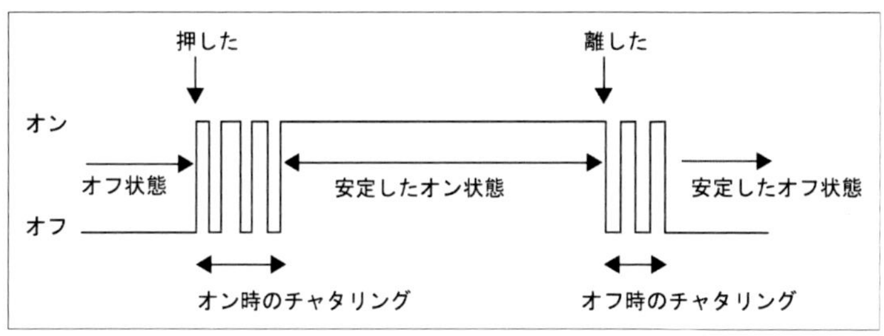

図9-05　チャタリング

実際にチャタリングが起こる時間は数ミリ秒程度なので、照明やモーターなどを直接制御するスイッチでは、これが問題になることはほとんどありません。しかし高速に動作するデジタル回路の場合、チャタリングによる何回かの断接は、スイッチが何回か操作されたと判断されてしまうことがあります。例えばスイッチを押すごとにオンとオフが切り替わる場合、チャタリングによる短時間の断接ごとにスイッチが押されたと判断され、思った通りに動作しなくなります。古くなったキーボードで、キーを1回押しただけなのに何文字も入力されることがあります。これは接点が劣化してチャタリングがひどくなった、つまりチャタリングが長時間続くようになったためです。

デジタル回路やプログラムによる処理を行う際には、このチャタリングの問題を解決する必要があります。下記の「<コラム>ハードウェアによるチャタリングの解消」に示したような

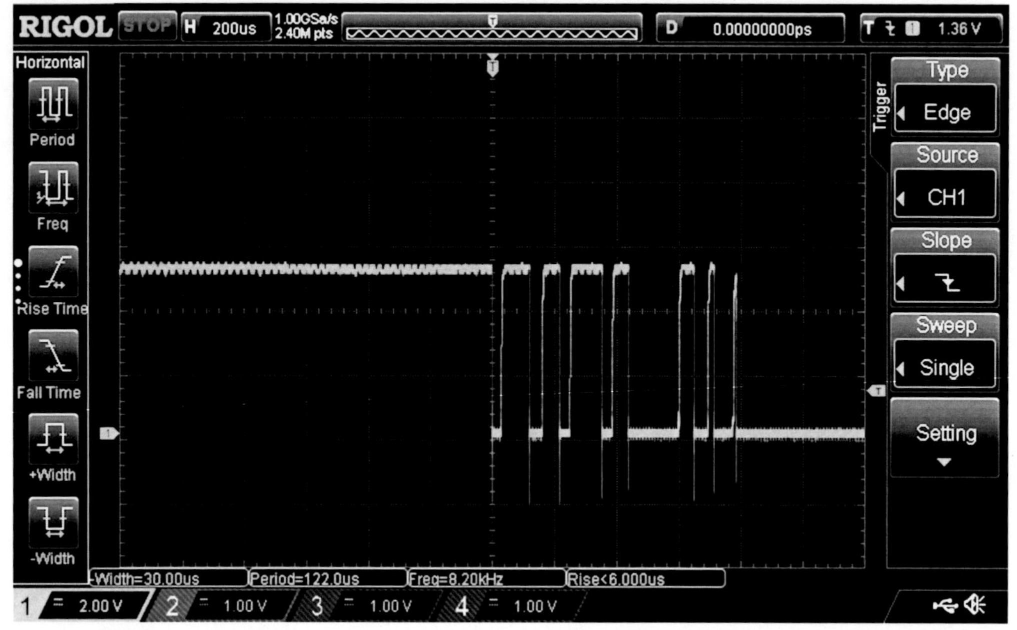

図9-06　実際のチャタリング波形

ハードウェア的解決策もありますが、本章では、プログラムによるソフトウェア的な解決策を説明します。

<コラム>ハードウェアによるチャタリングの解消

スイッチ操作時のチャタリングは、スイッチとマイコンの入力ポートの間に付加回路を組み込んで解消することができます。トランスファータイプのスイッチとフリップフロップを使う方法、CR回路を使う方法などがありますが、ここでは簡単なCR回路を紹介します。Cはコンデンサ、Rは抵抗のことです。

チャタリングは、ごく短時間の間に起こるスイッチの断接の繰り返しであり、これにより電圧信号が頻繁に変化します。この頻繁な電圧変化を適当な方法で滑らかにすることができれば、チャタリングの問題を解決できます。プルアップされたスイッチに図9-07のようにコンデンサと抵抗を入れることで、急激な電圧変化を吸収することができます（図9-08）。

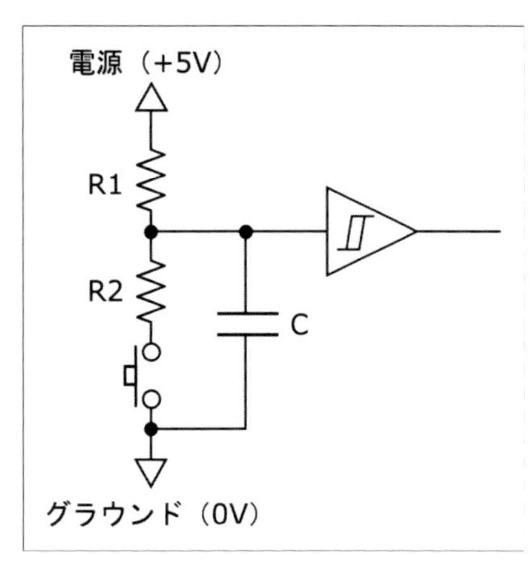

図9-07　CRを使ったチャタレス回路

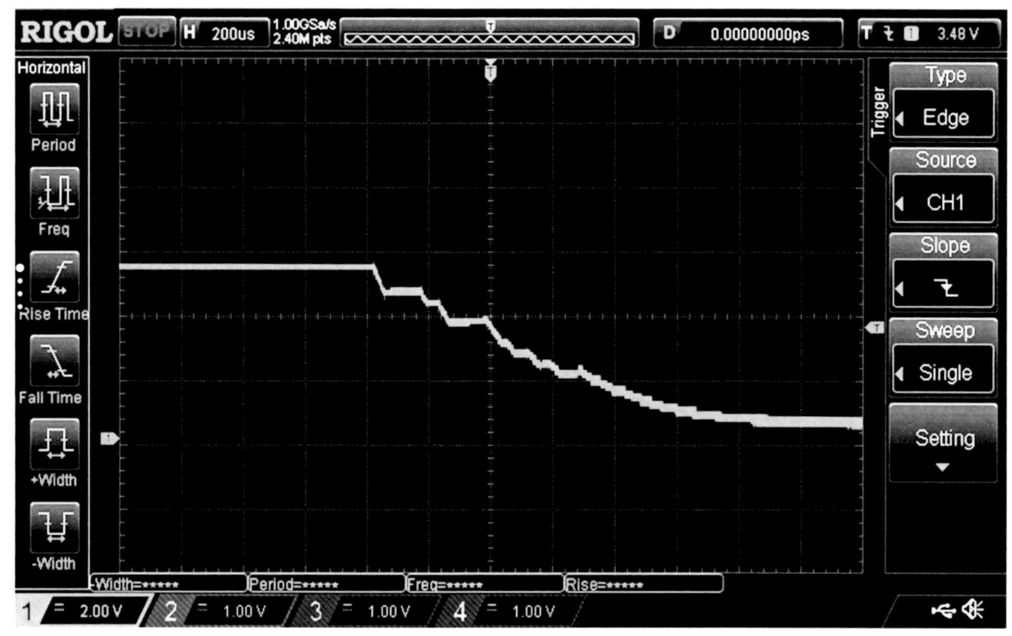

図9-08　チャタレス回路の実際の波形（R1=5.1kΩ、R2=470Ω、C=0.47μF）

図9-07にはスイッチオンでLになる回路を示しています。スイッチ操作でHになる回路は、電源の向きが逆になるだけです。

スイッチがオフの状態では、コンデンサは抵抗R1を介して電源につながっているので、コンデンサに電荷が溜まっており、入力端子電圧は電源電圧と同じでHになっています。スイッチがオンになり、抵抗R2を介してグラウンドに接続されると、コンデンサの電荷が抵抗R2とスイッチを通って放電され、入力端子電圧が低下し、最終的にR1とR2で分圧された電圧になります。R2をR1に対して十分小さくすれば、この電圧は0Vに近くなり、Lとなります（スイッチ操作でHになる回路は、スイッチオンで充電が始まり、オフで放電となります）。

コンデンサの容量と抵抗値は、コンデンサの充放電時間がチャタリング時間より長くなるように設定します。略式の回路では、R2を省略する場合もあります。

コンデンサの充放電には時間がかかり、そしてその間の入力端子電圧はコンデンサに蓄えられている電荷量で決まるため、充放電時間がチャタリング時間よりも長ければ、その間に短時間の接点の断接が発生しても、電圧変化にはあまり影響が出ません。つまりチャタリングの断接がコンデンサによってマスクされてしまうのです。スイッチがオフになると、R1を介してコンデンサに充電されますが、これにも時間がかかるため、チャタリングによる波形乱れは小さくなります。このCR回路は、CとR1を大きくすれば、波形の立ち上がりが長くなり、CとR2を大きくすれば立ち下がり時間が長くなります。

このような回路によりチャタリングの影響をなくすことができますが、電圧変化に要する時間、つまり波形の立ち上がり／立ち下がり時間が長くなります。これによりマイコンなどのロジックICの入力端子において、H/Lの不確定時間が長くなってしまうので、この問題を回避するために、この回路は第3章で説明したシュミットトリガ入力で受けることが望まれます。

ハードウェアによるチャタレス回路は、部品点数が増え、回路が複雑になりますが、スイッチ入力を扱うプログラムは単純になります。

この回路は、電源オンの際のリセット信号にも応用できます。電源オフの状態ではコンデンサには電荷がないので、端子電圧は0Vです。電源電圧が0Vから規定の電圧に変化すると充電が始まりますが、この電圧上昇には時間がかかるので、電源電圧の立ち上がりに対して、ある程度遅れて端子電圧が上昇します。この時間差はマイコンチップなどのリセット処理に使えます。電源投入直後はリセット信号が有効で、少し時間が経過してリセットがオフになることで、システムで安定したリセット処理が行えます。このような回路を、パワーオンリセット回路と言います。

9-3 スイッチの読み込みを工夫してみる

そろそろ、スイッチの状態をマイコンで調べる具体的なやり方を見てみます。スイッチをマイコンにつなぐとは、マイコンで動作するプログラムからスイッチの状態を調べるということです。これには入力ポートを使います。プルアップ／ダウンされたスイッチからの信号を入力ポートに接続すれば、プログラムで入力ポートの状態（HかLか）を読み出すことにより、接続されたスイッチの状態を得ることができます。

9-3-1 スイッチの接続

実際に実験用の回路を組んでみます。Arduinoにスイッチを1個接続します。モーメンタリプッシュスイッチをArduinoのI/OピンD2とグラウンドの間に接続し、そしてスイッチとピンD2の接続部分を2.2kΩの抵抗でプルアップします（図9-09）。これにより、スイッチオフでH、オンでLとなります。オンのときには2.2kΩの抵抗を介して約2.3mAの電流がスイッチに流れます。

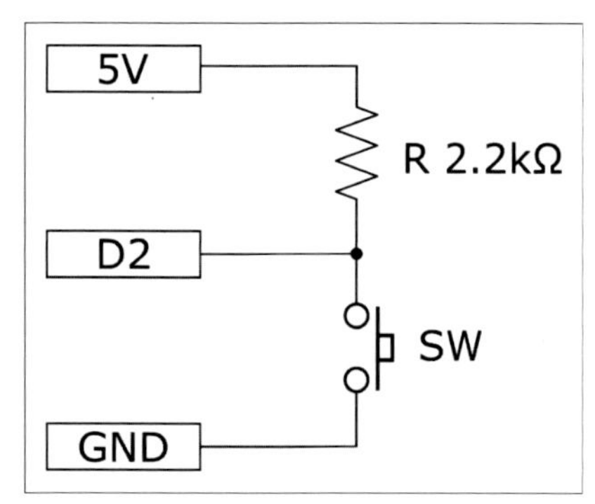

図9-09　Arduinoにスイッチを接続

プッシュスイッチには、パネルにネジ止めし、電線をつなぐタイプのもの、基板に直接取り付けるものなどがあります。ここではブレッドボードで配線したいので基板取り付けタイプを使います。このタイプのスイッチは取り付け用のリードが太いものが多く、うまくブレッドボードに挿さらないことがあります。このような場合は、スイッチを別の基板にハンダ付けしたり、テストクリップなどを使って接続したりすることになります。ブレッドボードとは別に、実験用にスイッチ、プルアップ／ダウン抵抗、LED、電流制限抵抗をいくつか取り付けた基板を用意しておくと便利です（図9-10、図9-11）。

基板取り付けタイプのスイッチは、取り付け強度を高めるために、リードが4本出ているものがあります。しかし内部に2組のスイッチがあるわけではなく、接点は1組だけなので、どのリードの間にスイッチがはいるのかを事前に確認しておく必要があります。

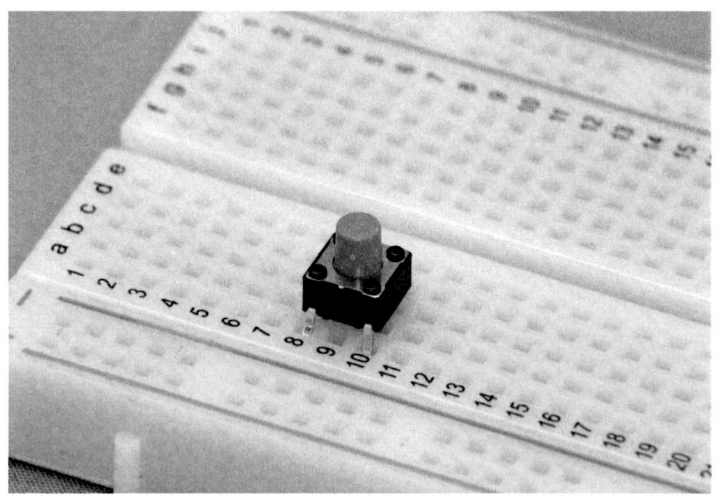

図9-10　ブレッドボードに取り付けたスイッチ（基板取り付け用スイッチをブレッドボードに配置）

図9-11　スイッチ／LED実験用基板

9-3-2　入力ポートの読み込み

Arduinoで入力ポートの状態を調べるのは簡単です。まず`setup`関数中で、目的のポート（ここではピン2）を入力に設定します。プルアップ抵抗を組み込んでいない場合は、MCU側でプルアップ処理を行います（この例ではコメントアウトしてあります）。そして必要なところで`digitalRead`関数を使って、入力ポートの状態を取得します。`digitalRead`関数は引数で入力ピン番号を指定すると、そのピンの状態を`HIGH`か`LOW`の値で返します。`if`文などを使ってその値を判定すれば、入力ポートの状態に応じた処理を行えます。

<リスト>スイッチの状態の読み込み

```
void setup() {
  pinMode(2, INPUT);       // ピン2を入力モードに設定
//  digitalWrite(2, HIGH);  // 必要に応じてMCU側でプルアップ
}

void loop() {
  :
  :
  if (digitalRead(2) == LOW) {
    // スイッチにより入力ピンがグラウンドに接続された
    // スイッチオンの処理を記述
  } else {
    // スイッチは押されていない
    // スイッチオフの処理を記述
  }
  :
  :
}
```

簡単な例を考えてみましょう。モーメンタリプッシュスイッチを押している間、オンボードLEDが点灯するというスケッチを作ってみます。これは何もマイコンを使わなくても、スイッチとLEDを直列につなぐだけでできてしまいますが、もっとも単純なスイッチのスケッチとして紹介します。

スケッチもとても単純です。setup関数中でスイッチの入力ポートとLEDの出力ポートを設定します。loop関数中ではdigitalRead関数でスイッチがつながっている入力ポートの状態を調べ、LOW（オン）ならLED出力ポートをHIGHにしてLEDを点灯させ、HIGH（オフ）ならLEDを消灯させているだけです。

以下のスケッチをArduinoに転送して実行すると、スイッチを押している間だけLEDが点灯するでしょう。

<リスト>スイッチを押すとLEDが点灯

```
void setup() {
  pinMode(2, INPUT);  // I/Oピン2を入力モードに設定
  pinMode(LED_BUILTIN, OUTPUT);
}

void loop() {
  if (digitalRead(2) == LOW)             // 入力がLOWなのでスイッチオン
    digitalWrite(LED_BUILTIN, HIGH);  // LEDを点灯
```

```
  else                                // スイッチはオフ
    digitalWrite(LED_BUILTIN, LOW);   // LEDを消灯
}
```

一般にスイッチ入力の処理にはif文を使いますが、スイッチ入力で得られるHIGH、LOWと、LED出力のためのHIGH、LOWの組み合わせが同じなら、次のようにdigitalReadの返り値をそのままdigitalWriteに渡すこともできます。この例はスイッチがプルアップされているのでオンでL、LED点灯はHなので、以下の書き方をすると、オンとオフの関係が逆になります。

```
digitalWrite(LED_BUILTIN, digitalRead(2));
```

9-3-3　押すごとに点滅――失敗例

前に説明したように、スイッチにはチャタリングがあるので、その対処が必要です。前の例はチャタリングによりLEDが短時間点滅しても人間にはわからないので、実害はありませんでした。しかし現実的な用途では対処が必要です。まずはチャタリングを無視するとどうなるかを確認するために、チャタリングの対処をせずにスケッチを作ってみます。

前のスケッチの動作を変えて、スイッチを押すごとに、LEDが点灯、消灯するようにします。つまりLEDが消灯している時にスイッチを押すと点灯し、スイッチを離しても点灯状態が維持されます。そして点灯時に押すと消灯し、これも維持されます。つまりオルタネートスイッチと同じ動作を、マイコンのスケッチで実現するのです。

これを実現するためには、現在LEDが点灯しているか消灯しているかを記憶しておく必要があります。その状態に応じて、スイッチがオンになった時に行う処理が変わってきます。具体的には次のようになります。

●LEDが消灯状態

スイッチが押されたらLEDを点灯させる。

●LEDが点灯状態

スイッチが押されたらLEDを消灯させる。

スケッチ例では、現在のLEDの点灯状態をledStatという変数に、HIGH、LOWの値を代入して記憶しており、その値に基づいて処理を切り替えています。

スイッチが押され、必要な処理を行ったら、スイッチが離されるまで待つ必要があります。スイッチの状態の判定はloop関数の繰り返しごとに行われるため、オフを待たないと次のループでまたオンの判定が行われてしまうからです。

これらをスケッチにまとめると、次のようになります。点灯と消灯の処理は出力する値が異なるだけなので、この処理はもう少し簡略化することができますが、ここでは処理をわかりやすくするための冗長に書いています。

<リスト>スイッチを押すごとにオン／オフ切り替え――失敗例

```
int ledStat;                                  // 現在のLEDの状態

void setup() {
  pinMode(2, INPUT);                          // I/Oピン2を入力モードに設定
  pinMode(LED_BUILTIN, OUTPUT);
  digitalWrite(LED_BUILTIN, LOW);             // LEDを消灯
  ledStat = LOW;                              // LEDの状態を消灯に設定
}

void loop() {
  if (digitalRead(2) == LOW) {                // スイッチが押された
    if (ledStat == LOW) {                    // 現在LEDは消灯しているので、点灯処理
      digitalWrite(LED_BUILTIN, HIGH);        // LEDを点灯
      ledStat = HIGH;                         // LEDの状態を更新
    } else {                                 // 現在LEDは点灯しているので、消灯処理
      digitalWrite(LED_BUILTIN, LOW);         // LEDを消灯
      ledStat = LOW;                          // LEDの状態を更新
    }
    while (digitalRead(2) == LOW)             // スイッチがオフになるのを待つ
      ;
  }
}
```

実行中のスケッチは、スイッチの状態を調べる処理を繰り返します。Arduinoでは`loop`関数が繰り返し実行されるので、その中に記述します。

スケッチを実行すると、スイッチが接続された入力ポートの値を調べ、その内容に応じて処理を切り替えますが、このスケッチでは、チャタリングのためにスイッチが何回か押されたと判断してしまうため、スイッチの操作と動作がうまく対応しない場合があります（チャタリングの発生頻度や時間はスイッチにより異なるので、ほとんど誤動作しないスイッチもあります）。

<コラム>HIGHとLOWの値

ポートの入出力関数では、ロジック信号の値を示すために`LOW`、`HIGH`という定数を使います。C/C++言語の経験のある人なら、これらの定数の値はC/C++の論理値である0と非0にちがいないと思うでしょう。実際、調べてみると`HIGH`が1、`LOW`が0と定義されています。

これらの値は`#define`定数として定義されているので、将来変更される可能性がないとは言えないのですが、そんな

ことはないだろうという前提の元、(いい悪いは別にして) スケッチをもっとC言語っぽく書くこともできます。例えばスイッチの状態を調べる`digitalRead`関数とLEDを制御する`digitalWrite`関数を、以下のように1行にまとめてしまうことができます。

```
digitalWrite(3, ledStat = !digitalRead(2));
```

本書では何をやっているのかをわかりやすく示すために、多少冗長になっても、動作の考え方の通りにコードを書いています。

9-3-4 チャタレス処理

前のスケッチではチャタリング除去をしていなかったので、うまく動きませんでした。チャタリングによってオンになった時の処理が何回か実行されてしまいますが、これが偶数回実行されるとLEDは点滅を繰り返し、最初の状態と同じになってしまいます。つまりスイッチを操作したのに、人間の見た目には状態が変化していないことになります (図9-12)。もしスイッチの操作回数を数えるような用途であれば、一度に何カウントか進んでしまうことになるでしょう。

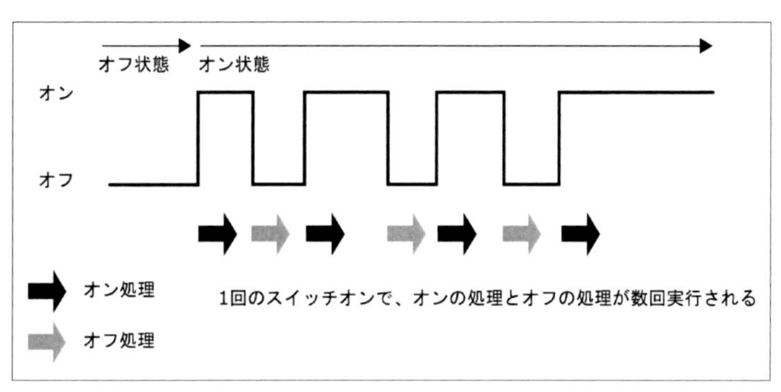

図9-12 チャタリングによる不具合

この問題を解決するための基本的な考え方を説明しましょう。スイッチがオンになったことを検出したら、しばらく待ちます。待ち時間は、チャタリングが収まるまでに十分な時間で、ここでは5ミリ秒とします。スイッチが押されたことを検出したら、5ミリ秒待った後、もう1回スイッチの状態を調べます。この時もスイッチがオンであれば、その時点でスイッチがオンになったと判断します。つまりチャタリングが起きているかもしれない5ミリ秒の間は、スイッチオンの処理を始めないのです。このように待つことで、チャタリングによって何回もスイッチオンの処理が繰り返されるのを防ぐことができます (図9-13)。

5ミリ秒後、もしオフになっていたら、何らかの理由でスイッチが一瞬押されたものとみなし、スイッチ操作とは判断せず、オンの処理は行いません。

スイッチオフの場合も同様の処理を行います。この時は、オンとオフの判定の関係が逆になります。

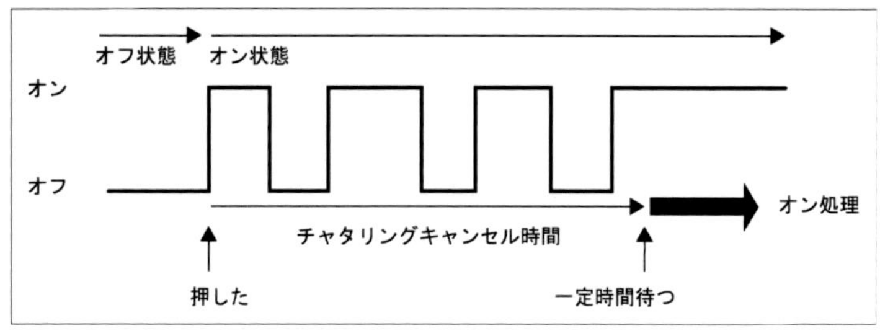

図9-13　チャタレス処理

前のスケッチに、このチャタリング除去のためのコードを組み込みます。delayはミリ秒単位で待つ関数なので、ここで時間待ちを行っています。setup関数は前と同じなので、loop関数だけを以下に示します。

<リスト>チャタレス処理を組み込んだスイッチ入力

```
void loop() {
  if (digitalRead(2) == LOW) {              // スイッチが押された
    delay(5);                               // チャタリングの時間を待つ
    if (digitalRead(2) == LOW) {            // スイッチを再確認
      if (ledStat == LOW) {                 // 現在LEDは消灯しているので、点
灯処理
        digitalWrite(LED_BUILTIN, HIGH);    // LEDを点灯
        ledStat = HIGH;                     // LEDの状態を更新
      } else {                              // 現在LEDは点灯しているので、消
灯処理
        digitalWrite(LED_BUILTIN, LOW);     // LEDを消灯
        ledStat = LOW;                      // LEDの状態を更新
      }
      while (digitalRead(2) == LOW)         // スイッチがオフになるのを待つ
        ;
      delay(5);                             // チャタリングの時間を待つ
    }
  }
}
```

これで、スイッチを押すごとにきちんとLEDが点灯、消灯するという処理が実現できました。

9-3-5　複数のスイッチの管理

ここまでのスケッチは、スイッチが1個、LEDも1個でしたが、これを2組にしたらどうなるでしょうか？　スイッチ1でLED-1を点滅、スイッチ2でLED-2を点滅という形です。スイッチの回路は前述のものを2組にし、2個のLEDは前章で説明したように組みます（図9-14）。

スイッチ1	ピン2	オンでL
LED-1	ピン3	Hで点灯
スイッチ2	ピン4	オンでL
LED-2	ピン5	Hで点灯

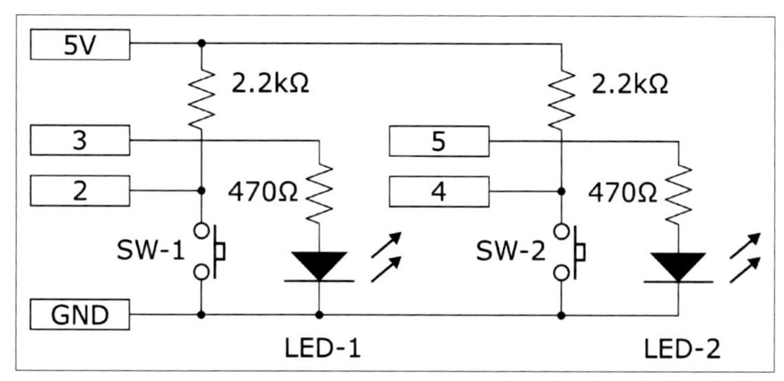

図9-14　2組のスイッチとLED

setup中で必要な初期化を行い、loop関数で単純にそれぞれのスイッチについての処理を並べて書いてみます。

<リスト>スイッチが2個の場合

```
// グローバル変数
int led1Stat;                          // 現在のLED1の状態
int led2Stat;                          // 現在のLED2の状態

// 初期化
void setup() {
  pinMode(2, INPUT);                   // I/Oピン2を入力モードに設定
  pinMode(3, OUTPUT);
  led1Stat = LOW;                      // LED1の状態を消灯に設定
  digitalWrite(3, LOW);                // LED1を消灯
  pinMode(4, INPUT);                   // I/Oピン4を入力モードに設定
  pinMode(5, OUTPUT);
  digitalWrite(5, LOW);                // LED2を消灯
  led2Stat = LOW;                      // LED2の状態を消灯に設定
}

// 実行ループ
void loop() {
  // スイッチ1とLED-1の処理
  if (digitalRead(2) == LOW) {          // スイッチが押された
```

```
    delay(5);                          // チャタリングの時間を待つ
    if (digitalRead(2) == LOW) {       // スイッチを再確認
      if (led1Stat == LOW) {           // 現在LED1は消灯しているので、点灯処理
        digitalWrite(3, HIGH);         // LED1を点灯
        led1Stat = HIGH;               // LED1の状態を更新
      } else {                         // 現在LED1は点灯しているので、消灯処理
        digitalWrite(3, LOW);          // LED1を消灯
        led1Stat = LOW;                // LED1の状態を更新
      }
      while (digitalRead(2) == LOW) // スイッチがオフになるのを待つ
        ;
      delay(5);                        // チャタリングの時間を待つ
    }
  }

  // スイッチ2とLED-2の処理
  if (digitalRead(4) == LOW) {         // スイッチが押された
    delay(5);                          // チャタリングの時間を待つ
    if (digitalRead(4) == LOW) {       // スイッチを再確認
      if (led2Stat == LOW) {           // 現在LED2は消灯しているので、点灯処理
        digitalWrite(5, HIGH);         // LED2を点灯
        led2Stat = HIGH;               // LED2の状態を更新
      } else {                         // 現在LED2は点灯しているので、消灯処理
        digitalWrite(5, LOW);          // LED2を消灯
        led2Stat = LOW;                // LED2の状態を更新
      }
      while (digitalRead(4) == LOW) // スイッチがオフになるのを待つ
        ;
      delay(5);                        // チャタリングの時間を待つ
    }
  }
}
```

このスケッチは、スイッチ1とスイッチ2を別々に操作する場合は、うまく動作します。しかしスイッチ1を押して、それを離す前にスイッチ2を押すとどうなるでしょうか？　スイッチ1の処理部分はスイッチ1が離されるまで処理を終了しないので、スイッチ1が押されている間は、スイッチ2の操作は無視されてしまいます（図9-15）。

この問題はスイッチが複数ある場合に限られたものではなく、例えば外部のセンサーの信号、いろいろな通信や制御の処理を並行して行わなければならない時にも当てはまります。

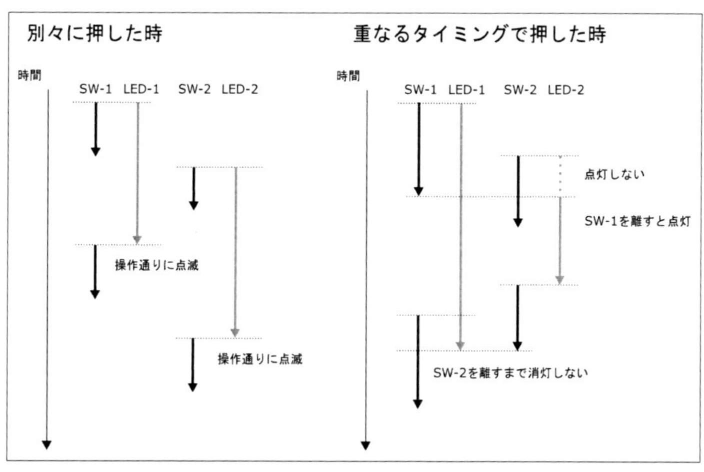

図9-15 スイッチが2個の時の問題

9-3-6 状態遷移型のプログラム

この処理のやり方で問題になるのは、何かを待っている間、プロセッサがほかの処理を行わないことです。この例では一方のスイッチが押されてから離されるまで、他方のスイッチの状態を調べません。この問題を解決するには、何かを待っている間もほかの処理を行うようにプログラムを書けばよいのです。`delay`関数や空の`while`ループを使うと、待ち時間の間に何もできないので、ほかの方法を考えます。

まずスイッチやセンサーなど、外部からいつ与えられるかわからない信号（このような信号を非同期な信号と言います）を調べるためのループを用意します。Arduinoでは`loop`関数がこれに相当しますが、`loop`内で別のループ処理を記述してもかまいません。ここまでは前の例と同じですが、何かの処理をしなければならないと判断した後の動作が変わります。基本的には、何をするにしても、長時間プログラムの実行を専有しないようにします。具体的なやり方を示しましょう。

ループの中でスイッチ1の状態を調べ、もし押されていたらその時刻を記憶します。そしてチャタリングの時間を待つことなく、次の作業に進みます。ここではスイッチ2の処理を始めます。

このループは何度も繰り返され、その後、チャタリングキャンセル時間が経過し、その時にもスイッチが押されていたら、その時点でスイッチがオンになったと判断し、オンの時に行う処理を実行します。

チャタリングキャンセル時間の経過の判断は、時刻情報に基づいて行います。プログラムのループの中で現在時刻を取得し、それを最初に記憶された時刻と比較し、その差がキャンセル時間以上であれば、キャンセル時間が経過したことがわかります。そして再度スイッチの状態を確認し、オンなら必要な処理を行います（図9-16）。

スイッチオフまで待つという処理も、同じようにスイッチの状態の確認、時刻によるチャタリングキャンセルで実現できます。

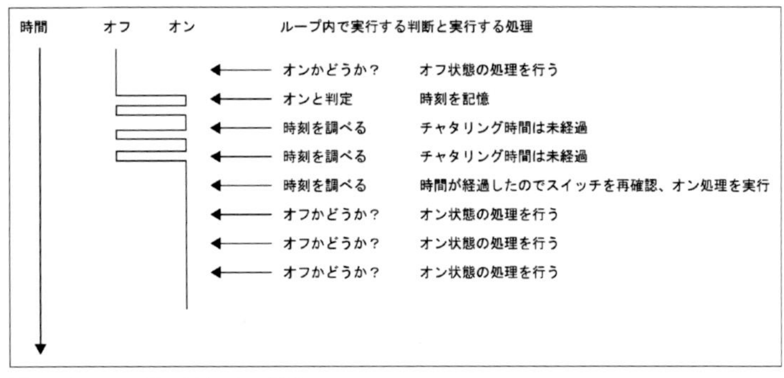

図9-16　ループと時刻による判定

このやり方の重要な点は、それぞれの処理が短時間で終わるということです。スイッチがオンなら時刻を記憶する、記憶された時刻と現在時刻を比較するといった処理は、ごく短時間で終わります。チャタリング時間を待つ、スイッチがオフになるのを待つといった処理がないからです。そのため特定の処理に長い時間が費やされ、その間、ほかの処理が行われないという状況になりません。

このような処理を行うために必要な要素を考えましょう。まず時刻の取得ですが、これは何時何分という絶対的な情報が必要なわけではなく、処理を行っている間の相対的な時間差がわかればよいだけです。Arduinoにはmillisという関数があり、マイコンボードのリセットから何ミリ秒経過したかを符号なしのlong値で返します。最初にスイッチオンを検出した時にmillis関数で得られた値を変数に保存しておき、その後ループを回るたびに、millisを呼び出して得られた値と保存した値を比較すれば、最初のオンの検出からどれだけの時間が経過したかがわかります。

もう1つ重要なのが、それぞれの時点でプログラムが何を行うべきかということです。スイッチがオフの時、ループ内ではスイッチが押されているかどうかを調べ、以後は、時刻を調べて必要なチャタリングキャンセル時間が経過したかどうかを調べ、時間が経過していればもう一度スイッチの状態を調べます。これ以後、スイッチがオンの状態が確定します。スイッチがオフになる場合も同様の処理を行います。

このようにループの中では、現在の状態に応じて実行する処理が変わります。そのため時刻の変数とは別に、現在の状態を示すための情報が必要です。そこでこの状態情報も、適当に数値化して変数に収めます。時刻情報と状態情報を記憶する2つの変数のセットは、スイッチごとに用意しなければなりません。ここではswTimeというunsigned long変数とswStatというint変数とします。スイッチが複数ある場合は、swの部分を適当に変えることにします。

具体的に、スイッチの処理のためにどのような状態の分類が必要で、それぞれの状態の時に何をするのかを考えましょう。[　] 内は状態を数値化して扱うための定数名で、プログラムの先頭で適当に定義しておきます。それぞれが異なったものであれば、実際の値は何でもかまいません。ここでは#defineで定数として定義していますが、enum文で定義する方法もあります。

●オフ（SW_OFF）

スイッチがオフで安定している状態です。スイッチがオフの間、繰り返し実行する処理があるなら、この状態の時にその処理を行います。

この状態では入力ポートを調べ、スイッチがオンになったかどうかを調べます。オフのままならオフ状態の処理を行い、オンであることを検出したら、状態変数swStatにSW_TURN_ONを代入し、状態を［オンに変化］に切り替えます。そしてmillis関数で現在の時刻を取得し、swTime変数に記憶します。

●オンに変化（SW_TURN_ON）

スイッチがオンになり、チャタリングキャンセル時間の経過を待っている状態です。

この状態ではmillis関数で現在時刻を取得し、それをswTime変数の値と比較し、チャタリングキャンセル時間が経過したかどうかを調べます。経過していなければ何もしません。

時間が経過していたらスイッチの状態を再確認し、オンであればスイッチがオンで安定したと判断します。オンが確定した場合は、状態変数swStatにSW_ONを代入し、状態を［オン］に切り替えます。スイッチがオンになった時に1回だけ実行する処理は、スイッチオンが確定したこの段階で行います。スイッチがオンの間、繰り返し実行する処理は、次の［オン］の中で行います。

スイッチの状態の再確認でオンでない場合は、swStatにSW_OFFを代入し、オフ状態に戻します。

●オン（SW_ON）

スイッチがオンで安定している状態です。スイッチがオンの間、繰り返し実行する処理があるなら、この状態の時にその処理を行います。

この状態では入力ポートを調べ、スイッチがオフになったかどうかを調べます。オンのままならオン状態の処理を行い、オフであることを検出したら、状態変数swStatにSW_TURN_OFFを代入し、状態を［オフに変化］に切り替えます。そしてmillis関数で現在の時刻を取得し、swTime変数に記録します。

●オフに変化（SW_TURN_OFF）

スイッチがオフになり、チャタリングキャンセル時間の経過を待っている状態です。

この状態は、オンからオフになること以外、［オンに変化］状態と同じ処理を行います。

オフが確定した場合は、状態変数swStatにSW_OFFを代入し、状態を［オフ］に切り替えます。スイッチがオフになった時に1回だけ実行する処理は、スイッチオフが確定したこの段階で実行します。スイッチがオフの間、繰り返し実行する処理は、［オフ］状態の時に行います。

スイッチの状態の再確認でオフでない場合は、swStatにSW_ONを代入し、オン状態に戻します。この場合、スイッチ操作による処理は何も行われません。

これら4つの処理は、状態を示す変数swStatの値に応じて選択的に実行します。if文を組み合わせることもできますし、switch－case文で記述することもできます。ここではswitch－case文を使っています。

なおswStat変数はループ処理を始める前に適当な状態に初期化し、そして毎回のループの間で値を保持する必要があります。そのためこの変数はグローバル変数として宣言しています。そして変数宣言時に初期化するか、setup関数の中で初期化します。普通はスイッチが押されていないSW_OFFに初期化することになります。swTime変数は初期化の必要はありませんが、ループをまたいで値を保持しなければならないので、やはりグルーバル変数とするか、あるいはstatic宣言したローカル変数とします。

このようなやり方で書いたスイッチの入力処理を以下に示します。まずはスイッチ1個の例を示します。スイッチはピン2、LEDはピン3です。ここでは、それぞれの状態、あるいは状態の変化時に行う処理を、doOffProc、doTurnOnProc、doOnProc、doTurnOffProcという関数で示しています。この部分に実際の処理を記述することになります。コード例では、doTurnOnProcの部分にLEDの点滅処理を記述しています。

<リスト>チャタリングキャンセル処理

```
// 状態を示す定数
#define SW_OFF 0
#define SW_TURN_ON 1
#define SW_ON 2
#define SW_TURN_OFF 3

// グローバル変数の宣言
int swStat;
unsigned long swTime;
int ledStat;          // 現在のLEDの状態

// 初期化
void setup() {
  // ピンの初期化
  pinMode(2, INPUT);            // I/Oピン2を入力モードに設定
  pinMode(3, OUTPUT);
  digitalWrite(3, LOW);         // LEDを消灯
  // 変数の初期化
  ledStat = LOW;                // LEDの状態を消灯に設定
  swStat = SW_OFF;              // 初期状態はスイッチオフ
}

// 実行ループ
void loop() {
```

```
  switch (swStat) {
    case SW_OFF:                        // スイッチオフの状態の処理
      if (digitalRead(2) == LOW) {      // スイッチオンを検出
        swStat = SW_TURN_ON;            // 状態を変更
        swTime = millis();              // 現在時刻を記録
      } else {
//        doOffProc();                  // オフの時に繰り返し実行する処理
      }
      break;

    case SW_TURN_ON:                    // スイッチがオンに切り替わった時の処理
      if (millis() >= swTime + 5) {     // チャタリング時間の経過をチェック
        if (digitalRead(2) == LOW) {    // 経過後、スイッチの状態を確認
          swStat = SW_ON;               // 安定したオン状態に変更
//          doTurnOnProc();             // オンになった時に1回だけ実行する処理
          if (ledStat == LOW) {         // オンになった時にLEDの点滅処理
            digitalWrite(3, HIGH);
            ledStat = HIGH;
          } else {
            digitalWrite(3, LOW);
            ledStat = LOW;
          }
        } else
          swStat = SW_OFF;              // オンと確定せず、オフ状態に戻す
      }
      break;

    case SW_ON:                         // スイッチオンの状態の処理
      if (digitalRead(2) == HIGH) {     // スイッチオフを検出
        swStat = SW_TURN_OFF;           // 状態を変更
        swTime = millis();              // 現在時刻を記録
      } else {
//        doOnProc();                   // オンの時に繰り返し実行する処理
      }
      break;

    case SW_TURN_OFF:                   // スイッチがオフに切り替わった時の処理
      if (millis() >= swTime + 5) {     // チャタリング時間の経過をチェック
        if (digitalRead(2) == HIGH) {   // 経過後、スイッチの状態を確認
          swStat = SW_OFF;              // 安定したオフ状態に変更
//          doTurnOffProc();            // オフになった時に1回だけ実行する処理
        } else
```

```
            swStat = SW_ON;                 // オフと確定せず、オン状態に戻す
        }
    }
}
```

ここではモーメンタリスイッチを使う場合について考えていますが、オルタネートスイッチも切り替え時にチャタリングが起こるので、同じようなコードを書く必要があります。

プログラム中で現在のスイッチの状態を知りたい時は、swStat変数を調べます。SW_ONであればスイッチがオン、それ以外の状態ならオフと判断することができます。

<コラム>変化時の再確認

このコード例では、スイッチがオンに変化した時とオフに変化した時に、チャタリング時間の経過後、もう1度スイッチの状態を読み込み、オンやオフの確定としています。ここで確定の判断についてもう少し考えてみましょう。

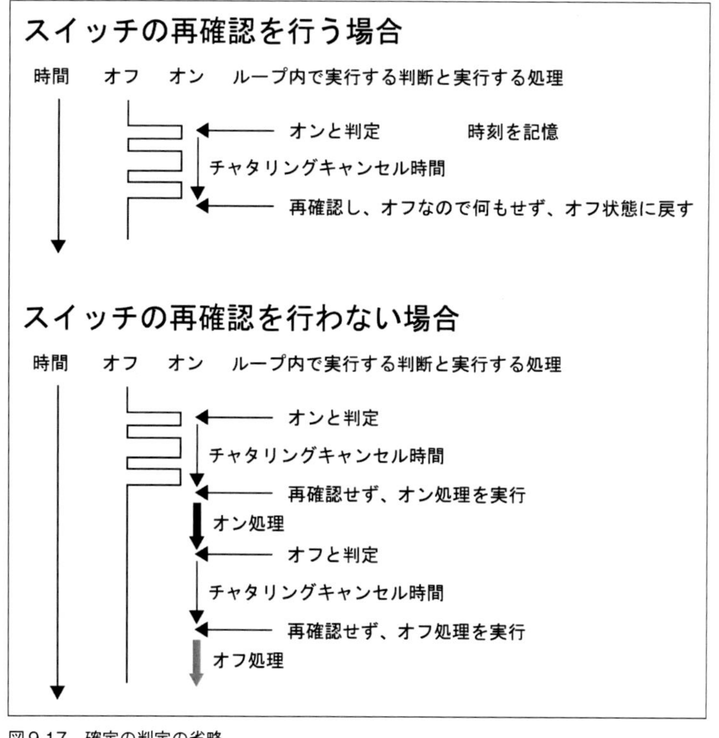

図9-17　確定の判定の省略

オンを検出したものの、チャタリング時間経過後にオフだったというパターンは、スイッチがほんの一瞬だけ押された(オフの時なら、一瞬離された)、あるいはまだチャタリングが継続しているということでしょう。

このコード例ではこのような動作は無視していますが、別の考え方もあります。スイッチがこのような動作をしたということは、何らかの動作異常である可能性があります。あるいはスイッチが劣化してチャタリング時間が長くなったのかもしれません。そのため、このような状態変化を検出した場合は、エラーとして何らかの対処を行うという選択もあるでしょう。

あるいはこの確認処理を省略することもできます。つまりチャタリング時間の経過後、確認を行わずにオンやオフが確定したものとして処理を進めます。確認していれば無視された状況であった場合は、オンやオフの確定後の処理の後で、現在

の正しい状態に戻ります。オフやオンの処理を行った後、現在の正しい状態への移行処理が始まるからです。ただし確認処理を行った場合は、オン確定の処理は実行されませんが、確認しない場合はこの処理が実行されるという違いがあります。確認を省略するかしないかは、この処理の実行が問題になるかならないかを考える必要があります（図9-17）。

ここではスイッチ1個の例を示しましたが、スイッチが増えても同じように記述することができます。というか、このような書き方は、スイッチが複数ある状況のために必要なものです。2個のモーメンタリスイッチで、2個のLEDを個別にオン／オフする例を示します。スイッチを押すごとに点滅が切り替わるので、スイッチのための変数と現在のLEDの状態を示す変数がそれぞれ2組必要になります。

前のスケッチは、スイッチやLEDのピン番号、実行する処理をスイッチの処理の中に直接埋め込んでいました。後述の「＜コラム＞コードの量とデータの量」でも触れますが、この書き方だと、スイッチごとにこのコードモジュールを書かなければなりません。同じようなコードを示してもつまらないので、ここでは構造体と関数という形でモジュール化した例を示します。SW_INFOという構造体は、状態と時刻以外に、スイッチのピン番号、それぞれの状態の時に実行する処理を示すための関数ポインタを収めています。スイッチの処理を行う関数procSw()にこの構造体へのポインタを渡すことで、任意のピンのスイッチに対して、個別の処理を割り当てることができます。もちろん、C++のクラスを定義して実装することもできます。

＜リスト＞2個のLEDの点滅

```
// 状態を示す定数
#define SW_OFF 0
#define SW_TURN_ON 1
#define SW_ON 2
#define SW_TURN_OFF 3

// スイッチごとのデータのための構造体
typedef struct swInfo {
  int pin;            // 入力ピンの番号
  unsigned long tim; // 時刻データ
  int stat;           // 状態
  // それぞれの状態で実行する関数へのポインタ
  void (*offFunc)(void);
  void (*turnOnFunc)(void);
  void (*onFunc)(void);
  void (*turnOffFunc)(void);
} SW_INFO;

// グローバル変数
SW_INFO sw1;
```

```
SW_INFO sw2;
int led1Stat;          // 現在のLED1の状態
int led2Stat;          // 現在のLED2の状態

// スイッチの処理を行う関数
void procSw(SW_INFO *swp) {
  switch (swp->stat) {
    case SW_OFF:    // スイッチオフの状態の処理
      if (digitalRead(swp->pin) == LOW) {     // スイッチオンを検出
        swp->stat = SW_TURN_ON;               // 状態を変更
        swp->tim = millis();                  // 現在時刻を記録
      } else {
        if (swp->offFunc != NULL)             // オフの時の処理を実行
          (*swp->offFunc)();
      }
      break;

    case SW_TURN_ON:     // スイッチがオンになった時の処理
      if (millis() >= swp->tim + 5) {         // チャタリング時間の経過を
チェック
        if (digitalRead(swp->pin) == LOW) { // 経過後、スイッチの状態を確認
          swp->stat = SW_ON;                // 安定したオン状態に変更
          if (swp->turnOnFunc != NULL)      // オンになった時の処理を実効
            (*swp->turnOnFunc)();
        } else
          swp->stat = SW_OFF;               // オンと確定せず、オフ状態に戻
す
      }
      break;

    case SW_ON:     // スイッチオンの状態の処理
      if (digitalRead(swp->pin) == HIGH) {  // スイッチオフを検出
        swp->stat = SW_TURN_OFF;            // 状態を変更
        swp->tim = millis();                // 現在時刻を記録
      } else {
        if (swp->onFunc != NULL)            // オンの時の処理を実効
          (*swp->onFunc)();
      }
      break;

    case SW_TURN_OFF:// スイッチがオフになった時の処理
      if (millis() >= swp->tim + 5) {         // チャタリング時間の経過を
```

```
チェック
        if (digitalRead(swp->pin) == HIGH) { // 経過後、スイッチの状態を確
認
          swp->stat = SW_OFF;                   // 安定したオフ状態に変更
          if (swp->turnOffFunc != NULL)         // オフになった時の処理を実効
            (*swp->turnOffFunc)();
        } else
          swp->stat = SW_ON;                    // オフと確定せず、オン状態に戻
す
      }
  }
}

// SW-1がオンになった時の処理 ―― LED-1の点滅処理
void sw1TurnOn(void) {
  if (led1Stat == LOW) {
    digitalWrite(3, HIGH);
    led1Stat = HIGH;
  } else {
    digitalWrite(3, LOW);
    led1Stat = LOW;
  }
}

// SW-2がオンになった時の処理 ―― LED-2の点滅処理
void sw2TurnOn(void) {
  if (led2Stat == LOW) {
    digitalWrite(5, HIGH);
    led2Stat = HIGH;
  } else {
    digitalWrite(5, LOW);
    led2Stat = LOW;
  }
}

// 初期化
void setup() {
  // ピンの初期化
  pinMode(2, INPUT);                  // I/Oピン2を入力モードに設定
  pinMode(3, OUTPUT);
  led1Stat = LOW;                     // LED1の状態を消灯に設定
  digitalWrite(3, LOW);               // LED1を消灯
```

```
  pinMode(4, INPUT);                     // I/Oピン2を入力モードに設定
  pinMode(5, OUTPUT);
  digitalWrite(5, LOW);                  // LED2を消灯
  led2Stat = LOW;                        // LED2の状態を消灯に設定

  // スイッチのための構造体の初期化
  sw1.pin = 2;
  sw1.stat = SW_OFF;
  sw1.offFunc = NULL;                    // 該当する処理がない場合はNULLを指定
  sw1.turnOnFunc = sw1TurnOn;            // オンになった時に1回だけ実行する処理
  sw1.onFunc = NULL;
  sw1.turnOffFunc = NULL;
  sw2.pin = 4;
  sw2.stat = SW_OFF;
  sw2.offFunc = NULL;
  sw2.turnOnFunc = sw2TurnOn;
  sw2.onFunc = NULL;
  sw2.turnOffFunc = NULL;
}

// 実行ループ
void loop() {
  // 各スイッチについて、スイッチの構造体アドレスを指定してprocSwを呼び出す
  procSw(&sw1);
  procSw(&sw2);
}
```

procSw()関数は、それぞれのスイッチの状態を調べ、必要な処理を行う関数（SW_INFO構造体中に登録）を呼び出します。コードを見るとわかりますが、loopの中では各スイッチについてprocSw()関数を並べるだけです。

それぞれの処理はプロセッサを専有せずに短時間で終わるので、このように並べるだけで、それぞれの処理を事実上並行して実行できるのです。ただしこのように単純に並べられるのは、相互に関連性のない処理の場合です。スイッチがオンなったらさらに何かをするといった関係がある処理は、それぞれの処理の内部（procSw()から呼び出される別の関数）に記述することになるでしょう。あるいはスイッチの状態に基づいて何かを行うという程度の処理であれば、同じようにloop中に並べることができます。

<リスト>複数のイベントへの対処

```
void loop() {
  procSw(&sw1);  // スイッチについての処理は、この関数の中で実行される
```

```
    procSw(&sw2);
    if (sw1.stat == SW_ON) {
      // スイッチオンの時の処理をloop中に置くこともできる
    }
  }
```

プログラムをこのような構造で書くことで、スイッチが複数ある場合でも、それぞれのスイッチについての処理がほかのスイッチの処理の影響を受けることなく、つまり一方のスイッチを押している間、他方のスイッチが機能しないといった問題を起こすことなく、システムを組み立てることができます。またスイッチ以外のいろいろなイベントについても、同じ考え方でコードを書くことで、並行して処理できるようになります。

このように、ある要素の取り得る状態をすべて列挙し、それぞれの状態の時に何をするか、そして状態がどのように変化するか、状態が変化した時に何をするかといった形で作られたアルゴリズムを、ステートマシン（状態機械）と言います。ここで示したのはスイッチ1個についてのステートマシンですが、実際のプログラムは、もっと多くの要素を持つステートマシンとなります。複雑なシステムを構築する際には、ステートマシンの考え方を理解していないと、うまくプログラムを作れません。

ステートマシンを作る時は、状態と処理を図や表にまとめるとわかりやすくなります。この図のことを状態遷移図と言います。それぞれの楕円が状態で、楕円の間をつなぐ矢印が状態の変化を表します。状態の変化の矢印は起こり得るものだけを示します。例えばオンのチャタリング待ちからオフのチャタリング待ちへの状態変化はありません。楕円の中には、その状態の時に行うことを書きます。状態が変化した時に実行する処理は、矢印の横に書きます（図9-18）。

プロジェクト構築のためのツール類には、状態遷移図やステートマシンを作ったり、それからプログラムコードを自動生成したりするものなどもあります。これらを使う場合は、厳密な書式があるのですが、ここでは簡略化したものを示しています。

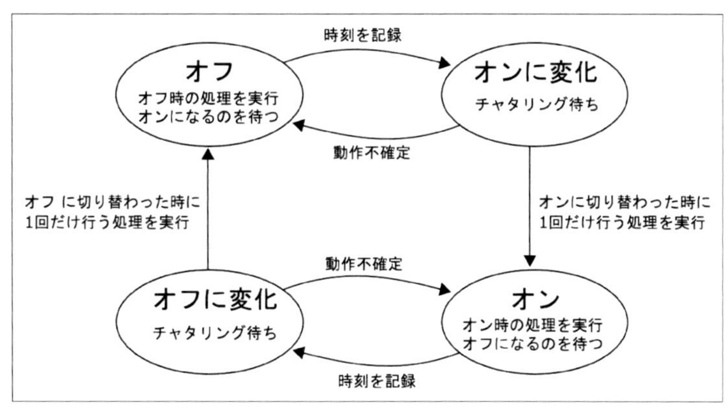

図9-18　スイッチの状態遷移図

<コラム>コードの量とデータの量

プログラミングの教科書的に見れば、スイッチの処理のように多くの部分で同じような処理を行う場合、最後の例のように構造体とCの関数を組み合わせたり、C++のクラスの形にまとめ、再利用性を高めたりするというのが模範解答です。

しかし非力なマイコンチップのプログラミングでは、これは必ずしも正解となりません。1つ前の例のように関数やクラスを使わず、スイッチ処理を行うコードやピン番号、対応する処理をプログラム中に直接埋め込むことを選択する場合もあります。

マイコンはRAM容量が少ないものが多いので、構造体やオブジェクトがRAM容量を圧迫するかもしれません。Arduinoで使われているATmega328PはRAMが2KBしかありません。RAMに対し、プログラム用のROM容量は比較的大きいので（32KB）、RAMを節約するためにコード量を増やすという選択もあるのです。また関数を呼び出すより直接コードを展開するほうが速く、また単純変数に比べ、構造体のメンバへのアクセスには時間がかかるといったこともあります。

<コラム>ポーリング

いろいろな入力を調べるために、ループの中でそれぞれの要素を調べ、必要な処理を行うという形のプログラム形態を、ポーリング（Polling）処理と言います。ポーリング処理では、プロセッサは常に入力などを調べるループを回り続け、随時必要な処理を実行するという形になります。

ポーリングについては、第15章でも解説します。

10

第10章 【実践編】パルス幅変調（PWM）での制御——明るさを調節してみる

◉

前章ではスイッチを入力ポートに接続する方法について解説しました。スイッチを使えばLEDのオン／オフ操作が行えます。本章では単なるオン／オフだけでなく、LEDの明るさを変えることを考えます。LEDの明るさにしろモーターの回転にしろ、出力を調整するというと、電圧や電流を変える方法が思い浮かびます。第5章で説明したように、LEDの明るさは、LEDに流れる電流によって変化し、これは直列につないだ電流制限抵抗の抵抗値で変えることで実現できます。したがってこの抵抗の代わりにトランジスタを挿入し、ベース電流を制御すればLEDの電流を変えることができます。しかしデジタル回路で電圧や電流を連続的に変えるというのは、実は面倒な作業なのです。マイコン回路では、より簡単に実現できるPWMという制御方法がしばしば使われます。本章では、PWMの仕組みと使い方について説明します。

10-1　パルス幅変調（PWM）ってどんなことなのか？

LEDの明るさを変える本質的な方法は電流を調整することですが、単にLEDの見た目の明るさを変えるだけなら、もっと簡単な方法があります。ここで「見た目の明るさ」と述べたのは、「人間の目で見た時に明るさが変わる」という意味です。これがどういうことかを説明しましょう。

10-1-1　オン／オフのサイクル

LEDのオン／オフをゆっくり繰り返すと、人間はLEDが点滅していると認識できます。このオン／オフを徐々に速くしていくと、はっきりした点滅からちらちらという感じになり、さらには点滅しているのかどうかわからなくなります。人間の目は、毎秒数回程度なら点灯と消灯を明確に認識することができます。しかしそれ以上になると、点滅していることはわかっても、その数を数えるといったことはもうできません。そして毎秒数十回以上の速度でLEDの点灯と消灯を繰り返すと、人間の目では点滅はわからなくなり、点灯状態のように見えます。

しかしこのような高速の点滅と実際の連続点灯の状態を比べると、違いがあります。明るさが違うのです。オン／オフを高速に繰り返しているLEDは、同じ電流値で連続点灯しているLEDより暗くなります。点灯している時間が短いということは、発生している光エネルギーの総量も少ないわけで、それが人間の目では暗く見えるということです。

点滅の制御を少しいじって、オンの時間とオフの時間の比率を変えてみます。オンとオフで1サイクルとした時、その1サイクルの時間において、オンになっている時間の比率を変えるのです。連続点灯はオン時間がサイクル時間の100％で、明るく点灯します。完全にオフなら0％で、消灯します。その間で、オン時間を20％、40％、60％、80％というように変えていくと、LEDはだんだん明るく光るように見えるでしょう（図10-01）。

このようにオンとオフの割合を変えるやり方を、パルス幅変調、PWM（Pulse Width Modulation）と言います。例えば毎秒100回の点滅なら、人間には認識できません。毎秒100回ということは、1サイクルの時間は10mS（ミリ秒）となります。この10mSのサイクルのうち、オンの時間が10mSなら常時オンとなります。オン時間が5mSなら半分の時間だけ点灯なので、人間には多少暗いと感じられるでしょう。1mSになるとかなり薄暗い状態に、そして0mSなら完全にオフとなります。

PWMにおいて、1サイクルにおけるH（オン時間）の比率のことをデューティ比、あるいは単にデューティと言います。

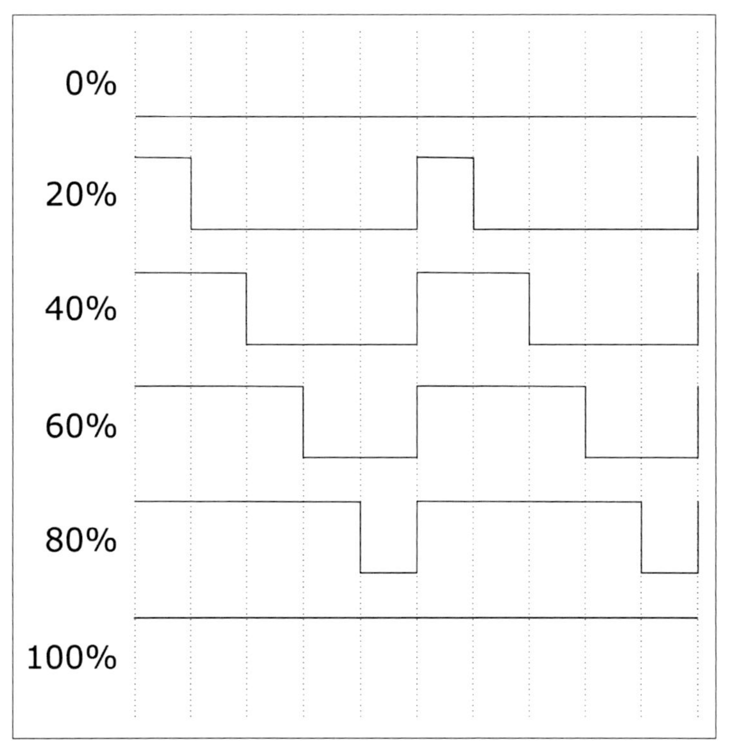

図10-01　PWMの原理

<コラム>変調

変調というのは、元になる信号を、ある規則に従って変形させることです。よく聞くのは、ラジオで使われているAMとFMです（図10-02）。AMは振幅変調（Amplitude Modulation）の略で、ある周波数の正弦波（搬送波、ラジオなら送信周波数）を、音声信号で振幅（電圧）を変化させます。FMは周波数変調（Frequency Modulation）で、周波数を変化させます。FMの場合、ある周波数の搬送波に対し、その周波数そのものが変わる形になります。例えば80MHzの搬送波でFM変調を行う場合なら、その周波数が例えば79.925MHzから80.075MHzの間（プラスマイナス75kHz）で変化するという形になります。

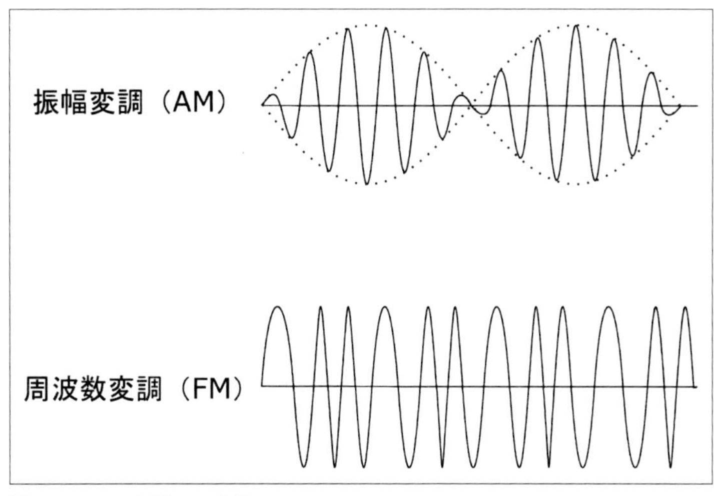

図10-02　AM変調とFM変調

デジタルの世界では、PCM（Pulse Code Modulation）が有名です。これは連続的に変化するアナログ信号を一定時間ごとに区切り、各時点での信号の大きさを数値化するというもので、デジタルオーディオなどで使われます（図10-03）。

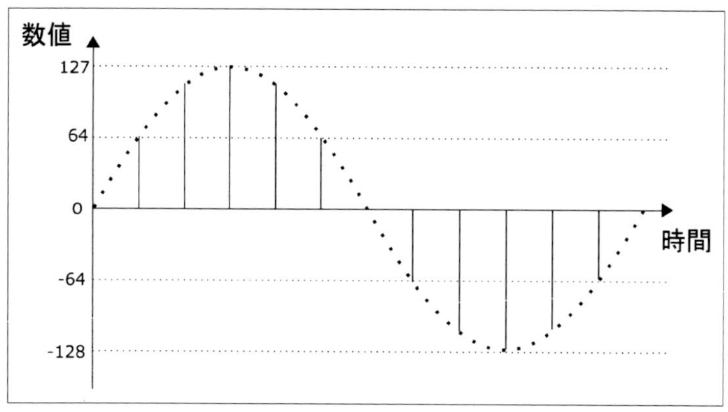

図10-03　PCM

ここでのPWMは、指定したデューティ比の矩形波信号を生成しているだけですが、ほかの変調方式と同様に、アナログ信号をPWM変調することもできます。この場合、元になる信号を0％から100％の範囲とし、それをデューティ比として、信号の変化に応じてデューティ比を連続的に変化させます。生成されるパルス信号は、デューティ比は変化しますが、周波数は一定です。

<コラム>パルス

電子回路内を流れる信号は、時間の経過により電圧が変化します。その中でもコンピュータやデジタル回路で使われる信号は、高い電圧（H）と低い電圧（L）のどちらかからなる信号です。HとLの比率がそれぞれ50％程度の信号のことを矩形波と言います。これはコンピュータのクロック信号などに見られる波形です。

パルスという言葉にはいくつかの意味合いがあります。デジタル信号のように、HとLの2つのレベルのどちらかである信号のことをパルスという場合があります。矩形波や、矩形波のHとLの比率の変わったもののような繰り返し信号はパルス信号となります。また一時的に短時間だけ変化する波形のことをパルスという場合もあります。例えばずっとLの状態で、一瞬だけHになり、すぐLに戻るような波形です（図10-04）。

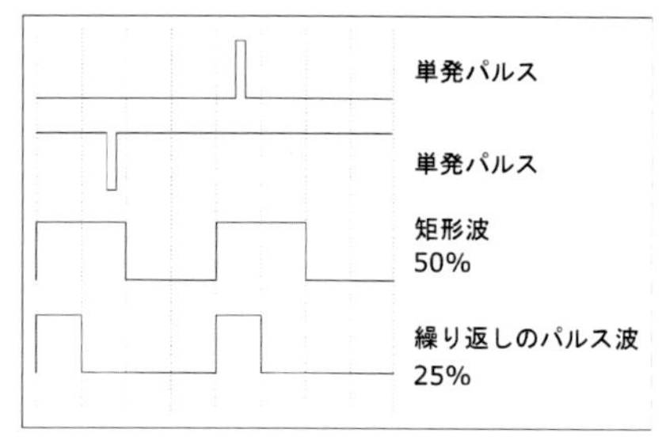

図10-04　パルス波

パルス幅変調（PWM）の波形は、その変調度により、細い（短時間の）パルスが出力されることもあれば、矩形波に近いもの、あるいはほとんどの時間がHで、Lになる部分がパルスのようになる場合もあります。また変調度が最大／最小になった時は、HかLに固定された状態になることもあります。

10-1-2　PWMの実験

PWMの実験スケッチをArduinoで作ってみましょう。

スケッチは、2秒ごとにPWM出力のデューティを0％、20％、40％、60％、80％、100％と変化させてLEDを点灯します。

HとLのサイクルはミリ秒単位で変数に収めているので、この変数の値を変えることで、サイクルの時間を変えることができます。サイクル時間を数百ミリ秒以上にすると、点滅のタイミングを目で見ることができ、数十ミリ秒以下にすればちらつきはわからなくなり、明るさが変化しているように見えます。

100％の明るさと比較できるように、ここでは今まで使ってきたLED2個の回路を使います。出力ピン3と5にLEDを接続し、3は常時Hで一番明るい状態とします。5はPWM変調を行い、明るさを変えます。

プログラムでは、グローバル変数cycleにミリ秒単位で1サイクルの時間を入れ、setup中で初期化しています。この時間を長くすると、PWMによるちらつきが人間の目でもわかるようになります。

1サイクルの中の点灯、消灯時間の制御は、delay関数で時間を待つことによって行っていますが、2秒ごとの明るさの切り替えは、スイッチのチャタリング処理と同じように、ループ内で時刻を調べ、2秒経過していたらパラメータを変更するという形で行っています（図10-05）。

＜リスト＞PWMの実験

```
// グローバル変数
int cycle;
int duty;
int timeH;
int timeL;
unsigned long t;

// 初期化
void setup() {
  // シリアルポートの初期化
  Serial.begin(9600);
  Serial.println("Software PWM..");

  // LED出力ピンの初期化
  pinMode(3, OUTPUT);
  digitalWrite(3, HIGH);          // LEDを点灯
  pinMode(5, OUTPUT);
  digitalWrite(5, LOW);           // LEDを消灯
```

```
  // サイクル時間を指定（ミリ秒単位）
  cycle = 10;

  // 変数の初期化
  duty = 0;
  t = millis();
  timeL = cycle;
  timeH = 0;
}

// 実行ループ
void loop() {
  if (millis() > t + 2000) { // 2秒経過したら、デューティを変更
    t = millis();
    if (++duty > 5)
      duty = 0;
    // LとHの時間を計算
    timeH = cycle * duty / 5;
    timeL = cycle - timeH;
    Serial.print(timeH);
    Serial.print("/");
    Serial.println(timeL);
  }
  // loopが呼び出される時点で、ピン5はL
  digitalWrite(5, HIGH);  // LEDを点灯
  delay(timeH);           // Hの時間だけ待つ
  digitalWrite(5, LOW);   // LEDを消灯
  delay(timeL);           // Lの時間だけ待つ
}
```

このスケッチは、デューティが0％の時にも一瞬Hになり、そして100％のときも一瞬Lになります。もちろん、if文でチェックして完全なL、Hにすることができます。デューティ比を変更する時には、Hの時間とLの時間をシリアル出力しているので、シリアルモニタを表示すれば、その値を見ることができます（図10-06）。

この例では、時間の管理にmillisを使っているので、ミリ秒単位で実験ができます。代わりにmicrosを使えば、マイクロ秒単位で実験ができます。ただしCPUの動作速度の関係で、Arduino UNO（16MHz）では、micros()は4マイクロ秒単位となります。

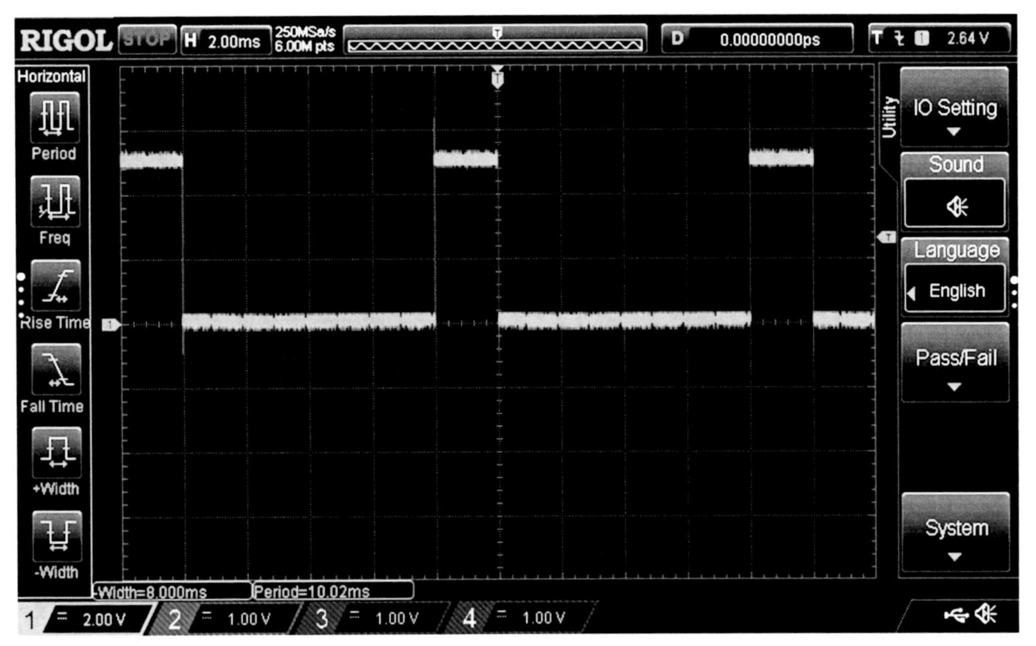

図10-05　出力波形

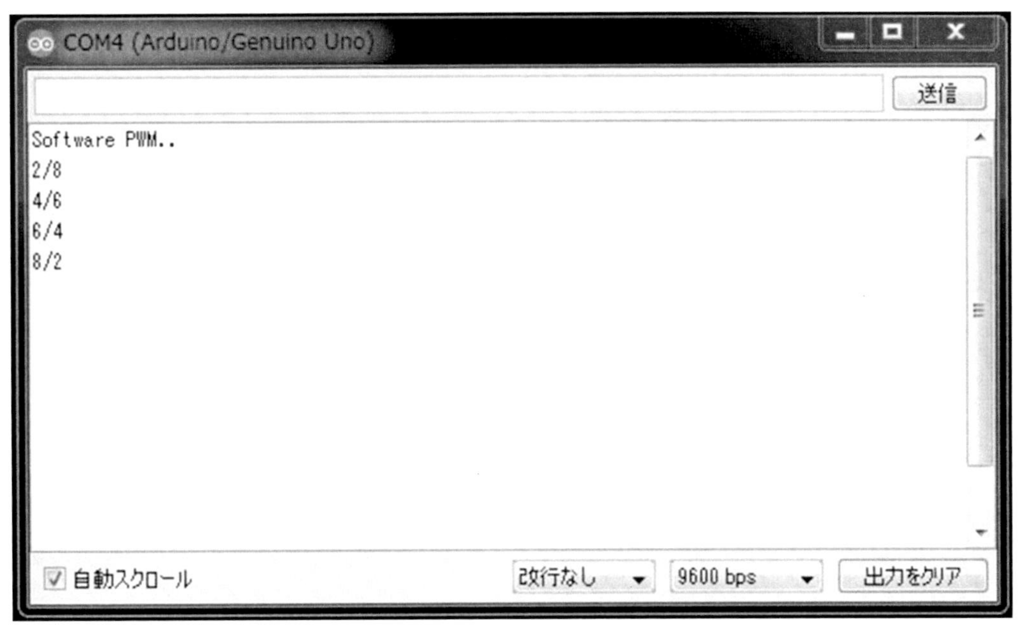

図10-06　シリアルモニタ

＜コラム＞millis関数とmicros関数のオーバーフロー

`millis`関数と`micros`関数は、リセット後の経過時間を調べる関数で、内部のタイマーを利用し、経過時間を32ビットの符号なし整数で保持しています。このカウントは、`millis`では約50日、`micros`では約70分でオーバーフローします。つまり32ビット値で表せる最大値から0に戻るということです。

運が悪いと、これが問題になることがあります。`millis()`の返り値に基づいた時刻の満了値がオーバーフロー直前の数値で、そのチェックがオーバーフロー後だと、現在時刻は満了値より過去になってしまい、いつになっても条件が満たされなくなってしまいます（下記「<リスト>時刻データのオーバーフロー」を参照）。

　millisであれば、50日間も連続で使わないという前提で無視することもできますが、microsでは対処が必要でしょう。例えば時刻を調べた時点で、現在時刻が基準時刻より小さければ、オーバーフローが発生したと判断することができます。

<リスト>時刻データのオーバーフロー

```
t = millis();                  // tが0xfffffff8だったとする。
 :                            // 時刻満了が5ミリ秒後なら、満了時刻は0xfffffffd
if (millis() > t + 5) {  // この時点で8ミリ秒以上経過していたら、millisが
   :                         // オーバーフローし、0に戻ってなってしまうので
   :                         // 条件が満たされない。
   :
```

10-2　ArduinoでPWM出力をやってみる

Arduinoは標準でPWM出力をサポートしており、前のスケッチ例のようなコードをいちいち書かなくても、LEDなどの出力調整を行えます。ここではArduinoでPWM出力について説明します

10-2-1　アナログ出力ポート

Arduinoのポートの一部はアナログ出力ポートとして使用できますが、これは実際にはPWM出力を行えるポートです。PWM出力は、analogWrite関数を使って行います。ATmega328Pを使ったArduino UNOでは、0から13の14本のデジタルI/Oピンのうち、3、5、6、9、10、11の6本でPWM出力を行えます。異なるMCUを使っている基板では、PWM出力が可能なピンは変わる場合があります。

ピンをデジタル入出力に使う際には、あらかじめpinMode関数で入力か出力を指定する必要がありますが、アナログ（PWM）出力の場合は、指定する必要はありません。リセット直後、I/Oピンは入力モードになっていますが、analogWrite関数の呼び出しにより、自動的に出力モードになります。しかしプログラムのわかりやすさという点で、setup関数で適当に初期化しておく（例えばデューティ比0％のPWM出力など）とよいでしょう。

analogWrite関数は、ピン番号とPWMのHとLの比率（デューティ比）を指定します。0を指定するとデューティは0％で出力はずっとL、255を指定すると100％でずっとHになります。その間の数値を指定すると、その値に応じた比率（n/255 ％）の割合でLとHの時間が変化します。

＜リスト＞analogWrite関数

```
analogWrite(5, 0);// ピン5はL
analogWrite(5, 51);// 20％の時間はH、75％はL
analogWrite(5, 102);// 40％の時間はH、75％はL
analogWrite(5, 153);// 60％の時間はH、50％はL
analogWrite(5, 204);// 80％の時間はH、50％はL
analogWrite(5, 255);// ピン5はH
```

analogWrite関数によるPWM出力は、1サイクルの時間が決まっています。クロックが16MHzのATmega328Pを使っているArduinoのUNOでは、このサイクルはピン5とピン6が1.024ミリ秒（約977kHz）、ほかのピンが2.048ミリ秒（約488Hz）となっています。

10-2-2　LEDの明るさ調整

最初に示した2秒ごとにデューティ比を変えるPWM実験スケッチを、ArduinoのPWM機能を使って書き直します。ここでは2秒間待つ間、何もする必要がないので、delay関数で時間をつぶしています。analogWrite関数を使えば、HとLの切り替えを自分でやる必要がないので、スケッチはとても単純になります。

<リスト>analogWrite()関数によるPWM出力

```
// グローバル変数
int duty;

// 初期化
void setup() {
  // シリアルポートの初期化
  Serial.begin(9600);
  Serial.println("analogWrite()..");

  // LEDポートの設定
  analogWrite(3, 255);     // デューティ比100%
  analogWrite(5, 0);       // デューティ比0%

  // 変数の初期化
  duty = 0;
}

// 実行ループ
void loop() {
  int pwmVal;

  // 2秒待つ
  delay(2000);

  if (++duty > 5)
    duty = 0;
  // デューティ値を計算
  pwmVal = 255 * duty / 5;

  analogWrite(5, pwmVal);   // 計算されたデューティ比でLEDを点灯
  Serial.println(pwmVal);
}
```

11

第11章　【実践編】AD変換を行う――アナログ電圧の読み込み

◉

ここまでデジタル出力、デジタル入力について説明してきました。ここではAD変換という方法でアナログ電圧をマイコンで読み込む方法について説明します。そしてAD変換により、可変抵抗器（ボリューム）の値の読み込みをやってみます。さらに第13章で、光に反応するフォトセンサーの情報をAD変換で読み込みます。

11-1　DA変換とAD変換はどんな仕組みで行われるのか？

デジタル回路で使う信号は、Hレベルと Lレベルの2種類の電圧だけを使います。一方、アナログ回路で扱う信号は連続的に電圧が変化します。アナログ回路とマイコンをつなぐためには、連続的なアナログ電圧値や電流値とデジタルで表された数値情報を、相互に変換する必要があります。これを行うのがDA変換（デジタル－アナログ変換）とAD変換（アナログ－デジタル変換）です。デジタル（数値）で表された値をアナログ電圧に変換するのがDA変換、アナログ電圧値をデジタルの数値に変換するのがAD変換です。

11-1-1　DA変換

まずDA変換、つまりデジタルで表現された数値信号からアナログ値（電圧）を出力する機能について説明します。例えば8ビットの数値（0から255）によって、0Vから5Vの電圧を発生させることを考えます（間にバッファー回路などがはいるため、厳密には電源電圧より少し低い電圧が上限となります）。今回取り上げたArduinoに使われているATmega328Pは、実はこのような本来の形でアナログ電圧出力ができるDA変換モジュールは持っていません。Arduinoのアナログ出力はPWMであることを思い出してください。

DA変換機能を備えたマイコンチップ、あるいはDA変換IC（DAコンバータ）を使えば、デジタル信号で数値を指定してアナログ電圧を発生させることができ、例えばサウンド出力などを実現できます。ただし実用的な回路を作るには、DA変換出力ピンの先に、アナログ電圧を受けて増幅するアンプを接続する必要があります（図11-01）。

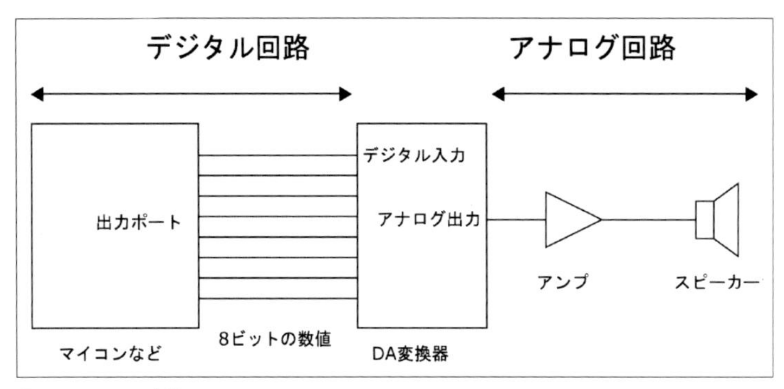

図11-01　DA変換

DA変換は、何ビットかのデジタル数値信号について、桁（各ビット）ごとに重みを付けて電気的なパラメータ（抵抗値、電圧、電流）を重ね合わせることで実現できます。一般的に使われているのはR-2Rラダー回路というもので、抵抗回路を各ビットの値に応じて切り替え、デジタル数値信号の値に応じた抵抗値を得る回路です。抵抗値をデジタル情報で決めることができれば、電流を流して電圧信号に変換することができます。

R-2Rラダー回路はちょっと複雑なので、ここではビットごとに重み付けされた抵抗を組み合わせる方法を示します。これは単純なのですが、ビット数が増えた時に精度を出しにくいので、簡易的な方法となります。

デジタル信号は2進数なので、1桁ごとに2倍の重みになります。例えば4ビットで、最下位ビットで100Ω、次のビットで200Ω、その次で400Ω、最上位ビットで800Ωの抵抗を制御できるようにします。ビットが1ならその抵抗値とし、0なら抵抗をスイッチで短絡させます。これらの抵抗を直列にすると、各ビットの重みごとの抵抗値が加算され、結果としてデジタル数値に比例した抵抗値となります。各ビットのオンとオフの組み合わせ、つまり0から15の4ビット数値に対し、合成抵抗を0Ωから1500Ωとすることができます。この一連の抵抗に例えば2mAを流せば、両端に発生する電圧は0Vから3Vとなり、数値が1増えるごとに0.2V増加します（図11-02）。

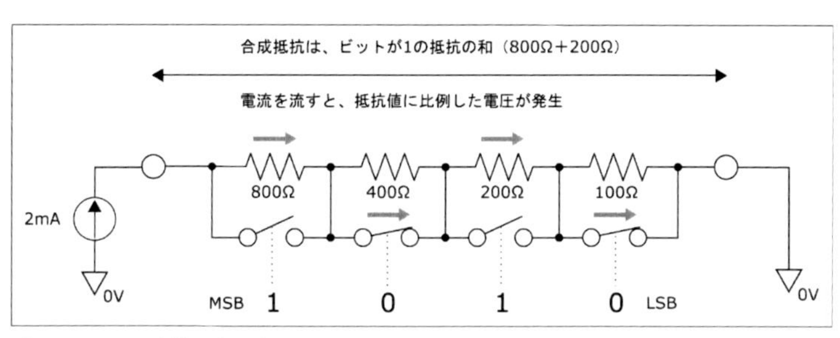

図11-02　DA変換の考え方

11-1-2　AD変換の原理

AD変換はアナログ値（ここでは電圧）を数値化することですが、この処理はDA変換を利用して行うことができます。2つの入力を比べ、どちらが大きいかを調べることができる比較回路（コンパレータ）を用意し、一方の入力に変換するアナログ信号を、もう一方にDA変換器の出力を入力します。そしてDA変換器側の電圧をいろいろ変化させてコンパレータの出力を調べれば、アナログ入力信号の大きさの範囲を徐々に絞り込み、最終的にDA変換器に与えたビット数と同じビット数の数値で、入力されたアナログ電圧を示すことができます（図11-03）。

先ほどのDA変換器が0Vから3Vの電圧を出力できたので、ここでも同じ範囲の電圧信号を数値化することを考えます。例えば入力電圧が2.0Vなら、コンパレータは、この電圧がDA変換器の出力電圧以上か、未満かを判定します。この時、絞り込んだ電圧範囲の中間値と比較するという処理を繰り返すことで、範囲を半分に減らしていきます。2進数だと上位ビットから1ビットずつ確定させていくことになります。4ビットなら範囲は0から15なので、最初の判定

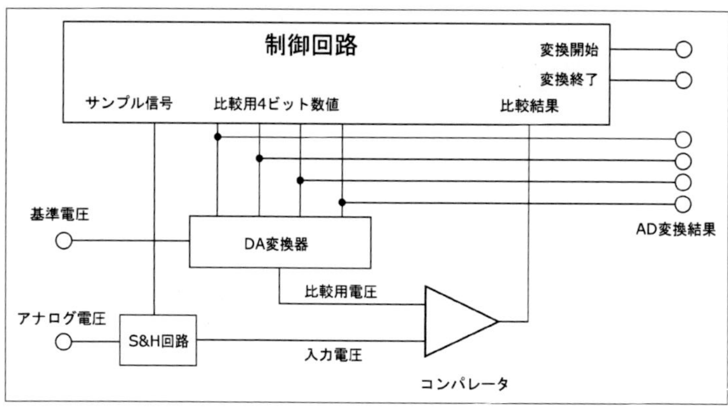

図11-03　AD変換回路

値は中間の8とします。

AD変換は以下のように上位ビットから順に値を確定させていきます。

1. DA変換器に2進数の1000（8）を与えると、出力電圧は1.6Vになります。コンパレータは入力電圧（2V）とDA変換器の電圧を調べます。入力電圧は1.6V以上なので、最上位ビットは1で確定します（もし小さければ0になります）。

2. 絞り込まれた範囲の中央の値について調べます。8から15の範囲なので、DA変換器に1100（12）を送り、2.4Vを出力し、コンパレータで比較します。入力値は2.4V未満、つまり2番めのビットが1では大きすぎるので、このビットは0で確定します。

3. 8から11の範囲なので、DA変換器に1010（10）を送り、2.0Vを出力し、コンパレータで比較します。入力値は2.0V以上という条件を満たすので、3番目のビットは1で確定します。

4. 10から11の範囲なので、DA変換器に1011（11）を送り、2.2Vを出力し、コンパレータで比較します。入力値は2.2V未満なので、最下位ビットは0で確定します。

このように4回の比較を行うことで上位ビットから順に確定させ、入力された2.0Vのアナログ電圧を1010という4ビットのデジタル値に変換することができました。このようなやり方を逐次比較型AD変換と言います。

DA変換処理はデジタル数値が与えられると、即座に対応するアナログ電圧が得られますが、逐次比較型AD変換は何度も比較しなければならないので、相応の時間がかかります。

この判定処理の最中に入力されたアナログ電圧が変化してしまったら、正しい結果は得られません。そのため入力部には、ある時点での電圧を変換処理の間保持できる回路が組み込まれており、もし入力電圧が変化しても、変換対象の電圧が変わらないようになっています。この部分をサンプルアンドホールド（S&H）回路と言います。サンプルは値の取り込み、ホールドは維持という意味です。AD変換処理を開始する時点でS&H回路にサンプル信号を送ることで、以後入力電圧が変化しても、S&H回路の出力電圧はサンプル時の電圧を維持します。

AD変換チップやマイコンに組み込まれたAD変換機能は、これらの処理を自動的に実行します。AD変換開始の指示を受けると、入力電圧の保持（S&H回路）、比較電圧の出力と比較結果の取得、値の範囲の絞り込みを連続的に実行し、一定の時間後に変換データを確定させます。

11-1-3 Arduinoのアナログ入力

Arduino UNOで使用されているATmega328Pは10ビット逐次比較型AD変換器を持っており、アナログ入力用にA0からA5までの6本のピンを使用できます。ただしAD変換器は1セットだけなので、これらの6本のうちの1本を選択し、電圧を変換するという形で動作します。そのため複数のアナログ入力を同時に変換することはできません。

アナログ入力ピンにかかっている電圧を調べるのは簡単で、ピン番号を引数としてanalogRead関数を呼び出すだけです。AD変換は10ビットで処理されるので、返される値は0から1023の範囲となります。

```
v = analogRead(0);  // A0ピンの電圧値を0から1023の間で返す
```

前に説明したように逐次変換型は処理にある程度時間がかかります。この時間は、内部のパラメータ設定で変わるのですが、Arduino UNOで標準のライブラリを使った場合で、約100マイクロ秒となります。analogRead関数を呼び出すと、指定したアナログ入力ピンについてAD変換を開始し、結果が得られたら関数がリターンします。つまり関数を呼び出してリターンするまでに、約100マイクロ秒を要するということです。

AD変換には基準電圧、あるいは参照電圧（リファレンス電圧）という要素があります。簡単に言ってしまうと、AD変換の最大値（1023）が得られる電圧の指定です。これは、電源電圧（5V、DEFAULT）、ATmega328Pに内蔵されている基準電圧源（1.1V、INTERNAL）、AREF端子に外部から与えた電圧（EXTERNAL）から選ぶことができます。この指定はanalogReference関数で行います。

デフォルトでは5Vの電源電圧が基準電圧として使われているので、analogReadにより得られる値は、5Vを1023分割した値となり、数値の1について約50mVとなります。かなり細かく値を得られるような気がしますが、これはあくまでも電源電圧に対する割合であることに注意してください。安定化電源を使っていても、電源電圧は5％程度はすぐに変化してしまうので、細かい数値にこだわってもあまり意味はありません。

基準電圧は電源電圧より高くすることはできません。また低い電圧の外部電圧や内蔵電圧源を使えば、電圧に対する分解能をさらに高めることができます。ただしArduinoとMCU内部の回路構成により、回路接続と設定を誤るとチップの破損を招く可能性があるので、基準電圧をデフォルト以外で使う際は注意が必要です。本書ではデフォルトの電源電圧しか使っていません。

11-2　可変抵抗（ボリューム）を読み込む

第1章で可変抵抗について説明しました。可変抵抗は抵抗値を連続的に変化させられるアナログ部品ですが、AD変換と組み合わせればマイコンに簡単につなぐことができ、連続的に変化する値を指定できる便利な入力デバイスとして使用できます。

前述したように、可変抵抗には両端の端子の間に固定抵抗があり、中間の端子に接続されたブラシがその固定抵抗のどこかに接触し、その位置に応じて両端の端子との間の抵抗値を持ちます。このような可変抵抗（ここではBカーブ）の両端を電源の＋5Vとグラウンドにつなぎ、そして中間の可変端子をアナログ入力ピン0（A0）に接続します（図11-04）。

基板取り付けタイプの半固定抵抗器であれば、ブレッドボードを使って実験用の配線をすることができます（図11-05）。

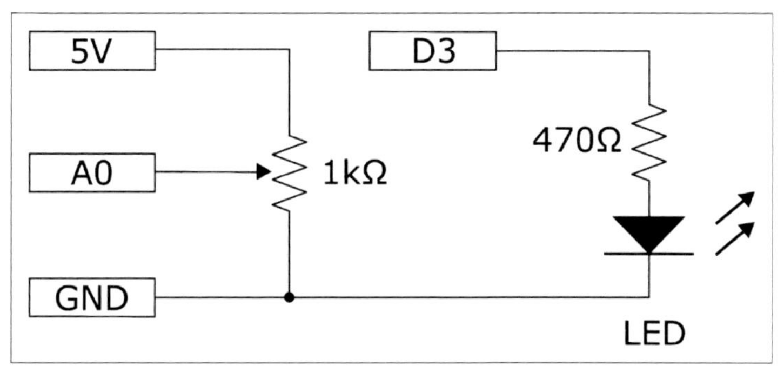

図11-04　可変抵抗器の接続

図11-05　基板取り付けタイプの半固定抵抗器（半固定抵抗をブレッドボードに配置）

このように接続することで、中間端子の電圧は、軸の角度に比例して0Vから5Vの間で変化します。つまり軸の回転角度を変化する電圧で示すことができます。これをA0ピンでAD変換器に読み込めば、マイコンで軸の角度を数値化して扱えます。

以下のスケッチは、アナログ入力A0に1kΩの可変抵抗器を接続し、軸の回転角度に応じてPWM対応のポート3に接続したLEDの明るさを変化させています。可変抵抗器の抵抗値は、5Vの電圧をかけた時に過大な電流が流れさえしなければ何キロオームでもかまいません。抵抗値が小さければ流れる電流が大きくなり、抵抗値が大きければ電流が小さくなります。この種の用途であれば、1kΩから10kΩのものを使えばよいでしょう。

軸の動きと読み込み数値を示すために、読み取り値をシリアルポート経由でIDE側に送っているので、シリアルモニタを表示すれば、その数値を見ることができます。

analogRead関数が返すA0の値は0から1023の範囲で、LEDの明るさを調整するPWM出力を行うanalogWriteには0から255の値を渡すので、ここではA0の値を4で割っています。

<リスト>可変抵抗器を使ったLEDの明るさ調節

```
// 初期化
void setup() {
  // シリアルポートの初期化
  Serial.begin(9600);
  Serial.println("analogRead..");

  // LEDの設定
  analogWrite(3, 0);
}

// 実行ループ
void loop() {
  int val;

  // アナログ入力ピンの読み込み
  val = analogRead(0);
  Serial.println(val);
  analogWrite(3, val / 4);  // 読み込み値の1/4 (0から255) をPWM出力
}
```

<コラム>ロータリーエンコーダ

最近の電子機器では、自由に何回転でも回るツマミがよく使われています。これは、軸が一定の角度だけ回るたびに接点の開閉が行われる構造になっており、マイコン側からは、スイッチが何度も操作されているように見えます。ただしこれだけでは回転方向がわかりません。そのため回転に応じて、2組の接点が開閉するようになっています。この2組は位相がずれていて、図11-06のようなパルスを生成します。ここでは簡単にするために、軸の1回転でオン／オフが1サイクルとし

ていますが、実際には1回転で数サイクルから数十サイクルになります。ここではチャタリングは無視しています。

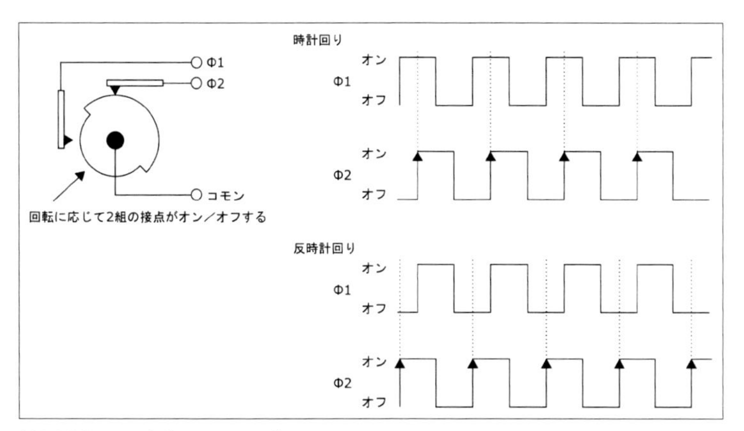

図11-06　ロータリーエンコーダ

このような構造のスイッチを逆回転させると、2組のパルスの位相関係が変わります。これを調べることで、パルスが来るたびに、回転方向も含めて軸の回転を検出できます。図11-06のΦ2信号の立ち上がりタイミングでΦ1の状態を調べると、回転方向がわかるのです。もちろん、Φ1かΦ2によって、回転角度もわかります。

このように、回転に応じてパルスを発生する機器をロータリーエンコーダと言います。高級なものは機械接点ではなく、光学センサーや磁気センサーを使い、精度や信頼性を高めています。

ロータリーエンコーダは、手で回すだけでなく、機械の軸に取り付け、軸の回転量を検出する用途にも使われます。精密な制御では、1回転で1万パルス以上発生できるものもあります。ツマミ操作用のものは、1回転で数パルスから数十パルスとなります。

12

第12章　【実践編】トランジスタを接続してみよう——高輝度LEDを点灯させる

◉

ここまで使ってきたのは、数ミリアンペアしか電流を消費しないLEDだったので、マイコンチップに何個も接続できました。しかし、より大きな電流を消費するものは、マイコンの出力ピンに直接接続することができません。マイコンチップの定格を超えてしまい、チップが壊れてしまう可能性があります。より大きな電力を必要とするデバイス、例えば高輝度LEDやモーターなどを駆動したい場合は、出力ポートよりも大きな電流を扱える外付け回路を組み立てる必要があります。ここでは出力ポートに小さなトランジスタを接続し、高輝度LEDを点灯させてみます。

12-1　ICの出力ピンの特性を把握しておこう

マイコンの出力ポートは、インジケータ用のLEDなど、小電力のデバイスを駆動する電流は出力できますが、例えばモーターを回すほどの電流は扱えません。マイコンの出力ポートや各種ICの出力ピンが電気的にどのくらいの電圧や電流を扱えるのかは、チップのデータシートに記載されています。チップで許容されている量以上の電流を制御したい場合は、外部にトランジスタを接続します。これでポートに流れるわずかな電流で、トランジスタに接続された負荷に大きな電流を流すことができます。

12-1-1　ポートの出力特性

マイコンの出力ポートは、第3章の図3-04に示したような回路構成になっていて、プログラムの命令によってHレベルの出力、Lレベルの出力、そして出力していない状態とすることができます。

出力がHレベルの時は、電源側と出力ポートの間のFETが導通することで、出力ポートからグラウンドに向けて電流を流すことができます（ソース電流）。Lレベルの時はグラウンド側と出力ポートの間のFETが導通することで、電源側から出力ポートに向けて電流を流すことができます（シンク電流）。Arduinoに使われているATmega328Pでは、ポート1本当たり20mA、チップ全体で100mAが推奨値となっています。1本のポートで20mA以上流したい場合、あるいは複数のピンで20mA以下の電流を流し、総量が100mAを超えてしまう場合は、各ピンの電流量とチップ全体での電流量がともに推奨値以下になるように、外部にトランジスタを接続するなどの対応が必要になります。

12-1-2　NPNトランジスタでスイッチング制御

トランジスタについては第6章で紹介しました。トランジスタはベースに与えた電流に比例したコレクタ電流を得られるデバイスですが、マイコンの出力ポートで大電流を制御する用途では、トランジスタをもっと単純な形、スイッチング動作で使います。十分なベース電流を流してコレクタに回路上の限界まで電流を流す（飽和領域）、ベース電流を流さずコレクタ電流も流さない（遮断領域）という、スイッチのような特性の使い方です。

第6章で説明したように、NPNトランジスタではベースからエミッタ（グラウンド側）にベース電流が流れると、コレクタからエミッタにも電流が流れます。この動作をマイコンの出力ポートで実現するには、Hレベルの時にベースに電流が流れるように回路を組みます（図12-01）。

出力ポートとベースの間にはベース抵抗R_Bを入れます。NPNトランジスタでベースに電流を

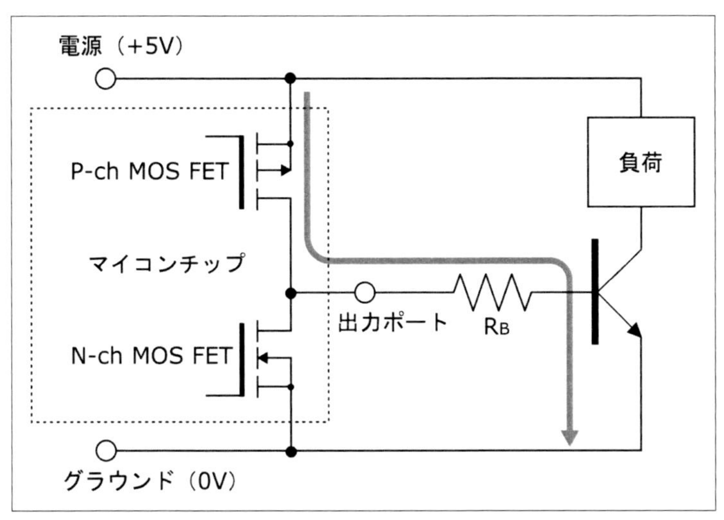

図12-01　出力ポートとNPNトランジスタの接続

流している時、ベース－エミッタ間電圧は約0.6Vになりますが、ICの電源電圧が5Vの時、ポートのHレベルは4V以上あり、これをベースに直接つないでしまうと、ポートからベースに流れる電流が過大になってしまいます。出力ポートとベースの間に抵抗を入れると、Hレベル電圧とベース電圧の差が抵抗にかかり、抵抗値と電位差に応じた電流が抵抗に流れます。これでポート電圧はHレベル、ベース電圧は0.6V、ベース電流も適切という状態にすることができます。

ベース抵抗R_Bは、この条件を満たすような抵抗値にします。抵抗値が小さいとベース電流／ポート出力電流が大きくなり、抵抗値が大きければ小さくなります。この抵抗値を決めるには希望するベース電流量がわかっている必要があり、そのためには負荷に応じた適切なトランジスタを選択しなければなりません。実際には使用できる最大電圧も考慮しなければなりませんが、ここでは5V回路なので、ほとんどのトランジスタを問題なく使えます。

設計の手順は以下のようになります。

1. 接続する負荷に流す電流を求めます。モーターのように起動時に大電流が流れる負荷については、定常電流よりも大きく見積もります。
2. 負荷電流を安全に流せるトランジスタを選定します。具体的には負荷電流に対して最大コレクタ電流が十分に大きいもの（倍以上が望ましい）とします。
3. トランジスタのh_{FE}からおおよそのベース電流を求めます。
4. 求めたベース電流よりも大きなベース電流が流れるようなベース抵抗R_Bの抵抗値を算出します。

ここでは例として、2SC1815というトランジスタを使います。これはアマチュア電子工作で定番となっているNPNトランジスタです。オリジナルは東芝の製品で、東芝ではすでに生産終了していますが、広く使われているため、海外メーカーが製造した互換品が同じ型式名で流通しています。

2SC1815は最大コレクタ電流が150mAと、さほど大きくありませんが、デジタルICの出力ピンで駆動するにはちょうどよい特性を備えています。2SC1815の仕様（抜粋）を以下に示します。

最大コレクターエミッタ間電圧 V_{CEO}	50V
最大ベースエミッタ間電圧 V_{BEO}	5V
最大コレクタ電流 I_C	150mA
最大ベース電流 I_B	50mA
最大コレクタ損失 P_C	400mW
h_{FE}標準値	注1）を参照

注1）h_{FE}は部品のグレードによって異なり、O：70から140、Y：120から240、GR：200から400、BL：350から700。I_C150mA（最大値）の時のh_{FE}の標準値は100。

h_{FE}が部品のグレードでかなり異なり、また同じグレードであっても幅があることがわかりますが、スイッチング動作で考える場合は100としておけば問題ないでしょう。コレクタ損失を考えるには、飽和状態でのコレクターエミッタ間電圧が必要ですが、これはコレクタ電流や温度によってかなり変化し、標準値が0.1V、最大が0.25Vで、コレクタ電流が増えるほど高くなります。したがってこれは0.2Vと考えておくことにします。

トランジスタがオフの場合のことも考える必要があります。出力ポートがLになると、マイコン内のFETを介してポートがグラウンドに接続されます。この場合、ポートからベースには電流が流れ込まないので、コレクタに電流は流れません。ポートとベースの間には抵抗R_Bがありますが、電流が流れないので抵抗の両端には電位差がありません。そのためR_Bの抵抗値に関わらず、ベースの電位は出力ポートの電位は同じになります。実際の出力ポートの電圧は0Vではなく、数百ミリボルトになりますが、Lレベルの出力は外部からの電流の流入であり、ベースに向けて電流が流れる回路ではないので、コレクタ電流は流れません。

12-1-3　もう1つの抵抗

1つ考えなければならないのは、ポートがL出力でもH出力でもない状態です。リセット後、ポートの初期化の前は入力モードになっているので、この状態になります。プログラムが正常に動作している場合、初期化前の時間はごく短いので問題になることは少ないのですが、Arduinoでは、スケッチの転送中にこの状態が長く続くことがあるので、注意が必要です。

ポートがLでもHでもない場合、ポートには電流が流れないはずですが、実際にはわずかな漏れ電流があります。マイクロアンペア単位の漏れ電流であっても、それがベースに流入するとトランジスタによって増幅され、想定外のコレクタ電流が流れてしまうことがあります。例えばオフであるはずのLEDがうっすら点灯したりするかもしれません。さらにベースの信号線にノイズが乗ると、それも増幅されて出力されるので、機器がおかしな動作をすることがあります。

このような問題を避けるには、ベース入力が不安定な時にベースを確実にグラウンドレベルにしなければなりません。そのためベースとグラウンドの間に別の抵抗R_Dを入れ、ベースをプルダウンします。これで微小な電流がベースに流れそうになった時、抵抗を介してグラウンドに流れるため、ベースの電位が上がらず、トランジスタに電流が流れません（図12-02）。

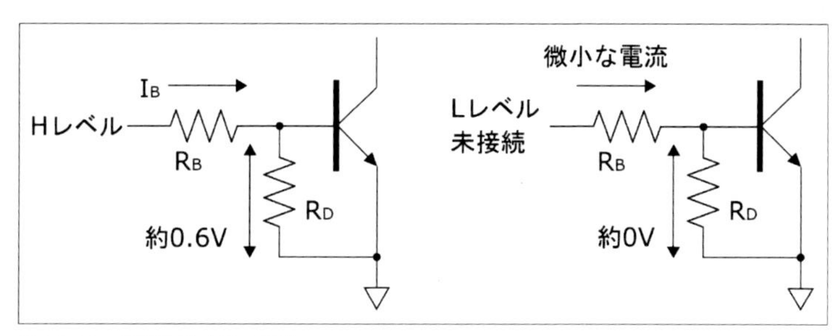

図12-02　誤動作防止用の抵抗

ポートが入力モードでH、Lと確定しない時、抵抗R_Dはトランジスタ回路の動作を安定させます。出力ポートがLの時は、ポート側のFETでベースがグラウンドに接続されるので何も影響しません。ではHの時はどうでしょうか？

出力ポートがHの時は、ポート側のFETを介して電源側に接続されるので、電源からベース抵抗を介してベースに電流が流れ、ベース電圧は約0.6Vになります。したがってR_Dには0.6Vの電圧がかかることになり、抵抗値に応じた電流が流れます。そのため出力ポートから流出する電流がこの分だけ増えることになり、ベース抵抗R_Bに流れる電流も増えるのでベース抵抗R_Bでの電圧降下が少し大きくなります。抵抗R_Dが小さすぎると、ポートの出力電流の増加、ベース電位の低下が起こる可能性があります。

抵抗R_Dは電流が流れていない時、あるいは微小な電流が流れた時にベースをグラウンド電位に近い状態に維持すればよいので、抵抗値が極端に大きいと意味がなく、小さいと回路動作に影響する可能性があります。普通はR_Bの1倍ないし3倍くらいの抵抗値にしておけばよいでしょう。

<コラム>プルアップに注意

マイコンの入出力ポートは、入力時にチップ側でのプルアップをサポートしています。ATmega328では入力ポートにHを出力するとこれが有効になります。プルアップ抵抗は入力が未接続の時にポートをH状態にするためのものですが、これが意図せぬ動作を引き起こすことがあります。

ポートを出力に設定するのを忘れたまま、そのポートを出力用に使うとどうなるでしょうか？

Hを出力したつもりが、入力ポートのプルアップになります。この場合、プルアップ抵抗で電源側につながるので、ピンはHレベルになるのですが、抵抗を介しているので電流が少ししか流れません。そのためベース電流不足でトランジスタは完全なオンにはならず、ちょっとだけコレクタ電流が流れます。一方、Lを出力するとプルアップがオフになり、その端子電圧は不安定な状態になりますが、トランジスタ側の抵抗でプルダウンされ、トランジスタはちゃんとオフになります（図

12-03)。

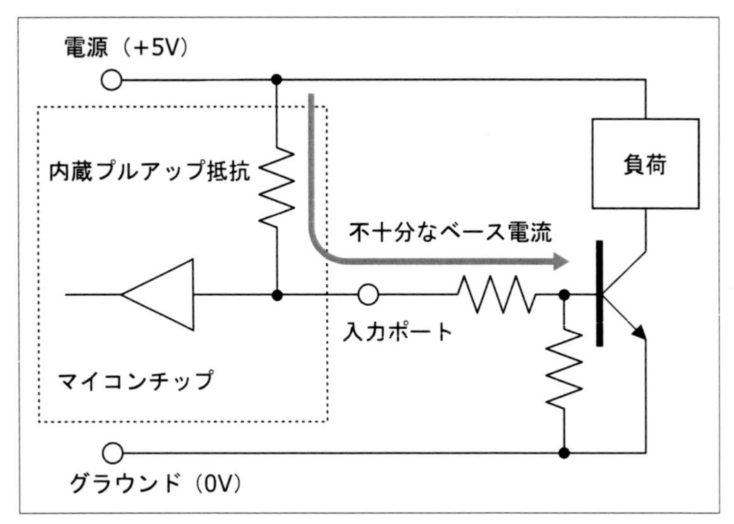

図12-03　プルアップ抵抗

実際の回路でこれをやると、負荷の種類にもよりますが、動いているが挙動がおかしいといった状態になることがあります。テスターで出力ポートの電圧を測ると、内蔵プルアップ抵抗とベース抵抗で分圧されたおかしな電圧を示すでしょう。

12-1-4　PNPトランジスタでスイッチング制御

NPNトランジスタで負荷を制御する場合、電源－負荷－NPNトランジスタ－グラウンドという接続でした。これに対しPNPトランジスタでは、電源－PNPトランジスタ－負荷－グラウンドという接続になります（図12-04）。

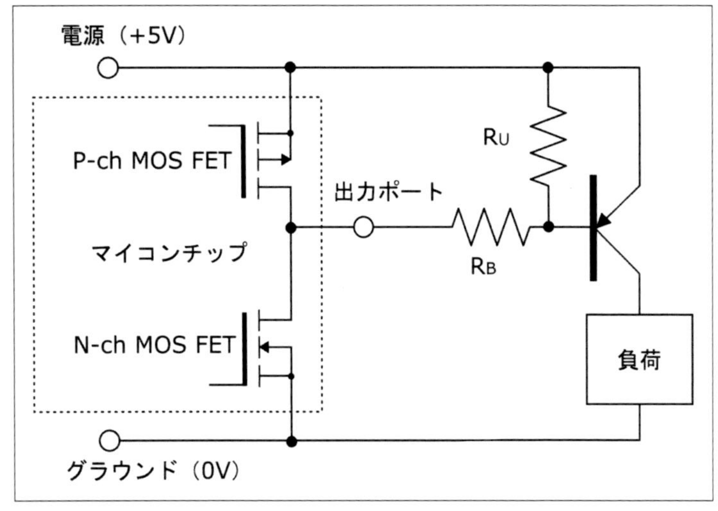

図12-04　出力ポートとPNPトランジスタの接続

PNPトランジスタによるスイッチング制御も、基本的な考え方はNPN型と同じです。ただしトランジスタの電流の流れる向きが変わるので、回路の構成が変わってきます。

PNP型の場合、ベース電流は電源側のエミッタから流入し、ベースからグラウンドに向けて流出します。そしてベースから電流が流出している時に、エミッタからコレクタに向けて電流が流れます。したがってPNPトランジスタで電流をオンにするためには、ベースをエミッタより低い電位にする必要があります。つまりベース抵抗R_Bを介してつないだポートがLになると、ベース電流が流れます。またポートがHの時はベースの電位が高く（電源電圧に近く）なるので、コレクタ電流は流れません。

このような動作をさせるには、ベース電位の基準となるエミッタの電位を一定に保つ必要があり、そのためにエミッタを電源側につなぎます。その結果、トランジスタと負荷の位置関係がNPN型と逆になるのです。

NPN型の時は、誤動作防止用の抵抗をベースとグラウンドの間に入れましたが、PNP型の場合はベースの電位をエミッタ側に近づけるために、ベースと電源の間に抵抗を入れます。つまりベースをプルアップする形になります。抵抗の接続先がグラウンドから電源側になっただけで、動作の意味はNPN型の場合と同じです。

12-1-5　高輝度LEDの点灯

実際に回路を組んでみましょう。ここではOS5RKA5111Aという最大で70mA流せる赤色高輝度LEDに、50mA程度の電流を流す回路を組んでみます。この電流値は出力ポートで直接扱うことはできないので、小電力トランジスタを使ってスイッチングします。

LEDは、ここまで説明してきたトランジスタ回路のコレクタ抵抗を置き換える位置に接続します。これでコレクタ電流によってLEDが点灯します。第8章で説明したように、LEDは電源電圧に応じて電流制限抵抗を挿入しなければなりません。この回路例に使ったLEDはV_Fが1.8V～2.6Vです。実際にどれだけの電圧になるかは実測しないとわかりませんが、とりあえず標準値とされている2.1Vとしておきます。またトランジスタのコレクタ－エミッタ間電圧を0.2Vとすると、電流制限抵抗に50mA流れた時に2.7V電圧が降下する抵抗値は54Ωとなります。

このLEDをNPN型の2SC1815とPNP型の2SA1015で駆動する回路を組んでみます。

2SC1815は最大コレクタ電流（150mA）の時のh_{FE}が100くらいなので、コレクタ電流が50mAならh_{FE}はこれより大きく、飽和状態とするには、ベース電流に1mAも流せば十分でしょう。Hレベルの出力電圧を4V、ベース電圧を0.6Vとすると、1mA流すためのベース抵抗は3.4kΩとなります。実際に選択できる抵抗値として、電流制限抵抗は51Ω、ベース抵抗は3.3kΩとします。

LEDの点灯程度なら、誤動作防止用の抵抗はなくても問題ありませんが、実際の回路の動作を見るために、ベース抵抗と同じ3.3kΩを挿入します。

PNP型の2SA1015は2SC1815と同等の特性（ただし極性は逆）のものです。このような極性が逆で同等の特性の2種類のトランジスタをペアトランジスタと言います。こちらの回路の抵抗値は2SC1815と同じにしています（図12-05）。

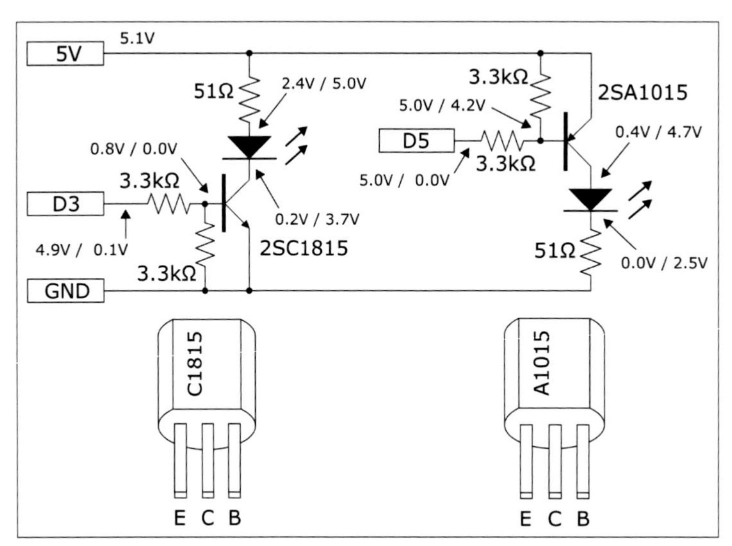

図12-05　高輝度LEDの点灯回路

このようにして組んだトランジスタのスイッチング回路において、実際に各部の電圧がどうなっているかを測ってみました。電源電圧は実測で5.1Vでした。回路図中に示した2つの電圧値は、出力ポートがHの時とLの時の電圧を示しています。2SC1815はポートがHでオン、2SA1015はLでオンになります。

抵抗値の計算の時に想定した電圧値と多少違いがあることがわかりますが、これは部品のデータシートに記載されているデータと実際の回路での動作条件の違いや部品のばらつきによるものです。エミッタとベースの電位差は0.6Vとしていましたが、実測値ではどちらも0.8V程度になっています。ポート出力のHとLは、出入りする電流がわずかなのでほぼグラウンドと電源電圧が出力されています。

オフ時のコレクタ電圧（LEDにかかる電圧）にちょっと違いが見られます。2SC1815のほうは消灯時にもLEDに2.3Vほど電圧がかかっていますが、電流は流れておらず（1 μ A以下）、LEDは点灯しません。

このLEDを点灯させるスケッチを作りましょう。ここでの話題はトランジスタを使った出力回路なので、スケッチでは複雑なことはせず、PWMで明るさを変えているだけです。2つのポートには同じ値を出力していますが、それぞれのLEDはHで点灯とLで点灯なので、一方が明るい時は他方が暗いという動作になります。

<リスト>トランジスタを使った高輝度LEDの点灯

```
// 初期化
void setup() {
  analogWrite(3, 0);
  analogWrite(5, 0);
```

```
}

// 実行ループ
void loop() {
  int i;

  for (i = 0; i <= 255; i += 15) {
    delay(100);
    analogWrite(3, i);
    analogWrite(5, i);
  }
  for (i = 255; i >=0; i -= 15) {
    delay(100);
    analogWrite(3, i);
    analogWrite(5, i);
  }
}
```

12-2　こんな便利なデバイスもあるぞ

アマチュアの電子工作では、小電力トランジスタとしてプラスチックのパッケージに3本のリードが付いたものを多く使いますが、用途によっては別の形態のトランジスタ、あるいは駆動能力の高いICを使うという選択肢もあります。

<コラム>部品の形状

現在の電子部品は、製品の小型化のためにリード（導線）がなく、プリント基板の表面に直接取り付ける表面実装タイプが主流です。これはアマチュアにとってけっこう問題で、ブレッドボードでの実験やユニバーサル基板への実装はかなり難しくなります。最近は新しい製品は表面実装タイプでのみ供給ということも多く、便利な部品やちょうどいい部品があっても、配線の問題で使えないという悩みがあります。

変換基板という部品もあり、小さなプリント基板に表面実装部品をハンダ付けし（これも練習しないと難しいのですが）、その基板からリードを引き出すことができますが、ICならともかく、トランジスタなどにわざわざ使うことはありません。

結局、昔ながらのリードのある定番部品で組むか、あるいは自分でプリント基板を起こすことになります。

12-2-1　抵抗内蔵トランジスタやデジタルトランジスタ

デジタル回路でスイッチング用に使う場合、ベース抵抗と、必要に応じて誤動作防止用の抵抗を外付けしなければなりません。この接続の手間とスペースを省くために、抵抗があらかじめ内蔵されているトランジスタがあります。これを抵抗内蔵トランジスタやデジタルトランジスタ（商標）と言います（図12-06）。

12-2-2　トランジスタアレイ

多くの駆動回路が必要な場合は、いくつもトランジスタを並べる必要があります。多数のトランジスタを使う場合、トランジスタアレイという部品を使うと便利です。これはICと同じパッケージに複数のトランジスタを収めたもので、個別のトランジスタを並べるより場所を節約できます。

組み込まれているトランジスタも、単品のもの、抵抗内蔵タイプ、フリーホイールダイオード内蔵やダーリントンタイプ（第14章で説明）などがあります。最大コレクタ電流は50mAから1.5A程度まであり、1つのパッケージに6個から8個程度収められています。

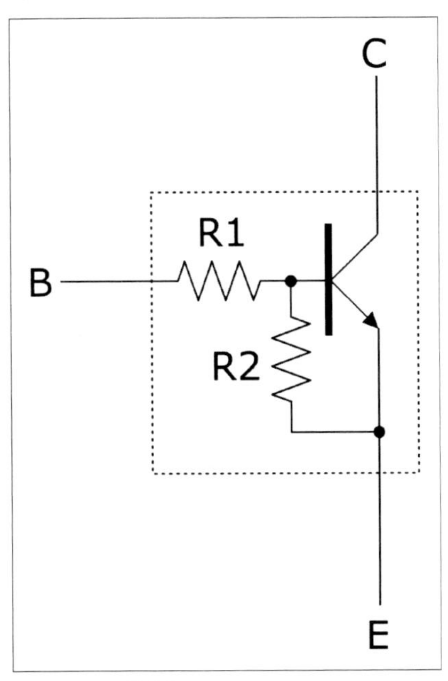

図12-06　抵抗内蔵トランジスタ

12-2-3　バッファーIC

LEDを多数点灯する場合、個々のLEDの消費電流は小さいものの、数が多いためにマイコンチップの総電流量を超えてしまうことがあります。このような時は、外部にロジック回路のバッファーを置くことで、マイコンチップの電流量を増やすことなく、多くの小負荷を駆動することができます（図12-07）。

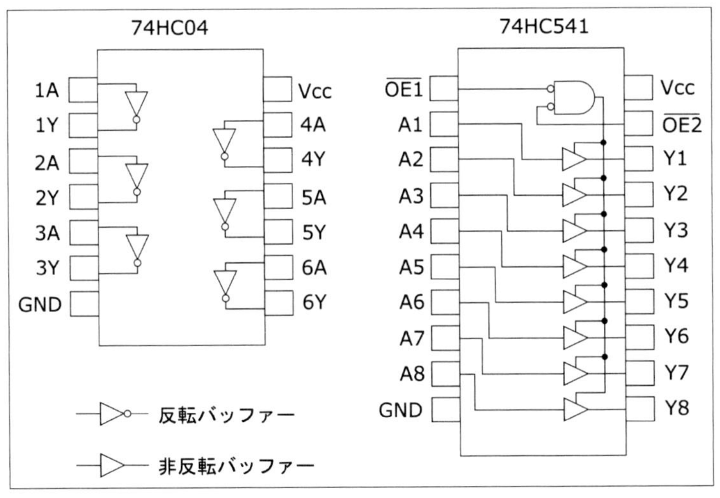

図12-07　ゲートやバッファー

小電流のLEDを点灯する程度なら、74HC04のような普通のロジックICでも十分です。これはインバータ（ロジックのHとLを反転するゲート）が14ピンDIPパッケージに6個はいったもので、それぞれの出力ピンで25mA、チップ全体で50mAの電流を流すことができます。もう少し電流量を増やしたいのであれば、一般にバッファーICと呼ばれるものを使うこともできます。図に示した74HC541は1ゲートあたり35mA、チップ全体で75mAの電流を流すことができます。74HC541はスリーステートバッファーと呼ばれるもので、出力をオフ状態にすることもできます。

バッファーICは、信号線を長く伸ばすときなどにも便利に使用できます。

13

第13章 【実践編】光センサーとはどんな働きをする部品か？

◉

光センサーは、光を受けると電気的なパラメータが変化する部品です。この変化を測定することで、光が当たっているかどうか、明るさなどを調べることができます。かつては光が当たると抵抗値が変化するもの（CdS）、起電力が発生するもの（光電池）などが使われていましたが、現在広く使われているのはフォトダイオード、フォトトランジスタなどの半導体光センサーです。光センサーは、受光部に当たる光の強さ、つまり明るさを検出することができます。一言で光といっても、赤外線、可視光、紫外線などの波長の違いがあり、製品により感度や応答時間などの特性が違います。またフィルターを組み合わせることで、特定の波長や色を検出するものも作れます。

13-1　代表的な光センサー——フォトダイオードとフォトトランジスタ

よく使われる光センサーとして、フォトダイオードとフォトトランジスタがあります。どちらも光を検出できる半導体素子ですが、動作の仕組みが異なります。

フォトダイオードは電圧をかけていない状態で光が当たると、光のエネルギーによりカソード側がプラス、アノード側がマイナスの起電力が発生します。また逆バイアス（逆向きの電圧。通常のダイオードで電流が流れない向き）の電圧をかけておくと、光の強さによって流れる電流量が変わります（図13-01）。この起電力や電流の変化を検出することで、光センサーとして使用することができます。

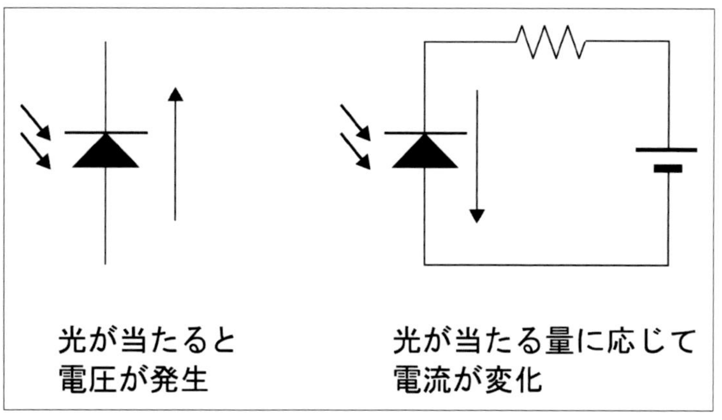

図13-01　フォトダイオード

フォトトランジスタはベース電流の代わりに光を使うトランジスタで、光の強さでコレクターエミッタ間の電流が変化します（図13-02、図13-03）。光が強いと、コレクターエミッタ間に流れる電流が増えます。

一般にフォトダイオードのほうが高速（光の変化に対して電流や電圧の変化が速い）で、フォトトランジスタのほうが高感度（暗い光でも反応する）とされていますが、部品の種類や回路の組み方で特性はかなり変化します。

本章ではコレクタからエミッタに向けて電流が流れるNPN型フォトトランジスタの使い方を説明します。

フォトトランジスタは光の強さを調べるために使われるので、照度センサーという部品名称で販売されることもあります。また単体のフォトトランジスタではなく、内部に増幅用トランジスタやIC回路まで内蔵したものもあります。

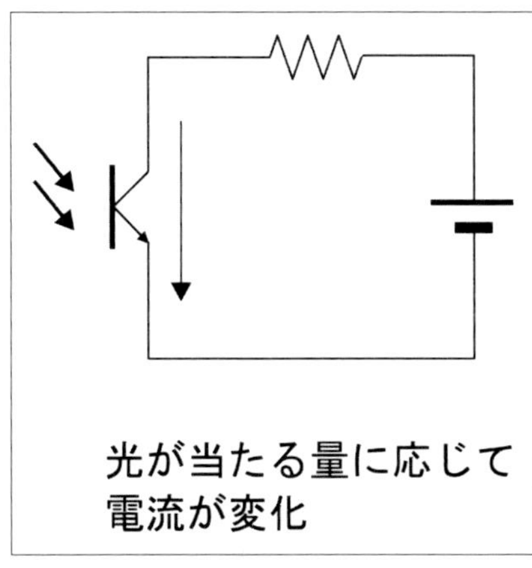

図13-02　フォトトランジスタ

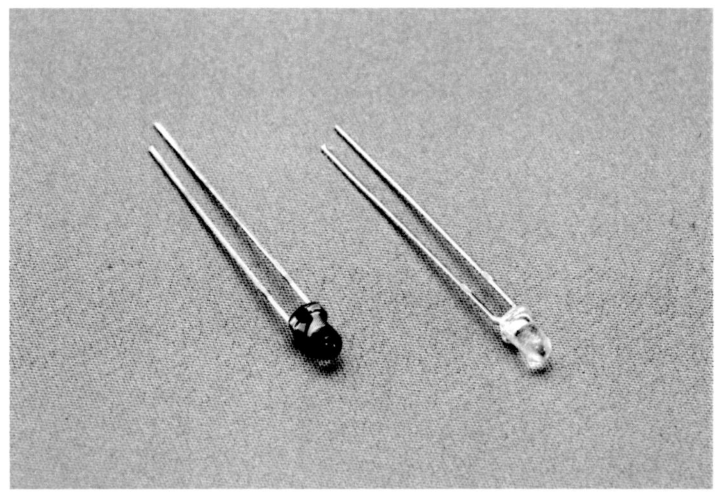

図13-03　フォトトランジスタ（左は可視光用フォトトランジスタ、右は赤外線用フォトトランジスタ）

13-1-1　光の強さと電流の変化

フォトトランジスタは、普通のバイポーラトランジスタのベース電流に相当するものが、光の強さに置き換えられたトランジスタです。受光部に当たる光が強くなると、コレクター－エミッタ間に流れる電流が増えるという構造です。そのため動作は単純なオンとオフではなく、光の強さに応じた連続的な電流の変化となります。この電流変化を検出するには、そのフォトトランジスタの特性や光の強さなどの使用条件に応じて、自分で回路を組まなければなりません。基本的にはフォトトランジスタと抵抗を直列に接続し、コレクター－エミッタ間に流れる電流を抵抗で電圧に変換して測定します。

フォトトランジスタはベースに電流を流さないので、ベースの電位を考えずに済みます。したがって電源、抵抗、フォトトランジスタ、グラウンドの接続は、次の2通りの方法が考えられます（図13-04）。

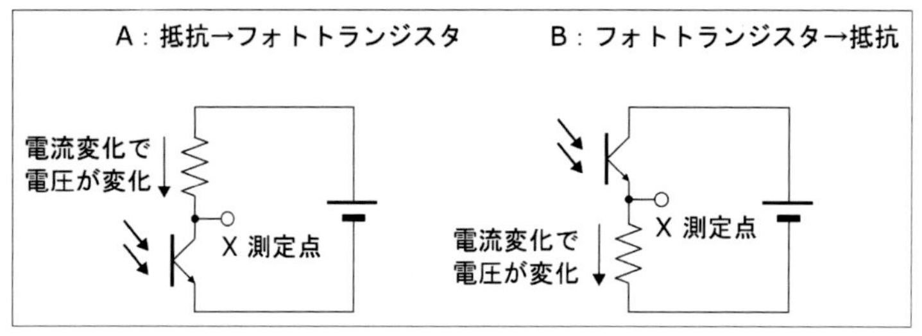

図13-04　フォトトランジスタの回路

フォトトランジスタに光が当たると、コレクタからエミッタに電流が流れます。どちらの回路であっても、フォトトランジスタに流れたのと同じ量の電流が抵抗に流れ、そしてオームの法則に従って抵抗の両端に電流に比例した電圧が発生します。この電圧値を調べることで、光の強さを測定することができます。電圧値は、抵抗とフォトトランジスタの接続点で調べます。

抵抗の配置の違いにより、光の強さと電圧の関係が変わることに注意してください。測定点Xの電圧をマイコンのAD変換器に接続する場合、グラウンドに対するX点の電圧として測定します。回路構成によって、電圧がどのように変化するかを考えてみましょう。

●A：電源－抵抗－フォトトランジスタ－グラウンド

前に説明したNPN型トランジスタの使い方と同じ形の接続です。この場合、抵抗は電源側に接続されているので、X点の電圧は、電源電圧から抵抗で発生した電圧を引いたものとなります。暗くてまったく電流が流れない、つまり抵抗の電圧降下が0Vの場合はX点は電源電圧となり、明るくてもっとも電流が流れた場合は、電源電圧－抵抗値×電流となります。ただしどれだけ電流が流れても、フォトトランジスタのコレクタ－エミッタ間電圧が残るため、X点は0Vにはなりません。

●B：電源－フォトトランジスタ－抵抗－グラウンド

Aとは逆に、抵抗をグラウンド側にした接続です。この場合、X点の電圧は抵抗に発生した電圧と同じになります。暗くてまったく電流が流れない、つまり抵抗の電圧降下が0Vの場合はX点は0Vとなり、光が当たって電流が流れた場合は、抵抗値×電流となります。ただしどれだけ電流が流れても、フォトトランジスタのコレクタ－エミッタ間電圧が残るため、X点は電源電圧には至りません。

この違いは重要です。Aの接続はX点の測定値が0Vよりちょっと高い電圧から電源電圧までで、明るいほど電圧が下がります。Bの接続は、測定値が0Vから電源に近い電圧までで、明るいほど電圧が上がります。

普通に使う分には、Bの接続のほうが直感的でしょう。またAD変換して読み込む際も、測定可能範囲を考えるとBのほうが好都合です。ここではBの形でフォトトランジスタを使用します。

次にフォトトランジスタの実際の特性を見てみましょう。ここでは例として、可視光用照度センサーNJL7502L（データシートはhttps://www.njr.co.jp/products/semicon/PDF/NJL7502L_J.pdf）というフォトトランジスタを使います。光の強さは、照度（lux単位）という物理単位で示されます。照度と電流の関係はおおよそ以下のグラフのようになります（図13-05）。

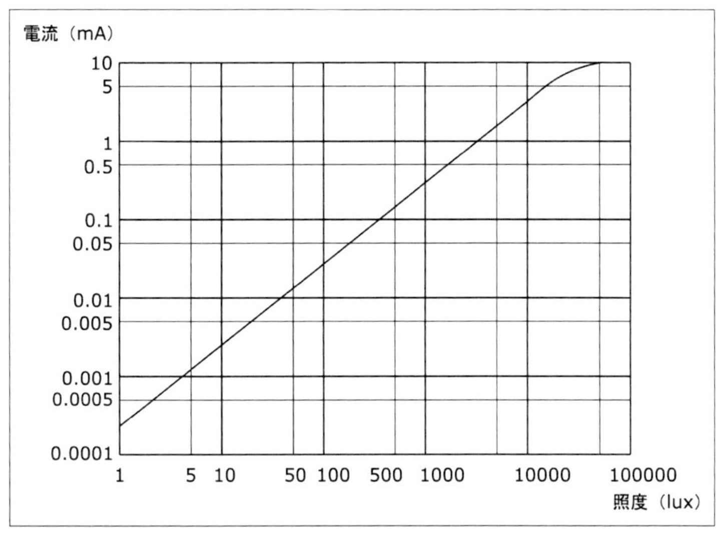

図13-05　特性の例

フォトトランジスタは、光が当たっていない時に流れる電流（暗電流）と、測定可能な最大照度の光が当たっている時に流れる電流の間で使用しますが、この範囲がかなり広いのです。このグラフでは、x軸の照度が1luxから100,000lux、y軸の電流が0.1μAから10mAと、どちらも10万倍の範囲になっています。そのためグラフは目盛を対数化したものになっています。対数目盛のグラフは、範囲がとても広い場合、パラメータの関係性が指数関数で表されるものなどに使われます。

13-1-2　抵抗値の決定

フォトトランジスタを使った回路を組むには、接続する抵抗値を決めなければなりません。これにはフォトトランジスタの定格と、実際に測定する明るさを考える必要があります。ここで例として取り上げるNJL7502Lという可視光用のフォトトランジスタは、照度が上がっていくと10mAで飽和するので、これを最大電流とすれば問題ありません。直列に入れる抵抗の値は、電流がこれ以下になるように決めます。電源電圧が5Vなら、最大電流が10mA以下となるように、抵抗値は500Ω以上（510Ω）とします。

フォトトランジスタは光の強さによって流れる電流が変わりますが、測定する光量の範囲も重要です。実際に使う際の光の強弱の範囲で、うまく電流変化が検出できるようにしなければなりません。とはいっても実際に測定したい光量の範囲は、たぶん数値ではわからないでしょう。結局のところ、実際の条件下で抵抗値を変えながら実験することになります。抵抗に可変抵抗を直列に入れることで、部品を交換することなく抵抗値を変化させ、特性を変えることができます。実験の時や使用状況の範囲が広いときなどは、このような回路にするとよいでしょう（図13-06）。

実際にやってみるとわかりますが、自分が求める光の強弱をうまく数値化できる範囲は意外に狭いことがわかります。

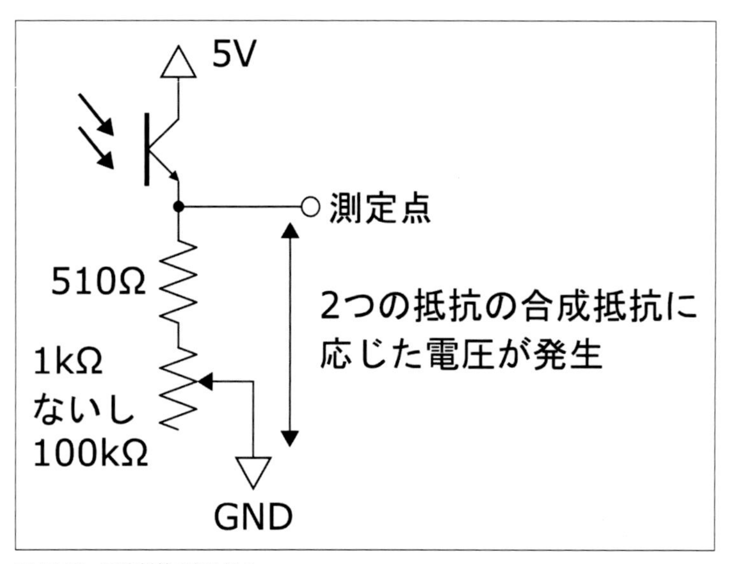

図13-06　可変抵抗の組み込み

13-1-3　測定範囲

人間の目の性能はすばらしく、薄暗いところから非常に明るいところまで対応できます。この明るさの範囲を照度で見ると、例えば満月の月明かりが1ルクス以下、雪山や真夏の晴天の海辺などが数万ルクスとなり、暗いところと明るいところで数万倍から十万倍の差があることになります。

真夏の晴天	100,000lux 以上
曇りの昼間	10,000lux
明るいコンビニなど	1,000lux
オフィス	500lux から 1,000lux
夜間の住宅内	300lux から 500lux
夜の商店街など	200lux
街灯	100lux

このような広い範囲にわたる明るさの情報をデジタル情報として取り込む場合、数値のビット数を考える必要があります。ArduinoのAD変換入力は10ビットで、0から約1,000までとなります。これで最大100,000luxまで測定するなら、読み込み値の1当たりの照度は100luxになります。広い範囲の測定が可能ですが、これで室内の微妙な明るさの変化を調べようとすると、数値の範囲は0から10くらいまでとなり、おそらく使いものにならないでしょう。明るい屋外での測定は無視して、上限を5,000lux程度にすれば、5lux単位で数値化することができ、室内で現実的な値が得られるでしょう。しかしこの場合、屋外に持っていくと、曇天だろうが晴天だろうが、飽和した上限値しか得られません。

この測定範囲は前に説明したように、フォトトランジスタと直列に入れる抵抗の値で変わってきます。

5V電源で最大電流が流れる510Ωの抵抗なら、0luxから数万luxの範囲で、抵抗の両端の電圧が0Vから5V近くまで変化します。抵抗値が5kΩなら最大電流は1mAとなり、この時の測定範囲は0luxから3,000lux程度になります。つまり抵抗値を大きくすることで最大電流が小さくなり、測定上限値が小さくなります。しかしその分、照度の変化に対する電圧変化が大きくなるので、低い照度を細かく計測することができます。

このフォトトランジスタを使う場合だと、屋外の明るさを測るのであれば500Ωから1kΩ程度、室内で使うなら数キロΩから10kΩ、低照度を測定したい場合はそれ以上の抵抗を使うことになります。詳細なデータは部品のデータシートに記載されていますが、今回使ったNJL7502Lの場合、特性グラフから読み取った抵抗値と測定範囲はおおよそ次のようになります（表13-01）。

表13-01　抵抗値と電圧の変化

抵抗値（Ω）	最大電流（mA）	最大照度（lux）	分解能（lux）
500	10	20000	50
1k	5	10000	20
5k	1	3000	3
10k	0.5	1000	0.3
50k	0.1	300	3
100k	0.05	100	0.1

＜コラム＞明るさを調べる

ある場所の明るさを実際にlux単位で調べるには、照度計という測定器が必要です。しかし露出についての詳細情報が表示されるデジタルカメラやスマートフォンを使えば、簡易的に調べることもできます。

カメラは絞りとシャッター速度によって撮像素子に当たる光の量を調整しています（絞りがないものもあります）。シャッター速度は1段階で露出時間が半分に、そして絞りも1段階で光量が半分になります。つまり明るさの変化に対して、絞りやシャッター速度が何段階変化したかで、光量が相対的にどれだけ変化したかがわかります。実際には撮像素子の感度を示すISOパラメータも関係するので、それも考慮する必要があります。ISOパラメータは感度に比例した数値なので、光量が半分で同じ露出が得られる場合、ISO値は倍になります。

これだけでは、光量の相対的な変化しかわかりませんが、ある条件での明るさが何ルクスかがわかれば、それを基準にして、測定した明るさが何ルクスかをおおよそ求めることも不可能ではありません。

カメラの露出はその場の照明の明るさではなく、撮影対象の明るさ、つまり被写体から反射した光の強さを測ります。これは反射率が18％の灰色の被写体に光が当たった時を基準にしています。ISO 100、f1.0、シャッター速度1秒で標準の18％反射板が適正露出になった時、この場所の明るさは2.5luxになります。反射率が18％なので、カメラが受け取る光の実際の照度は0.45luxとなります。

13-1-4 Arduinoに接続

ここで光センサーの実験をしてみましょう。前に示した図13-06の測定点をArduinoのアナログ入力端子に接続し、AD変換を行い、10ビットの数値の形で読み込みます（図13-07）。

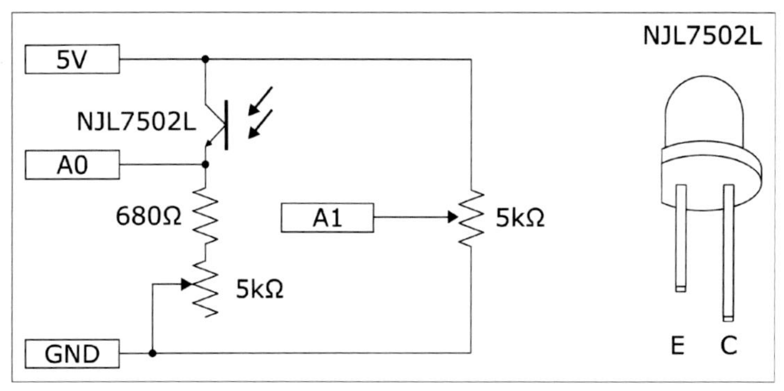

図13-07　フォトトランジスタの実験回路

固定抵抗は680Ωの抵抗に5kΩの可変抵抗を直列に接続し、測定範囲を調整できるようにしています。可変抵抗は回し切ると0Ωになるため、固定抵抗がないとフォトトランジスタに過大な電流が流れてしまいます。固定抵抗を入れることで、可変抵抗が0Ωでもその固定抵抗で制限された電流に留まります。この時、フォトトランジスタには最大の電流が流れるので、この状態が測定上限が一番高くなります。可変抵抗を回して抵抗を大きくすることで、測定上限が低くなります。

また、もう1つ可変抵抗を別のアナログ入力端子に接続します。これはスケッチ内でオン／オフ判定を行うための基準値の設定に使用します。

フォトトランジスタに限らず、光センサーを使う場合は、センサーに当たる光の強弱だけではなく、光の色、周辺の明るさ、まわりの部材の色や反射率なども測定値に影響します。ブレッドボードの上ではうまく動いたのに、実際に組み込んだら数値がおかしくなることもめずらしくありません。実験は、実際に使う時と同じ条件にしないとうまくいきません。

13-1-5　電流変化の読み取り

光センサーで得られた情報の処理には、2つのパターンが考えられます。1つは光の強さを連続値として取得するもの、もう1つは適当な基準値（閾値）に基づいて、光が当たっているか当たっていないかを判断するというものです。

マイコン処理の場合、前者の処理はAD変換により数値化して読み込むことで実現できます。後者の基準値に基づいた比較をハードウェアだけで実現するのは、比較回路や基準値の設定のための部品が必要になり、ちょっと面倒です。しかしマイコンで連続値として読み取ってしまえば、プログラム側で基準値と比べることができます。したがってマイコンで処理する場合は、最終的な処理の形に関係なく、センサーの状態をAD変換して数値で読み取れば済みます。

前に説明したように、センサーが自分の望む領域（明るさの範囲）でうまく値が変動するように調整できたら、つまり電圧値を0Vから電源電圧近くまで変えられるような抵抗値や設置方法を決定できたら、その電圧値をマイコンのアナログポートで読み込んで処理できます。

ある基準値に対してそれより明るい、暗いという判断は、単純な数値比較で行えますが、実際にはもう少し考える必要があります。測定した明るさが、ちょうど境界近辺だった場合です。

一定の明るさに見えても、さまざまなノイズや外乱により、数値化すると多少の変動があります。判定の基準値がこの変動範囲にはいってしまうと、頻繁に判定結果が変わってしまいます。人間から見て状態が変わっていないのに、このような頻繁な切り替わりが起こるのは問題です。そこで、第3章で説明したシュミットトリガ入力をソフトウェアで実現します。オンからオフに変化する境界値と、オフからオンに変化する境界値を変えることで、ある値を超えてオフからオンになった後、同じ値を下回ってもオフに戻らなくなり、値のふらつきによる頻繁な切り替えを回避できます。

ここでは基準値を外付けの可変抵抗からAD変換で読み取った値とし、実際にオフからオンになるのはこの基準値より50だけ大きな値、オンからオフになるのは50だけ小さい値としています。そのため、基準値付近で数十の値の変化があっても、オン／オフは変化しません。

このスケッチは、フォトトランジスタによる明るさの情報をA0ポートで、基準値指定用の可変抵抗の値をA1ポートで読み込み、それらの値をシリアルポートから出力します。IDE側でシリアルモニタを表示すれば、明るさの変化に伴う数値の変化を見ることができます（図13-08）。そして境界値より大きいか小さいかを、前述のシュミットトリガ処理を施して判定し、明暗のオン／オフ状態を基板上のLEDの点滅で示します。

＜リスト＞フォトトランジスタの実験

```
int hysteresis;
int lightSw;

// 初期化
void setup() {
```

```
  // シリアルポートの初期化
  Serial.begin(9600);
  Serial.println("PhotoTr..");

  // LEDの設定
  pinMode(LED_BUILTIN, OUTPUT);
  digitalWrite(LED_BUILTIN, LOW);

  // オン／オフ判定のヒステリシスパラメータ
  hysteresis = 50;

  // 明るさによるオン／オフ判定
  lightSw = 0;  // オフに設定
}

// 実行ループ
void loop() {
  int phTr;
  int threshold;

  // フォトトランジスタの値
  phTr = analogRead(0);
  // 可変抵抗の値
  threshold = analogRead(1);

  // 値を表示
  Serial.print(threshold);
  Serial.print("/");
  Serial.println(phTr);

  // オン／オフ判定
  if (lightSw == 0) {  // オフからオンへ
    if (phTr >= (threshold + hysteresis)) {
      lightSw = 1;
      digitalWrite(LED_BUILTIN, HIGH);
    }
  } else {  // オンからオフへ
    if (phTr <= (threshold - hysteresis)) {
      lightSw = 0;
      digitalWrite(LED_BUILTIN, LOW);
    }
  }
```

```
}
```

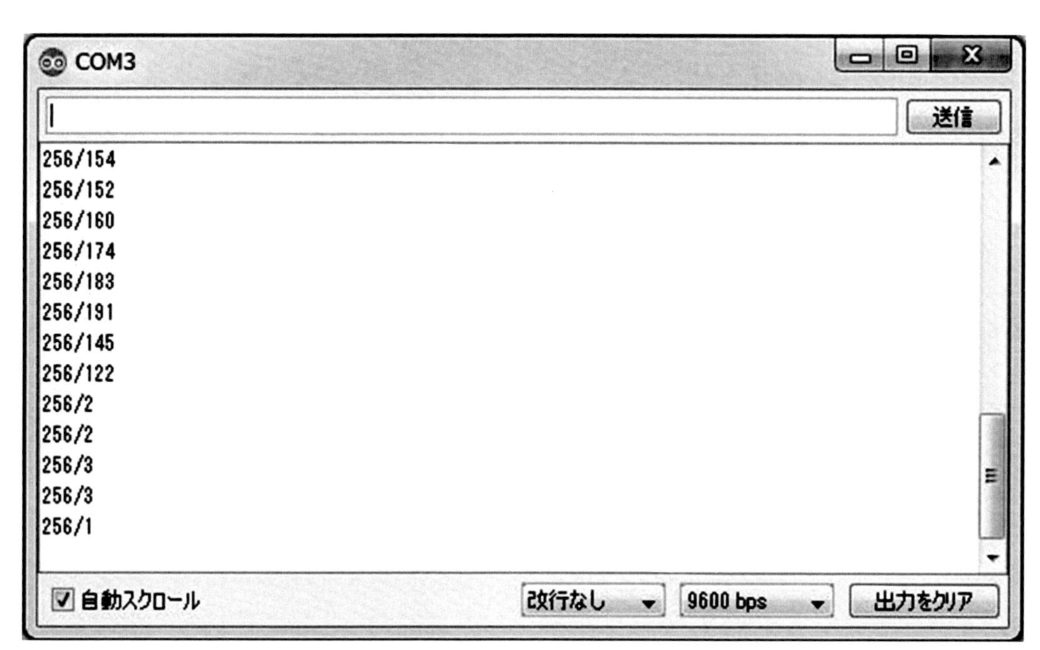

図13-08　フォトトランジスタのアナログデータの読み込み

<コラム>点滅光源に注意

フォトトランジスタの応答は高速なので、人間にはわからない光源の点滅にも正しく反応してしまいます。例えば蛍光灯は人間にはわからない速度で点滅していますが、フォトトランジスタはその点滅による明暗を認識します。そのためこのような照明の下で明るさを測定すると、値の振れが大きくなります。照明の条件を変えられない場合は、点滅より十分長い時間にわたり、何十回も数値を読み取り、値を平均するなどの工夫が必要です。

また後述する赤外線LEDとフォトトランジスタを組み合わせたセンサーなどを使う場合、光源のLEDの明るさ調整をPWMで行うことはできません。PWMによる点滅をフォトトランジスタが認識してしまうためです。

13-2　LEDと組みになった「センサーモジュール」って何？

光センサーには、受光部だけの単独の部品とは別に、発光部とセットになった部品もあります。光源となるLEDと受光部を組み合わせることで、いろいろなセンサーモジュールとすることができます。

一般にこれらのセンサーは、光源として赤外線LEDを使っているため、露出している部分を見ても光っているかどうかはわかりません。また物体の検出を行う場合、光の透過率や反射率を赤外線の波長で考える必要があります。可視光で不透明に見えても赤外線を透過する、可視光は反射するが赤外線は吸収する、などの性質を持つ材料もあるので、注意が必要です。

13-2-1　フォトインタラプタ

LEDとフォトトランジスタを向かい合わせに配置すれば、間に光を通さないものがあるかどうかを判定することができます。これを一体化したセンサー部品をフォトインタラプタと言います（図13-09、図13-10）。フォトインタラプタは一般に赤外線LEDを使っています。

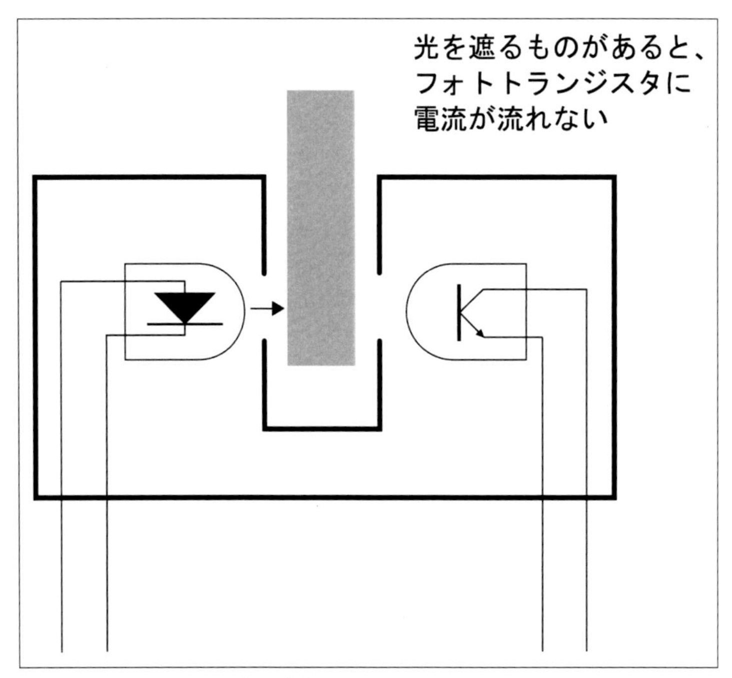

図13-09　フォトインタラプタの構造

図13-10　フォトインタラプタ

フォトインタラプタは、機械の部品の動作検出に使われます。移動する部分について、固定側にフォトインタラプタを設置し、移動側に遮光板を取り付けます。これにより、移動によってフォトインタラプタの光を遮ることになり、移動物がある位置に到達したことを検出できます。あるいは穴のあいた回転板と組み合わせれば、回転速度や回転角度を検出することができます。

フォトインタラプタの受光部は細いスリットになっており、位置の検出精度を高めています。またスリットの奥に受光部を置くことで、外部の光の影響を受けにくくしています。

13-2-2　反射型フォトセンサー

LEDとフォトトランジスタを並べて配置すれば、光を反射するものが前にあるかどうかを調べられます。前に光を反射するものがあれば、反射光の量に応じてフォトトランジスタに電流が流れます（図13-11、図13-12）。

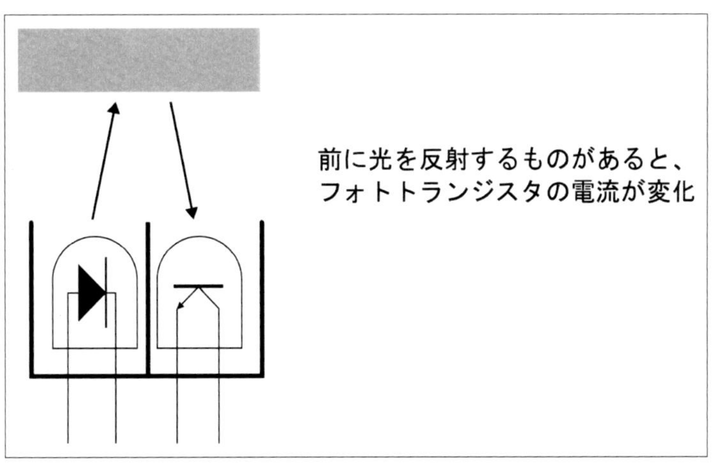

図13-11　反射型フォトセンサーの構造

図13-12　反射型フォトセンサー

反射型フォトセンサーは、フォトインタラプタと同じように物体検出に使えますが、フォトインタラプタのような対象物の大きさや位置の制限がありません。しかし使いこなしは多少難しくなります。受光部に当たる光の量は、対象物の距離、反射率などの影響を受け、さらにセンサーが置かれた場所の明るさも考えなければならないからです。

一定の明るさの中で、特定のものが特定の場所にあることを検出するのであれば難しくありませんが、いろいろ条件が変わる場合は、検出条件を工夫しなければなりません。例えば一定の値を超えたら検出といった単純な条件ではなく、過去の平均値より大きくなったら検出、急激に変化したら検出といった処理を行わなければならないかもしれません。照明条件が大きく変化する場合は、光源側のLEDの明るさを変えるといった対応も必要でしょう。

13-2-3　フォトカプラ

LEDと光センサーの組み合わせ利用の1つに、フォトカプラという部品があります。これはLEDとフォトトランジスタが密閉空間内で向き合っている部品です。LEDに電流を流すと、その光でフォトトランジスタに電流が流れます。センサーのように、周辺の状態によって何かが変化するといったことはありません。したがってこれはセンサーではなく、単に信号を中継するデバイスです（図13-13）。

フォトカプラの特徴は、LED側とフォトトランジスタ側が電気的に接続されていないという点です。つまり電気的に絶縁された状態で相手に電気信号を送れるのです。

例えば建物の間など、長い配線を介して信号を送る場合、送信側と受信側の間に電位差がある場合があります。あるいは回路の構成上、送信側と受信側の基準電位が変わってくることがあります。このような電位差は、電子回路に悪影響を与えます。0Vから5Vの範囲で電圧が変化することを想定している回路に、何十ボルトという電圧がかかったら、たぶん壊れてしまうでしょう。フォトカプラを間に入れれば、送信側機器と受信側機器の間に電位差があっても、

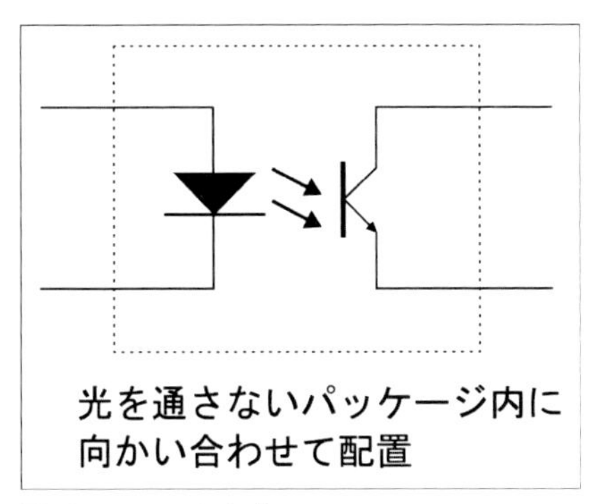

図13-13　フォトカプラ

その電圧は機器の回路に加わらないので、正常に動作できます。

このような特性から、フォトカプラは電源の分離にも使えます。例えばロジック回路で組まれた制御回路と、非常にノイズが多い負荷回路を接続する場合、これらの電源や信号線をつないでしまうと、ノイズが制御回路側にも回り込み、誤動作するかもしれません。フォトカプラを介して信号を送れば、信号線だけでなく電源、グラウンドの配線も切り離すことができ、配線からのノイズ混入の可能性を低くできます。

14

第14章　【実践編】パワートランジスタの威力を知る——モーターを制御するワザ

第12章では小電力トランジスタを使って、マイコンの出力ポートでは駆動できない電流量の高輝度LEDのスイッチングをやってみました。本章では駆動電流をさらに増やし、小型の模型用モーターを動かしてみます。

14-1　より大きな電流を制御するには

前に説明したトランジスタによる数十ミリアンペアから100mA程度の電流のスイッチングは、高輝度LEDを点灯させることはできますが、モーターを動かせるほどの電流ではありません。またモーターは消費電流が大きいだけでなく、いくつかの動作上の特性があります。

まずはモーターのおおよその性質を簡単にまとめておきます。

●電圧を上げるほど、回転数が高まる

直流モーターの回転数は、おもに電圧で決まります。電圧が高いほど、回転数も高くなります。

●負荷が大きくなると回転数が低下し、電流が増える

モーターで駆動する負荷が大きくなると、回転数が低下し、電流が増えます。過負荷で停止してしまうと大電流が流れ、この状態が続くとモーターや駆動回路が破損します。

●起動時に大電流が流れる

回転数が低いと電流が増えるという特性から、停止状態のモーターには大きな電流が流れます。そのため起動時には大きな電流が流れます。

●電源断の時に逆起電力が発生する

モーターの内部はコイルなので、電源を切ると、それまでと同じ向きに電流を流し続けようとする効果（逆起電力）があります。

マイコンに接続するモーターとしては、スマートフォンの振動機能などに使われる超小型のもの、模型やおもちゃ用の小型のもの、ラジコン模型用の高出力なもの、各種機械装置の制御用のものなど、さまざまなサイズ、出力のものがあります。ほかにも家電製品や機械類に使われる大出力のものもあります。高電圧／大電流の制御は初心者が扱うには危険なので、ここでは模型工作によく使われる130クラスのモーターを動かしてみます。130クラスのモーターにはさまざまな製品があり、動作電圧は1.5Vから6V程度、数百ミリアンペアから最大で数アンペアの電流を消費するものがあります（図14-01）。

図14-01　各種の130モーター（左はFA-130RA、右はミニ４駆用モーター）

130タイプの中でもっとも標準的なものであるマブチモーターのFA-130RAの仕様は以下の通りです。適正電圧は、このモーターがもっとも効率的に利用できる電圧で、各パラメータはこの電圧の時のものです。

使用電圧	1.5Vから3.0V
適正電圧	1.5V
適正負荷	0.39mN・m
無負荷回転数	8,600RPM
適正負荷回転数	6,500RPM
消費電流	0.5A

14-1-1　パワートランジスタ

前の章で取り上げたトランジスタ2SC1815は、最大コレクタ電流が150mAなので、数百ミリアンペア以上流さなければならない用途には能力不足です。もしモーターを接続したら、あっという間にトランジスタが壊れてしまいます。

モーターなどを制御するためには、より大きなコレクタ電流を流せる大型のトランジスタを使います。大電流を制御できるトランジスタをパワートランジスタと言います。

パワートランジスタの中にも、1A程度のものから数百アンペアも流せるようなものまで、いろいろあります。マイコンによるモーター制御用なら、3Aから5A程度のバイポーラトランジスタが現実的なところでしょう。これ以上の電流を制御する場合は、バイポーラトランジスタよりもパワーMOS FETのほうが便利に使えます。もちろん、もっと小電流でもパワーMOS FETでよいのですが、本書ではFETについて詳しく説明していないので、ここではバイポーラパワートランジスタを使います。

パワートランジスタには大きなコレクタ電流が流れます。第6章で説明したようにトランジスタ内部では、コレクタ電流とコレクターエミッタ間電圧をかけただけの電力消費があり、パワートランジスタでは特にこれが大きくなるので発熱が多くなります。そのためトランジスタで消費される電力によっては、トランジスタに放熱器を装着して熱を放散する必要があります。

飽和領域を使うスイッチング動作にすることで、コレクターエミッタ間電圧が小さくなるので、非飽和動作よりは発熱が抑えられますが、それでもかなりの発熱があります。放熱が不十分だとトランジスタが過熱し、最終的には破壊に至ります（図14-02）。

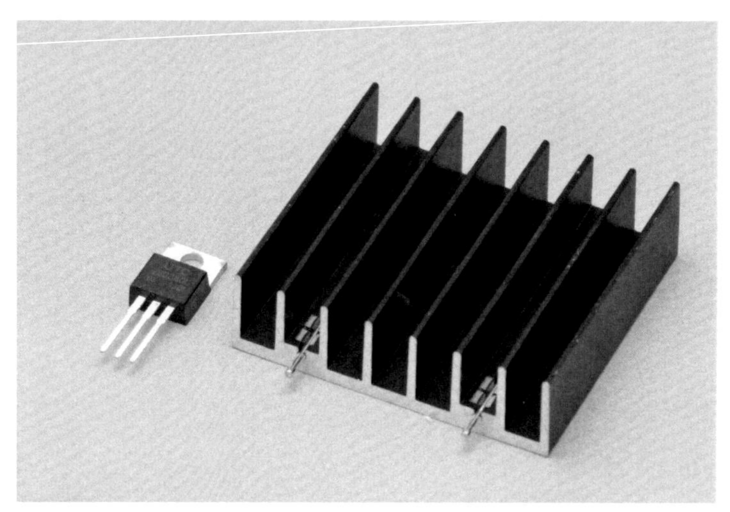

図14-02　パワートランジスタと放熱器（左はパワートランジスタ、右は放熱器）

14-1-2　ダーリントン接続

パワートランジスタで大きなコレクタ電流を流すためには、十分なベース電流を流す必要があります。一般に最大コレクタ電流が大きいトランジスタほど、電流増幅率h_{FE}は小さくなるので、ベース電流はそれなりの大きさになります。例えば2SD880というトランジスタは、最大コレクタ電流が3Aで、h_{FE}の標準値はICが0.5Aの時で100から200ですが、特性図を見ると、コレクタ電流を1A流して飽和状態にするには30mA以上、ICが1.5Aなら50mA以上のベース電流が必要になります（h_{FE}は約30）。少なくともこれは、マイコンの出力ポートでまかなえる電流量ではありません。

そこでこの大きなベース電流を供給するために、小型のトランジスタを使います。図14-03のように2個のトランジスタを接続し、左側の小型のトランジスタTR1で、右側のパワートランジスタTR2にベース電流I_B2を供給します。つまりTR1のコレクタ電流がTR2のベース電流となります。

このような2段階のトランジスタ回路をダーリントン接続と言います。

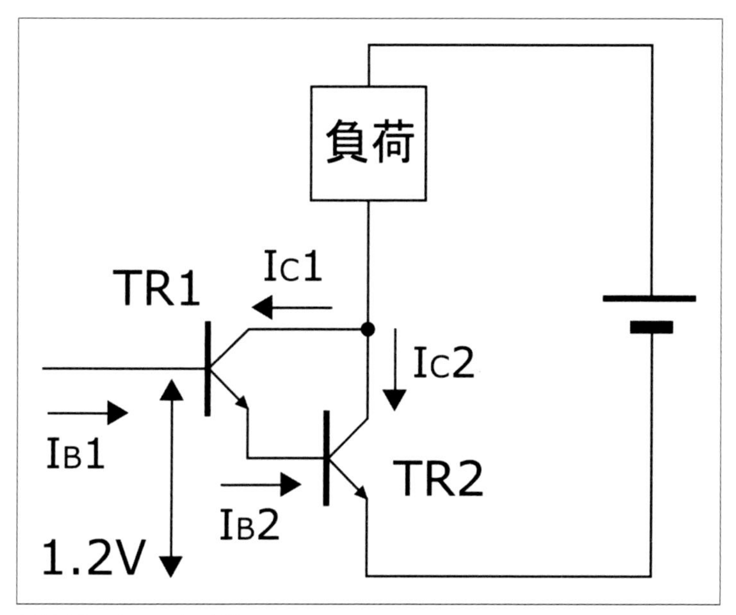

図14-03　ダーリントン接続

ダーリントン接続では、ベース電位が高くなります。TR2のベース－エミッタ間電圧が0.6Vで、そこにTR1のエミッタが接続されるので、TR1のベース電位はさらに0.6V高くなり、1.2Vとなります。またコレクタの電圧も、TR2のものに加えてTR1のコレクタ電圧の影響があるので、1段の回路より少し高くなります。

初段のTR1のベースに電流I_B1を流すと、電源から負荷を通った電流I_C1がTR1のコレクタへ流入し、ベース電流とともにTR1のエミッタから流出します。この電流は、出力段のTR2のベースに流入し、エミッタからグラウンドに流れます。したがってTR2のベースには、TR1のベース電流I_B1のh_{FE}（TR1)倍の電流が流れることになります。そしてTR2のコレクタ電流I_C2は、TR2のベース電流のh_{FE}倍になります。

つまりダーリントン接続回路では、トランジスタ2個でそれぞれのh_{FE}を掛け合わせた電流増幅率が得られます。例えばTR1のh_{FE}が100、TR2が30だとすれば、この2段の回路のh_{FE}は3,000ということになります。飽和領域での使用はh_{FE}が低下しますが、それでも掛け合わせることで十分大きな値になるので、デジタル回路のわずかな電流で大きな電流の制御ができます。

ダーリントン接続は、2つのトランジスタのh_{FE}を掛け合わせた合成h_{FE}がとても大きいので、TR1のわずかなベース電流で大電流を制御できるのですが、逆に言うと、ベース電流が少しでも変化すると出力電流が大きく変化するということでもあります。

例えばベースに接続する回路が不安定で、ノイズが乗りやすいような回路だと、そのノイズで出力回路が誤動作してしまうかもしれません。そのため前に説明したように、入力が不安定な時にベース電流を確実に遮断できるような回路構成にします。特に接続されたマイコンのI/Oポートが、初期化前で入力モードになっている時は、ベースが電源側にもグラウンド側にも接続されないことになり、ノイズや漏れ電流の影響を受ける可能性があります。このような誤動作を防ぐために、前に説明したようにTR1のベースを抵抗を介してグラウンドに接続します。これによりベースに電流を供給する回路がない時に、ベースの電位がグラウンドレベルとなり、安定したオフ状態になります（図14-04）。

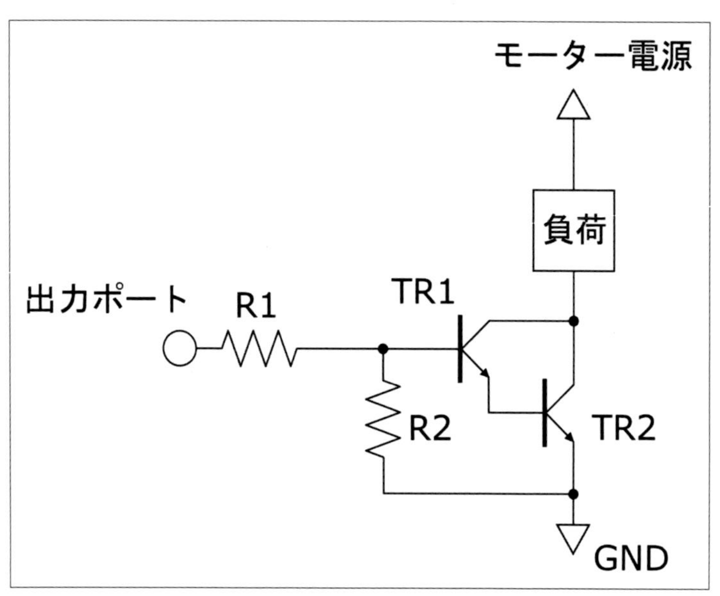

図14-04　ダーリントン接続の周辺回路

14-2　モーターを駆動してみる

大電流をスイッチングできるトランジスタ回路がだいたわかったところで、実際にモーターを駆動することを考えます。モーターを駆動する場合は、抵抗やLEDとは違う注意が必要になります。

14-2-1　ノイズ対策

ダーリントン接続のトランジスタにより、モーターが必要とする電流を得ることができます。しかしもう少し考えなければならないことがあります。その1つがノイズ対策です。

直流で動作するモーターの多くは、モーターケース側の界磁と、回転する回転子から構成されます。小型モーターは界磁は永久磁石で、回転子がコイルになっています。直流モーターを回すためには、回転に伴って回転子コイルに流す電流の極性を変えなければなりません。モーターの回転子には整流子という部品があり、ブラシ接点の断接によって回転子に供給する電流の極性を切り替えるのですが、この切り替えは非常に高速で行われ、切り替え部分で火花が飛びます。火花が発生するというのはこの部分で高電圧が発生しているということであり、これが回路側に流出するとノイズとなり、デジタル回路が誤動作したり、最悪部品が破損したりする可能性があります（図14-05）。

図14-05　直流モーターの整流子（モーターの内部に見えるのが整流子、下にあるのがブラシ）

このノイズを軽減する1つの方法は、モーターの整流子周辺にコンデンサを接続することです。モーターの端子（内部でブラシに接続されている）の間、できればモーターのケースにもコンデンサを接続します（図14-06）。

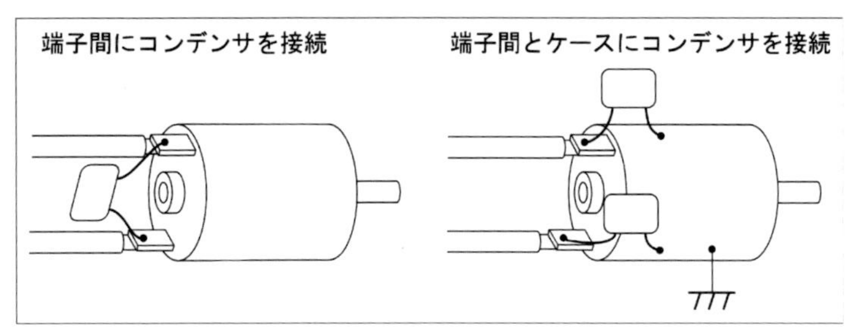

図14-06　ノイズ防止コンデンサ

整流子により発生するノイズは高周波電圧であり、コンデンサは周波数が高いほど電流を流すので、ノイズの大半はコンデンサを流れ、回路側への流出を減らすことができます（図14-07、図14-08）。

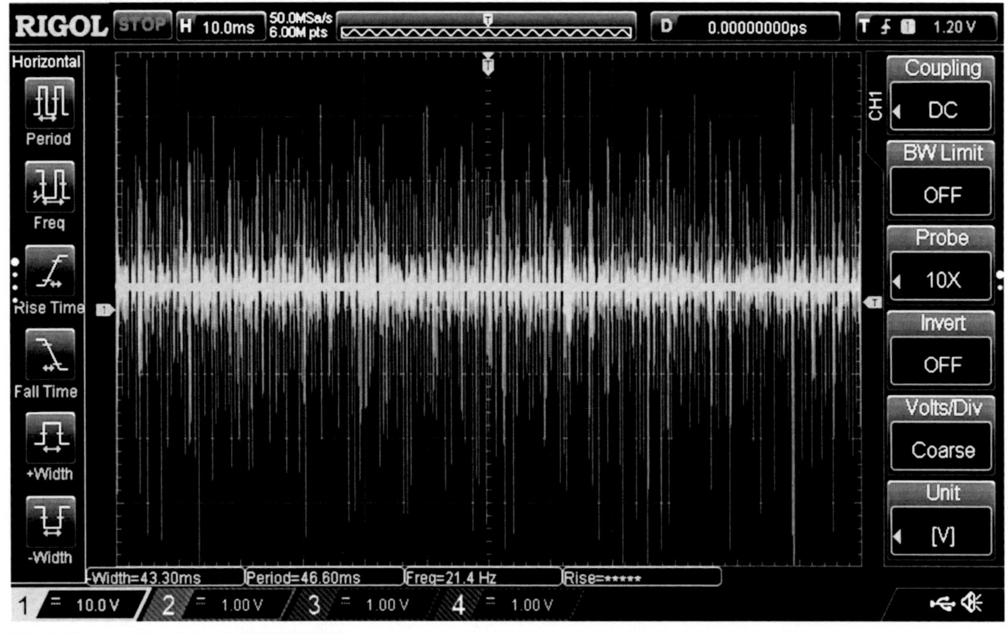

図14-07　コンデンサなしの電源電圧波形

またモーターケースも含めて接続し、それをグラウンドに接続すれば、モーター内部のノイズの放出を抑える効果があります。

電源として供給する直流は、コンデンサの中を流れないので、ほとんど影響を受けません。ただしPWM制御の場合、周波数が高くてコンデンサの容量が大きいと、多少の電流がコンデンサを流れることになります。

このような用途には、セラミックコンデンサが適しています。容量は0.1μFないし1μF、耐圧50V程度のものを使用します。

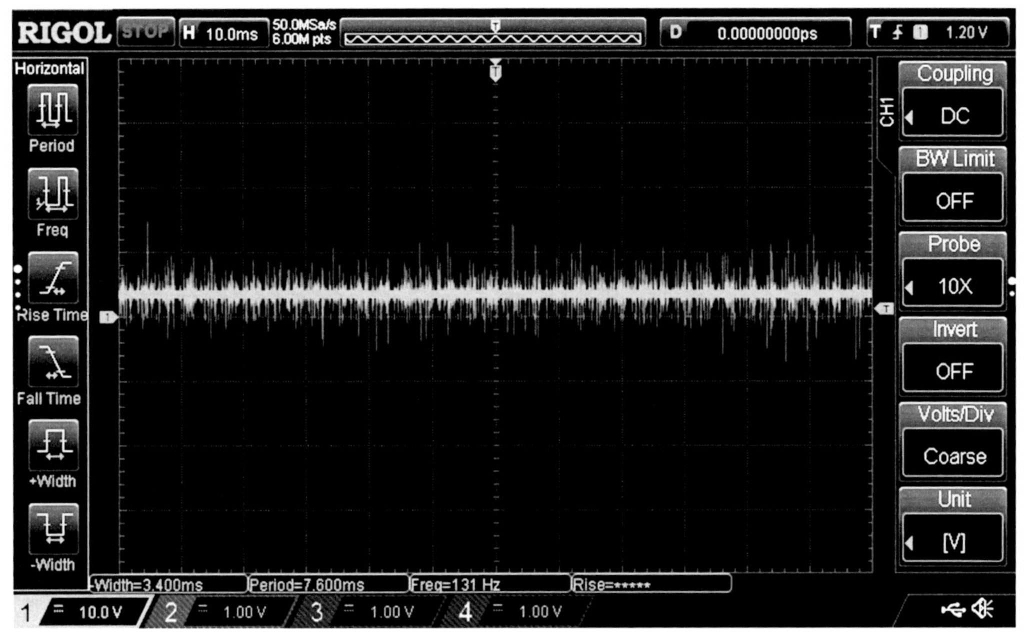

図14-08　コンデンサ（0.47 μ F）を入れた電源電圧波形

14-2-2　逆起電力

モーターの中を見るとわかりますが、モーターは電磁石の応用です。電磁石はコイルによって実現されるわけですから、モーターはコイル負荷であり、第1章で触れたように誘導効果が発生します。

モーターが誘導負荷だと、ドライバ回路でどのような影響が出るのでしょうか？　コイルは電流の変化を妨げる特性があるので、モーターに流れる電流をオフにしても、モーターのコイルによって電流が流れ続けようとします。これを逆起電力と言います。

トランジスタがオフになると電源からモーターを通り、グラウンドに向けて流れる電流が遮断されますが、モーターのコイルは電流を流し続けようとします。

ドライバ回路のトランジスタも含め、回路中で電流を流さない部分はコンデンサと同じように働きます。第1章で説明したようにコンデンサは定常的な電流は流しませんが、電荷の変化分だけの電流は流れます。コイルが流そうとする電流はコンデンサ、つまりオフになっているトランジスタに電荷をためるように働き、そして電荷がたまると両端に電圧が発生します。その結果、回路の一部にかかる電圧が一時的に高くなります。これは回路全体にとってノイズであり、誤動作の原因になったり、最悪の場合、部品が破損したりすることもあります。モーターやトランスを含む機器のスイッチを切る時に火花が飛ぶのは、これと同じことが内部で起こっているからです。

コイルのオフ時の逆起電力はこのような悪影響があるので、トランジスタを使ったモータードライバ回路は、逆起電力を吸収する仕組みを用意します。その方法の1つがフリーホイールダイオード（環流ダイオード）と呼ばれるものです。フリーホイールダイオードは、コイルと並列に、電源によって電流が流れない向きに接続します（図14-09）。

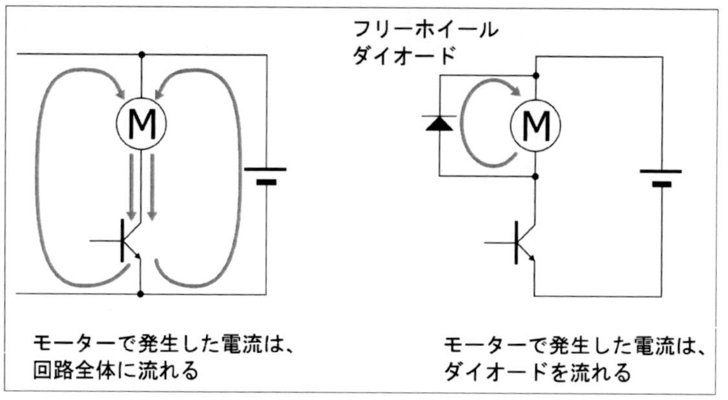

図14-09　フリーホイールダイオード

電源側がアノード、グラウンド側がカソードなので、トランジスタがオンになってもこのダイオードには電流は流れません。しかしオフになった時に電流が流れるのです。トランジスタがオフになった時、モーターは同じ向きの電流を流そうとするので、モーターのトランジスタ側から電流が流出し、電源側から流入します。つまりモーターは、トランジスタ側がプラス、電源側がマイナスの電圧源となるのです。これは並列に接続されたダイオードの順方向になるので、この電流はダイオードに流れます。モーターとダイオードで閉じた回路となるので、モーターをオフにした際に発生する電流はダイオードを流れ、モーターとダイオードで熱になり、すぐに消失します。ノイズとなる高電圧はほとんど発生せず、電源やトランジスタに与える影響を低減することができます。

このような用途に使うダイオードは、以下の点を考慮して選択します。

●最大電流

モーターで発生する電流を流すので、それに耐える最大電流でなければなりません。モーターを駆動する時に流す最大電流以上としておけば問題はありません。

●耐電圧

ダイオードには電源電圧がかかるので、耐電圧は電源電圧の倍以上にしておきます。マイコン回路なら50V以上あれば十分でしょう。

●応答性

ダイオードには、電圧がかかってから電流が流れ始めるまでのタイムラグがあります。これが長いとその間に電圧が上昇してしまうので、タイムラグが小さいダイオードを使うことが望まれます。

これらの条件を満たすものとして、応答性のよい整流用ショットキーバリアダイオードやファーストリカバリダイオードがあります。小型の模型用モーターであれば、耐圧50V以上、1Aから3A程度のもので十分でしょう。

14-2-3　出力の調整

用途によっては、モーターの回転数を調整したい場合があります。単純にトランジスタをオンにした場合、モーターには電源電圧からコレクタ電圧を引いただけの電圧がかかります。モーター出力の調整は、モーターにかける電圧や電流を変えることで実現できるので、トランジスタのベース電流を調整し、非飽和領域で使えばモーター制御を実現できます。しかしこの方法は前にも触れたようにベース電流の制御が面倒であり、さらにトランジスタの発熱が大きくなるので、あまり現実的ではありません。

第10章でLEDの明るさの調整に使ったPWMは、モーターの制御にも有効です。流す電流を細かくスイッチングすることで、実質的に電力量を調整でき、モーターの出力を変えることができます。トランジスタは飽和領域でのスイッチング動作なので、コレクタとエミッタの間の電圧は低く抑えられ、トランジスタの発熱を最低限にすることができます。

ただしPWMはモーターのスイッチングを高速で行うことになるので、前述のオフ時の対処をきちんとやっておく必要があります。

14-2-4　モーターの電源

本書で使っているArduinoのロジック回路は5Vで動作しますが、モーターの電圧はさまざまです。ここで取り上げる模型用の130モーターは多くが3V用です。ほかにも用途に応じて6V、12V、24V用など、さまざまな動作電圧のモーターがあります。

ロジック電源（5V）より高い電圧で動作するモーターを使うには、モーター用電源を別に用意する必要がありますが、5V以下のモーターなら、ロジック電源で駆動することもできます。ただしモーターは消費電流が大きいので、Arduinoの5V端子に接続して駆動することはできません。ロジック回路とモーターで電源を共用する際は、十分な容量の5V電源を用意し、それからArduinoとモーターに別々に電源を供給します（図14-10）。

定格3Vのモーターに5Vを加えると電圧が高すぎて、回転数が上がりすぎたり、寿命が短くなったりする可能性があります。本来ならば別に3V程度の電源を用意するのがよいのですが、3Vモーターを5Vで駆動する程度なら、PWMでごまかすという方法もあります。

PWMはオンの時間とオフの時間の比率を変えることで、負荷に供給する電力を調整しますが、これにより電力を60％に抑えてしまうのです。つまり5Vの電源を60％の時間だけ供給することで、実質的に3Vの電源として使うのです。ArduinoのPWMは0から255まで指定できるので、255×0.6で153を指定すれば、3V相当となります。モーター出力を調整する場合も、上限がこの値になるように処理すれば、特に問題はありません。

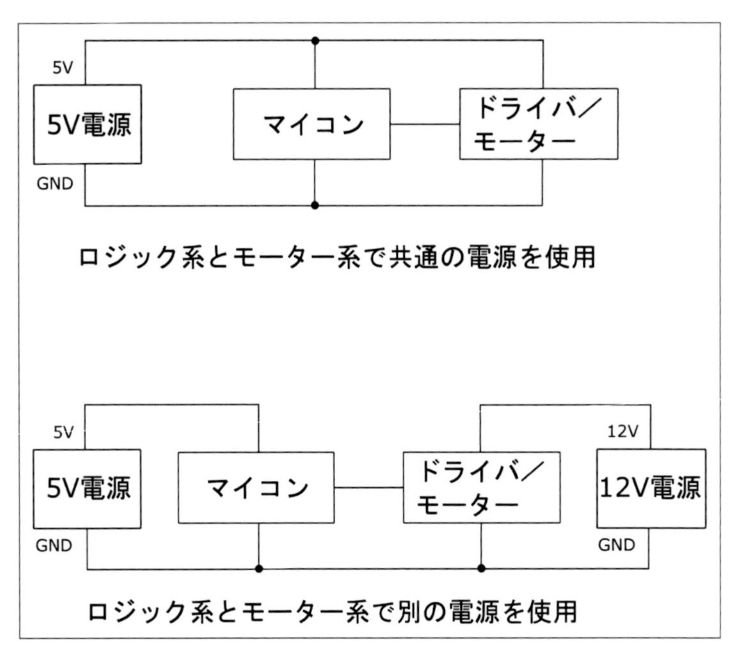

図14-10　ロジック電源とモーター電源

ただしこの方法が使えるのは低圧用モーターをちょっと高い電圧で駆動する場合だけです。電源電圧がもっと高い場合は、絶縁性能の関係でトラブルが起こる可能性が高くなります。

モーターが大出力になると消費電流も増えます。モーターに大電流が流れたり、あるいは負荷の関係で一時的に電流量が変化したりした時に、電源に十分な能力がないと電源電圧が変動することがあります。モーターとマイコン回路が共通の電源を使っている場合、この電圧変動でマイコン回路が誤動作することがあります。またモーターから発生するノイズの対策が不十分だと、それがマイコン回路の動作に悪影響を与える可能性があります。

このような時は、モーター電源とロジック電源を分けることで改善が望めます。電源を分けることで、モーター側でノイズが発生したり電圧変動が起きたりしても、ロジック側への影響を小さくすることができます。また共通電源のままでも、ロジック配線とモーター配線を分ける、配線をなるべく太く短くする、などの工夫で多少は改善できます。モーターのそばにはバイパスコンデンサ（後述「＜コラム＞バイパスコンデンサ」参照）を接続しておきます。これによりノイズを低減し、ごく短時間の電圧変動の影響を減らすことができます。

モーターをロジック側より高い電圧で駆動する場合、トランジスタを使ったスイッチング回路はNPN型を使います。つまりトランジスタがモーターとグラウンドの間にはいる形です。PNP型を使う場合、トランジスタはモーター電源とモーターの間にはいることになるので、ベースの電位がモーター電源に近いものとなります。例えばモーター電源が12Vなら、ベースの電位は11Vから12Vくらいになるため、5V電源のロジックICでは直接接続できません。このような回路構成にしたい場合は、0Vから5Vの範囲のロジック信号から、12V近辺で変化する信号に変換する回路を間に組み込む必要があります（図14-11）。

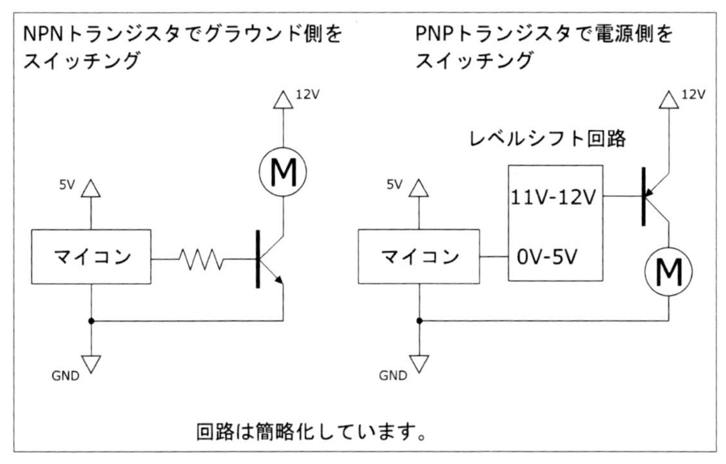

図14-11　モーター電圧が高い時のトランジスタの配線

<コラム>バイパスコンデンサ

モーターに限らず大電流を消費する回路、ノイズを発生する回路には、バイパスコンデンサを設置します。何度か触れていますがコンデンサは、急激な電圧変化に対して電流を流すことで、その変動を小さく抑える働きがあります。電圧が上昇するとコンデンサに電荷がたまる（電流がコンデンサに流れ込む）ことで電圧上昇を小さく抑え、電圧低下に対しては自身の持つ電荷を放出する（電流を流し出す）ことで一時的に電源として働き、回路の電圧低下を小さく抑えることができます。電源装置にも電圧変動に対して供給電圧を調整する機能がありますが、電源側の制御には時間がかかります。それに対してコンデンサは応答が早いので、効果が大きいのです。

このような用途のコンデンサをバイパスコンデンサ（パスコン）と言います。

容量の小さなコンデンサは高周波の電圧変動を吸収する効果があるので、電源配線に乗ったノイズによる電圧変動を吸収する効果があります。容量が大きめのものは、大電流負荷による電圧変動に対して効果的です。

ここではモーター回路用としてバイパスコンデンサを紹介していますが、実際の電子回路では、個々のICやLSIにもバイパスコンデンサを設置しています。ロジックICやLSIは動作に伴い消費電流が細かく変動します。それに伴って電源配線の電圧も変動し、これがノイズとなります。数が増えるとこれが動作不良の原因になることがあるので、小電流のICならIC数個に1個程度、LSIであれば1個に1個以上の割合で小容量（0.1 μFから0.47 μF程度）のセラミックコンデンサをバイパスコンデンサとして配置し、電源とグラウンドの間に接続します。そして基板単位、あるいは回路ブロック単位で数十マイクロファラッド程度の電解コンデンサを配置します。

14-2-5　モーターの実験

ここで実際にArduinoでFA-130RAモーターを動かしてみましょう。出力用のトランジスタは前述の2SD880、それを駆動するために2SC1815を使います。Arduinoの電源はPCからUSBで供給しますが、モーター用に別の5VのACアダプタを使います。Arduinoのアナログ入力ポートに可変抵抗を接続し、モーター出力をPWMで調整します。

出力段の2SD880のベース電流は50mAとします。これは第12章の高輝度LEDの点灯実験に使った2SC1815の出力電流とほぼ同じです。ただしダーリントン接続の場合はベース電圧が2倍になるので、その分だけベース電流が低下します。前の実験回路の出力ポート電圧などを見ると、前と同じ3.3kΩでも問題なく動作すると思われますが、ここでは2.2kΩにします。この場合、最悪の条件としてポートのH出力が4Vまで低下し、ベース電圧が1.6Vだったとしても、2.4V ÷ 2.2kΩ = 1.1mAのベース電流を流すことができます。入力がオープンの時に初段のベースをグラウンドに落とすための抵抗も2.2kΩとします。

前にノイズ対策のためのコンデンサ、逆起電力吸収用のフリーホイールダイオード、バイパスコンデンサについて説明しましたが、これらはモーターに供給する電圧／電流が大きいほど重要になってきます。逆に、小さなモーターの場合はあまり影響しないということでもあります。この例の回路では、どちらも「なし」で動作はしました。しかし安定した動作を考えるなら、きちんと用意したほうがよいでしょう。

フリーホイールダイオードは、耐圧200V、最大電流1Aのファーストリカバリダイオードを使用しています。モーターには端子間に0.47μFのセラミックコンデンサを接続しています。今回、ロジック電源とモーター電源は別になっているので、モーター電源側にバイパスコンデンサは入れていません。しかしモーターとロジックで同じ電源を使うのなら、入れたほうがよいでしょう（図14-12）。

図中の各部の電圧値は、トランジスタがオンになっている時のものです。モーター電源電圧は5.3V、無負荷で約0.1Aの電流が流れている時の値です。

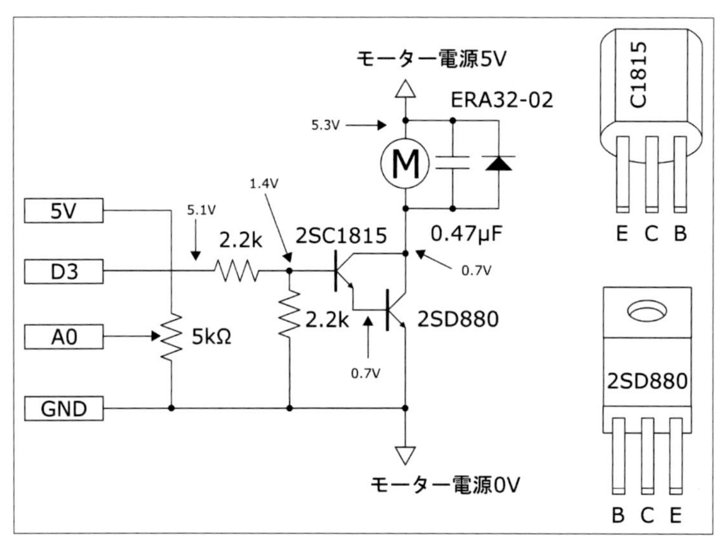

図14-12　モーターの実験回路

モーターの定格電圧は3Vで、これを5V電源で駆動します。今回はモーター電源がロジック電源と別なので、単三電池2本で3V電源としてもかまいません。5Vで駆動する場合は、前に触れたようにPWMで出力を60％まで絞ります。

プログラムは、A0ポートに接続された可変抵抗の値を0から1023の範囲で読み込み、その値を0からPWM上限値の255の60％である153までの範囲に変換します。その値をanalogWrite関数でポート3にPWM出力します。これで可変抵抗の回転角度に応じて、PWM出力が0から

153になります。プログラムが起動すると、可変抵抗を回してモーターの速度を調整することができます。

<リスト>モーターの実験プログラム

```
// 初期化
void setup() {
  // シリアルポートの初期化
  Serial.begin(9600);

  // モーター出力を0にする
  analogWrite(3, 0);
}

// 実行ループ
void loop() {
  long vr;
  long speed;

  // 可変抵抗の値を0-153の値に変換
  vr = analogRead(0);
  speed = vr * 153 / 1023;

  // 値を表示
  Serial.print(vr);        // AD変換された値
  Serial.print(" / ");
  Serial.println(speed); // PWM出力の値

  // モーター出力
  analogWrite(3, speed);
}
```

<コラム>実験に際しての注意

モーターの実験のように、PCから給電する電源とは別に外部電源を使用する場合は、配線間違いに特に注意が必要です。配線が誤っていると部品に異常な電流が流れ、単に動作しないだけでなく、破損する可能性があります。実験に使っているトランジスタが飛ぶ程度なら大きな被害ではありませんが、ArduinoのMCUのI/Oピンが破損すると、スケッチは正しいのに正常に動作せず、頭を悩ますことになります。もちろんこうなったらMCUチップの交換、場合によってはArduino基板自体が使えなくなります。

さらにまずいのが、PCのUSBインターフェイスの破損です。5V電源ならそんなにひどいことにはならないでしょうが、12Vなど、より高圧の電源を使っていて、それが何らかの理由でUSB系統に回り込んでしまうと、PC側の故障に至る可能性があります。

PCに直結せず、USBハブを介して接続すれば、万が一問題が起きてもハブの破損で済むかもしれません。ただしハブを使う場合は、電源供給能力に注意してください。

また恒久的な故障には至らなくても、電源投入時のノイズなどによって、USBポートが一時的に応答しなくなるといった障害が起こることがあります。このような場合は、システムの再起動（電源の再投入）で復活します。

安全性を求めるなら、スケッチの転送まではUSB接続で行い、モーター回路との接続はPCと切り離して行い、Arduinoも外部電源で動作させます。ただしこのやり方では、シリアルモニタは使えなくなります。

14-2-6 モーターの回転方向を逆転させる

用途によっては、モーターの回転方向を切り替えたい場合があります。例えばモーターで車両を動かしたり、ロープを巻き取ったりするなら、動きの方向を変えるためにモーターを逆転する必要があります。ここで取り上げている直流モーターは、モーターに流す電流の向きを逆にすることで、つまりモーターの配線のプラスとマイナスを入れ替えることで、回転方向を逆向きにすることができます。

極性の反転は、次のようなスイッチ回路で実現できます。トランスファータイプの接点（常時開と常時閉の組み合わせ）が2組あればいいのです。これをスイッチではなくリレー（電磁石で動作するスイッチ）にしてしまえば、リレーの駆動回路を用意することでモーターの逆転が可能です。リレーの駆動回路は、リレーのコイルの消費電流次第ですが、小型のものであればコレクタ電流が500mAクラスのもの、比較的大きなものなら130クラスの小型モーターの駆動回路と同じで大丈夫です。リレーは誘導負荷なので、フリーホイールダイオードが必要です(図14-13)。

せっかくなので、リレーのような機械式接点を使わない方法も考えてみましょう。リレーのトランスファータイプの接点は、単純なスイッチ2個の組み合わせに置き換えることができます。そしてスイッチをトランジスタによるスイッチング回路にします。つまり電源とグラウンドの間に2個のトランジスタを直列に置き、その中間を出力にします。グラウンド側はNPN型トランジスタ、電源側はPNP型トランジスタを使います。

これは第6章で説明したトーテムポール出力回路で、2個のトランジスタにより電源からの流出、グラウンドへの流入を選べる回路です。これが2組あって、それぞれの出力がモーターにつながっています。

このような回路を、配線の形からHブリッジと言います（図14-14)。

4個のトランジスタのうちの上側の1個と下側の1個をオンにすることで、モーターに電流を流すことができます。またオンにするトランジスタの組み合わせを変えれば、モーターに逆向きの電流を流し、逆回転させることができます。つまり各トランジスタを制御する4本のデジタル信号で、モーターの停止、正回転、逆回転を制御できます。

注意しなければならないのは、同じ列の2つのトランジスタ（TR1とTR2、あるいはTR3とTR4）が同時にオンになると、電源からグラウンドに電流がショートすることです。これを貫通電流と言い、トランジスタが過電流で破損するため、避けなければなりません。

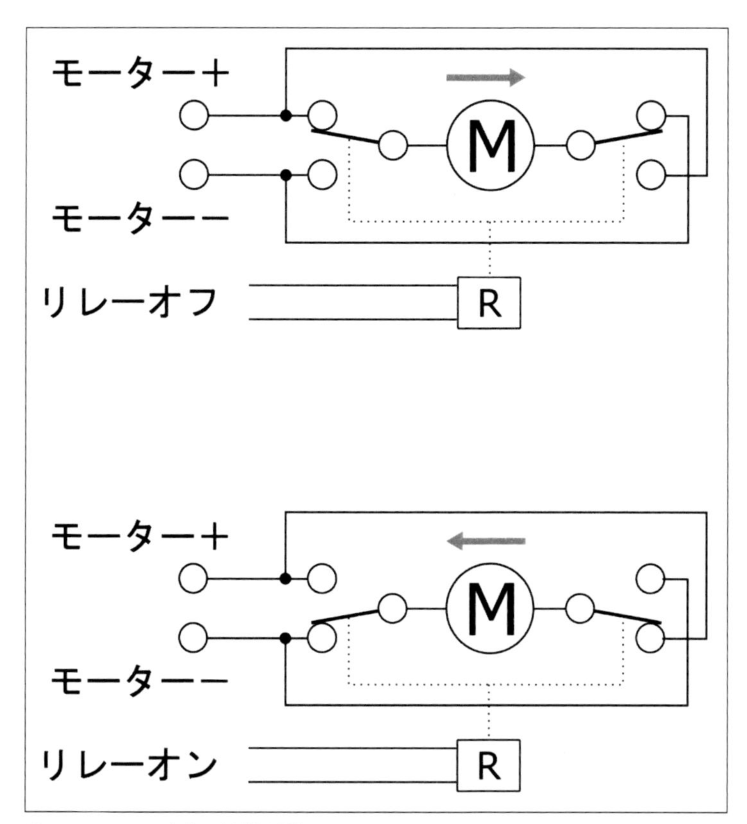

図14-13　リレーを使った逆転回路

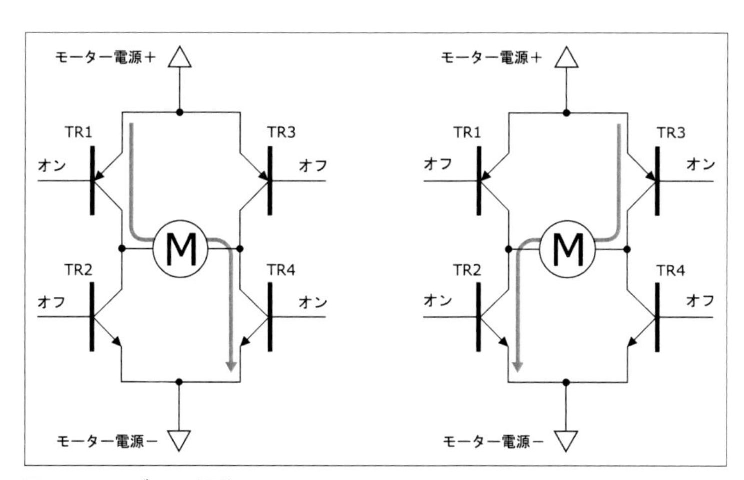

図14-14　Hブリッジ回路

前に説明した逆転できないモータードライバ回路は、トランジスタがオフになった時の逆起電力を吸収するためのフリーホイールダイオードを、モーターと並列に接続していましたが、このHブリッジ回路ではどうすればいいのでしょうか？　モーターには双方向に電流が流れるので、モーターと並列にダイオードを入れることはできません。もしそのような接続をしたら、ダイオードの順方向に電圧がかかった時に、モーターではなくダイオードに電流が流れてしまいます。

Hブリッジの場合は、モーターではなく4組のトランジスタに並列にダイオードを入れるという方法があります（図14-15）。この回路でトランジスタをオフにすると、モーターで発生した逆起電力のプラス側からの電流は、回路の上側のPNP型トランジスタと並列に接続されたダイオードを通って電源のプラス側に流れ、そして逆起電力のマイナス側は、下側のNPN型トランジスタと並列に置かれたダイオードを介して電源のマイナス側から電流を吸い込みます。

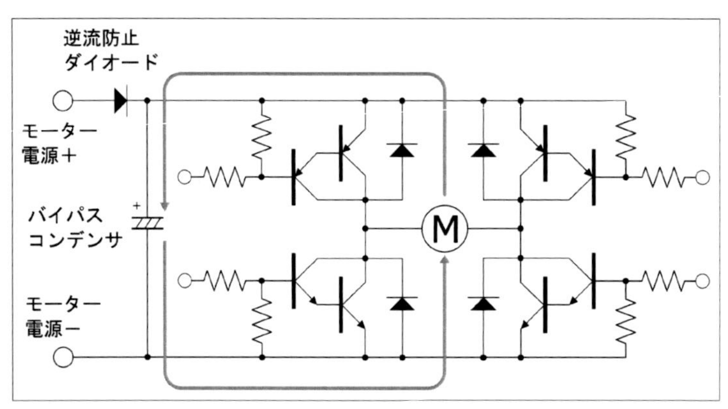

図14-15　実際のHブリッジ回路

ダイオードをこのように置くことで、トランジスタに異常な電圧がかかることは防げますが、別の問題があります。この構成では、モーターは電源配線に電力を供給することになります。これは電源ラインの電圧を上げたり、ノイズとしてほかの回路に影響を与えたりしてしまう可能性があります。

この問題を改善するために、Hブリッジのすぐそばに大きめのバイパスコンデンサを配置します。14-2-4項の「＜コラム＞バイパスコンデンサ」で触れたように、コンデンサには急激な電圧変動を吸収する効果があります。電圧が上昇すると、コンデンサに充電する形で電流が流れ、それにより電圧変動を小さく抑えられます。つまりモーターによる逆起電力はフリーホイールダイオードを通り、コンデンサを経由して循環することになります。これにより同じ電源につながっているほかの回路への影響を低減することができます。

また電源配線の電圧が上昇し、それが電源ユニットに逆流すると、電源ユニットが異常と判定して動作を停止したり、障害が発生したりする場合があります。そのため大電流を供給するモーター電源には、逆流防止用ダイオードが必要になる場合があります（図14-15参照）。

14-3 いろいろなドライバデバイス

第12章と本章で、トランジスタを使って、マイコンで直接駆動できない負荷を駆動する方法を示しました。しかしトランジスタを使うのはそれなりに面倒です。状況によっては、トランジスタや抵抗で回路を組むことなく、もっと簡単に済ますことも可能です。

第12章ではトランジスタアレイやバッファICを紹介しましたが、ここでは最初からダーリントン構成になっているトランジスタとモータードライバICを紹介します。

14-3-1 ダーリントントランジスタ

本章では2個のトランジスタでダーリントン接続を実現しましたが、最初から1つのパッケージにまとめられたダーリントントランジスタもあります。これを使えば、パワートランジスタ1個分の場所と配線で、ダーリントン回路を構成することができます。製品によってはいくつかの抵抗やフリーホイールダイオードが内蔵されているものもあり、外付け部品を減らすことができます。図14-16は最大コレクタ電流7Aのダーリントントランジスタで、フリーホイールダイオードと抵抗が内蔵されています。この抵抗は、入力がない時にベースをグラウンドに落とすだけでなく、各トランジスタのベースとエミッタを接続することで、トランジスタがオフになる際の応答性を高める働きがあります。ベース電流を調整するためのベース抵抗は内蔵されていません。

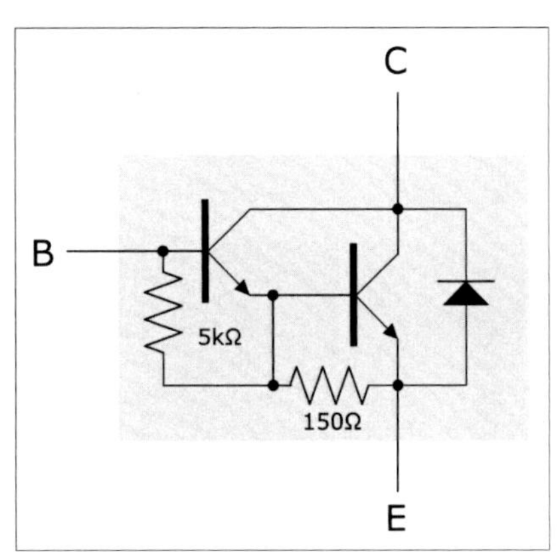

図14-16 ダーリントントランジスタの例(2SD1415)

14-3-2 モータードライバIC

マイコンやデジタル回路でモーターを制御するニーズは多いので、モータードライバICと呼ばれる専用ICが各種用意されています。DCモーター用のモータードライバICはおおよそ以下のような構成になっており、適当な電源と数本の制御用配線、バイパスコンデンサ、出力端子をつなぐだけでモーター制御回路が完成します（図14-17、図14-18）。

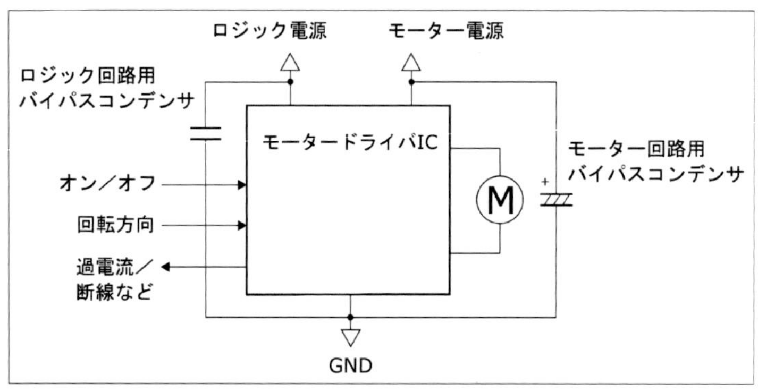

図14-17　モータードライバICの構成例

図14-18　モータードライバIC（東芝TA8428K）

●制御回路

デジタル信号によりモーターの正回転、逆回転、オフ、ブレーキの切り替えを行えます。ブレーキはモーター端子を両方グラウンドに落としたモードで、モーターの回転が重くなります。

●Hブリッジ回路

4個のパワートランジスタでHブリッジを構成し、モーターの逆転に対応しています。逆起電力に対する保護素子（フリーホイールダイオード）も内蔵しています。

●保護回路

過電流でICが破損したりしないように、一定電流以上で出力回路を遮断する機能を備えています。またこの状態を外部に通知する端子を備えた製品もあります。

モータードライバICには、ロジック電源とモーター電源を別々に供給します。これにより5Vのロジック回路で12Vのモーターを駆動するといった動作も可能です。モーター電源側には、適当なサイズのコンデンサをバイパスコンデンサとして接続します。これは電源の安定化、モーターによる逆起電力やノイズのバイパス回路として働きます。モーターはモーター出力端子に接続します。制御端子は、マイコンや一般的なロジックICのH/Lと互換性があるので、必要な端子につなぐだけで済みます。

モータードライバICにはバイポーラトランジスタタイプとMOS FETタイプがあります。いずれも、方式や出力相応の発熱があるので、ある程度以上の出力のものは、放熱器の取り付けが必要になります。

15

第15章　【実践編】マイコン制御プログラムにはこんな要素がある

◉

コンピュータのプログラムにはさまざまな形態があります。GUIを備え、ユーザーの操作でいろいろな処理を行うアプリケーション、キーボード操作のCUIで使うアプリケーション、途中でユーザーが介入しないバッチ処理のプログラム、バックグラウンドで動くサービスやデーモンと呼ばれるプログラムなどなど。マイコン制御のためのプログラムはどのよう作るのでしょうか？　ここまでいくつかのサンプルプログラムを示してきましたが、数十行のプログラムと何千行、何万行ものプログラムは同じように作れるのでしょうか？　もちろん、そのプログラムが何を行うのかで変わってきますが、大元になるいくつかの基本要素はあります。本章ではマイコンプログラムで使われる要素について簡単に説明します。また多くのマイコン制御プログラムで使われる割り込みとタイマ機能について紹介します。Arduinoを使う場合、タイマ機能は関数の形で提供されており、割り込みについても限定的に利用できます。

15-1 ライブラリを利用しよう

PCなどのオペレーティングシステム（OS）を備えたコンピュータは、多くのプログラムが必要とする基本要素を、オペレーティングシステムおよび関連する機能やファイルが提供します。OSを稼働させるためには、メモリや処理能力といったリソースが必要になるため、さほど複雑ではないものや部品コストの制約がある場合などは、OSを使わずにマイコンシステムを組み立てます。OSがあれば簡単に行える入出力、ファイルシステム、通信、メモリの管理なども、OSがないマイコンシステムでは、すべての機能をプログラム内に持つ必要があります（ここで言うプログラムは、目的のシステムを稼働させるために必要なすべてのコード類であり、開発者が作成しなければならないもののことです）。

ここではOSがないマイコンでのプログラムについて説明します。

比較的小規模なマイコン制御プログラムの動作はさまざまであり、多くのプログラムに共通する機能などはあまり思い浮かばないかもしれません。しかし実際にマイコンプログラムを作っていると、多くのプログラムで必要とされる機能が見えてきます。例えば次のようなものです。

・スイッチなどの入力処理
・PWMなどの出力処理
・タイマ処理
・特定のデバイスのためのI/O処理
　－シリアル通信
　－I^2C、SPIなどのモジュール間通信
　－イーサネット、WiFiネットワークなど

こういったI/O処理とは別に、例えば浮動小数点の四則や関数の計算、並べ替え、文字列処理といった基本的なデータ処理機能も自分で用意しなければならないということがわかります。

マイコンプログラムを作るたびに、これらのコードまで自分で用意していたら、時間がいくらあっても足りません。特にネットワーク通信などは、たとえサブセットであっても、一通り作るには相当の時間と知識が必要ですし、さらにそれをデバッグしなければなりません。

これを解決する1つの方法は、使いまわしです。以前に作ったコードを再利用すれば、手間を軽減できます。さらにコードを作る際にモジュール化するなどして再利用しやすい形にしておけば、より効率的です。

プログラムの作成の段階で、過去に作った、あるいはほかの誰かが作ったプログラムモジュールを利用するための手段がライブラリです。プログラムをコンパイルする際に必要なライブラ

リをリンクすることで、自分でコードを書くことなく、目的の処理を行うための関数などを利用できるようになります。

ライブラリはさまざまな手段で入手できます。Arduinoであれば、次のようなライブラリが利用できます。

●Arduino IDEのライブラリ

Arduino IDEの下で標準的に使用できるライブラリです。I/Oピンに関連する各種入出力、シリアルやI^2C、イーサネットの通信、タイマなどがサポートされています。

●UNIXで標準的に用意されているライブラリ

Arduino IDEはUnixベースの開発ツールで構築されているので、Unix系OSで一般的に使用できるライブラリの多くを使用できます。各種算術計算、文字列の処理などを利用できます。

●ハードウェアとともに提供されるライブラリ

Arduino用のシールドが各種販売されていますが、標準のライブラリでサポートされておらず、複雑な制御を必要とするものについては、製造元からライブラリが提供されている場合があります。このようなライブラリを利用することで、モジュールの初期化や利用が簡単に行えます。

●誰かが作ったライブラリ

個人や組織が、自分のために作ったライブラリを無償で公開していることがあります。こんなことをやりたいと思った時、ネットで検索すると、目的にあったものや近いものが見つかることがあります。直接使うことができなくても、ソースが公開されていれば参考になるでしょう。

15-2　タイマ／カウンタの仕組みとは

マイコンを使った制御プログラムに欠かせない要素であるタイマ／カウンタについて紹介します。

マイコンのタイマ機能は、正確にはタイマ／カウンタ機能と呼ばれるものです。カウンタ機能は、デジタル信号で与えられたパルス（HとLの変化）の数を数えるものです。このパルスとしてクロック信号（一定の周波数でHとLのサイクルを繰り返す信号）を与えれば、そのカウンタの値によって時間を測ることができます。例えば1MHzのクロック信号（1サイクルは1マイクロ秒）をカウントすれば、1,000カウントで1ミリ秒、1,000,000カウントで1秒になります。

制御用途を意図したマイコンの多くは、タイマ／カウンタ機能を内蔵しています。マイコンに組み込まれたこの機能は、さまざまな用途に対応するために、プログラムでいろいろな動作の詳細を指定することができます。

＜コラム＞リアルタイムクロック（RTC）

PCなどは、日付や時刻を得るために、リアルタイムクロック（RTC）というデバイスを使っています。これは要するに時計で、正確なクロック信号源から得られた信号をカウントして秒、分、時、そしてカレンダー機能を実現しています。

電源が切れると時間がわからなくなってしまうので、たいていのRTCはバッテリを併用し、本体の電源が切れていても計時が続けられるようになっています。

RTCがあれば時刻や日付を簡単に取得することができます。制御用マイコンでは、RTCを持っていないものが多いですが、専用のICもあるので、必要なら組み込むことができます。

15-2-1　カウンタ

タイマ／カウンタ機能で中核となるのがカウンタです。カウンタは数を数えるためのデジタル回路で、2進数で数（整数値）を扱います。例えば8ビットカウンタなら0から255までカウントできます。

カウンタの機能は与えられた信号の数を数えることです。外部あるいはチップ内部の信号によって、カウントアップ（数の増加）、カウントダウン（数の減少）ができます。そして何らかの条件を満たした時、具体的にはカウントしてオーバーフローした、0になった、指定した特定の数値になった、という状態を自動的に検出し、後述する割り込みで通知したり、何らかの処理を行ったりすることができます。

カウンタが計数する信号源として、チップ外部からのデジタル信号、チップ内部の信号を扱うことができます。内部信号の場合は、MCUを駆動するためのクロック信号を数えます。これが次に説明するタイマ機能です。

15-2-2　タイマ

最初に説明したように、カウンタに一定周波数の信号を入力すれば、その信号の周期に基づいて時間を測定することができます。マイコン用のタイマ／カウンタ機能は、マイコンが動作するためのクロック信号を計数できるようになっています。

例えばMCUが16MHzで動作している場合、クロックのサイクル時間は62.5ナノ秒になり、この時間を基準に時間を計測することができます。8ビットカウンタでクロックをカウントすると、256カウントでカウンタが1巡し、これに要する時間は16μ秒です。16ビットカウンタならさらに256倍で4.096ミリ秒です。

用途にもよりますが、これらの時間ではちょっと短すぎます。そのためカウンタに入力する信号をプリスケールできるようになっています。プリスケールとは、与えられた信号を別のカウンタで計数し、何分の1かにした結果を本来のカウンタでカウントするという機能です。ATmega328Pのタイマ／カウンタ機能では、8、64、256、1024でプリスケール（分周）することができます。例えば256でプリスケールすると、プリスケーラが信号を256カウントするたびに、カウンタが1だけ進みます。16MHzを1024でプリスケールすれば、カウントの周期は64μ秒となり、16ビットカウンタなら約4秒まで計時できます（図15-01）。

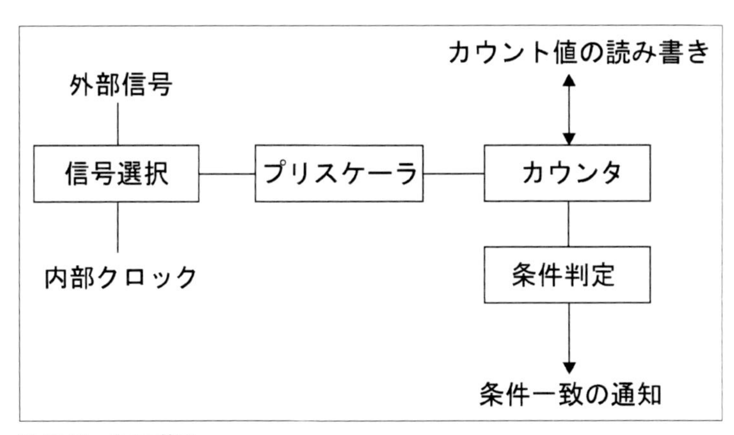

図15-01　タイマ機能

Arduinoのライブラリでは、`millis()`という関数でリセット後の経過時間をミリ秒単位で、`micros()`関数でマイクロ秒単位で調べることができますが、これらはタイマ機能と後述の割り込みを組み合わせて実現しています。

タイマ機能は時間を調べるだけでなく、指定時間が経過した後に何らかの処理を行うといった処理にも利用できます。

15-2-3　PWM

カウンタ／タイマの応用例に、第10章で触れたPWMがあります。PWMは、デジタル出力のHレベルとLレベルの比率を変えることで、実効的な出力電力を調整するものです。この処理はカウンタ／タイマで簡単に実現できます。

まず適当な周波数の信号をカウンタに与え、カウント処理を行います。このカウンタの値に対し、以下の2つの処理を行います（図15-02）。

- カウントが0になったら、出力をHにする
- カウントがPWM出力値になったら出力をLにする

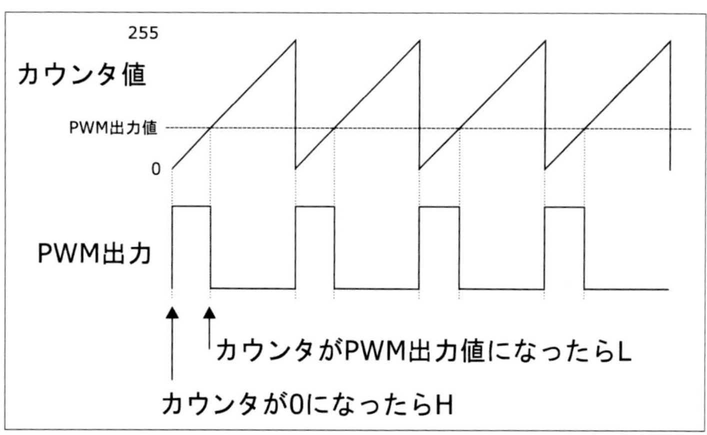

図15-02　PWM出力

カウンタが0から255までのカウントを繰り返している状態で、PWM出力値が例えば64なら、カウントが0から64までの間、出力はHになり、以後カウントが0に戻るまで出力はLとなります。カウンタが一定の速度でカウントしていれば、これでHの時間比率が25％のPWM出力が実現できます。

値の比較、出力ポートのHとLの切り替え機能などは、カウンタ／タイマユニットのハードウェアに含まれているので、最初に設定を行えば、以後、CPUが関与することなく、PWM出力が実現できます。PWMのデューティ比変更は、指定値を変更するだけです。

15-3 割り込みという機能も覚えておこう

プログラムの実行の基本的な流れは、命令を1つずつ順に実行するというものです。ループや条件判断があれば、実行の流れはプログラムの並びの中で前に戻ったり、途中を飛ばして後のほうに進んだりします。しかしこのような分岐はプログラムの中に示されたものであり、実行の流れはすべてプログラム中に記述されています。

割り込みは、プログラムで指定したものとは別の実行の流れを実現します。

15-3-1 割り込みの動作

タイマの満了やカウンタの条件の一致、通信の受信や送信の完了、そしてユーザーが操作するスイッチといったイベント（事象）は、それがいつ発生するのか、プログラムはわかりません。そのためイベントの処理を行うためには、イベントが発生したかどうかをプログラム中で随時調べなければなりません。本書内の例題は、スイッチの状態変化や時間経過といったイベントを、プログラムのループの中で調べていました。このような処理のやり方をポーリングと言います。

コンピュータは、イベントの発生を検出するためにポーリングを必要としない「割り込み」という機能をサポートしています。

割り込みはプロセッサのハードウェアが持つ機能で、何らかのイベントの発生をプログラム中で調べるのではなく、プロセッサのハードウェアが検出し、実行中のプログラムに介入するというものです。具体的には実行中のプログラムを中断し、事前に指定された別のコード部分の実行を開始します。これを割り込みルーチンや割り込みハンドラと呼びます。割り込みルーチンが終了したら、中断されていたプログラムを再開します。つまり、何らかのハードウェア的なイベントをきっかけとして、サブルーチンが呼び出されるという形です（図15-03）。

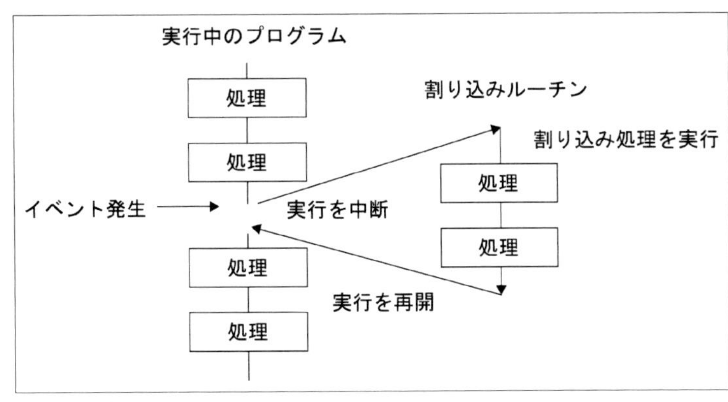

図15-03 割り込み

マイコンには割り込みコントローラという機能が内蔵されており、I/Oポートや内蔵されているタイマ／カウンタ、通信ポートなどからの割り込み要求を管理することができます。

このような仕組みにより、プログラム中でループを回って目的のイベントが発生したかどうかを調べることなく、イベントが発生した時に実行される割り込みルーチンで、目的の処理を行うことができます。

15-3-2　割り込みの制御

MCUは通信ポートの状態（データの受信、送信の完了）、タイマ／カウンタの動作、I/Oピンに接続された外部信号などによる割り込みに対応します。

MCUのメモリ上には、それぞれの割り込み要因（リセットも含む）に対して、プログラムのどこに分岐するかを示すアドレス表（割り込みベクタテーブル）があります。割り込みが発生するとこのテーブルが参照され、目的の割り込みルーチンに分岐します。割り込みはサブルーチン（関数の呼び出し）と同じ形で動作するので、処理が終了したらリターンし、割り込み発生前に実行していたプログラムを再開します。

割り込みルーチンと一般的な関数の違いは、引数を渡すこと、返り値を返すことができないという点です。割り込みルーチンはプログラム中から明示的に呼び出すものではないので、引数を指定することはできませんし、値を返したとしても、それを受け取る方法がありません。

割り込みは、MCU内部の制御ユニット（割り込みコントローラや割り込みを発生させる各種モジュール）によって動作を制御できます。具体的には、それぞれの割り込み要因ごとに、割り込み処理を発生させるかさせないかを指定できます。

また割り込みを使う時でも、一時的に割り込みを抑止することができます。プログラムの処理内容によっては、途中で割り込みが発生してほしくない場合があります。割り込みは非同期に発生するので、例えば割り込みに関連する処理を行っている際に割り込みが発生すると、内部で不整合が発生するかもしれません。このような時は割り込みコントローラなどを操作することなく、一時的に割り込みを保留することができます。MCUは割り込みを禁止／許可する命令を備えています。禁止されている最中に割り込みイベントが発生しても、割り込みルーチンに分岐しません。しかし割り込みが発生したことは記憶しており、許可された時点で割り込みルーチンに分岐します。

15-3-3　Arduinoの割り込みサポート

Arduinoのライブラリ機能の一部は、すでに割り込みを利用しています。そのためMCUの持つすべての割り込み機能を使うことはできず、一部の機能のみ利用できます。あるいはある機能を使うと、別の機能が使えなくなるといった制約があります。

ここでは、Arduinoのライブラリでサポートされている入力ピンによる割り込みとタイマ割り込みについて簡単に紹介します。なお割り込み機能は、使用するMCUの仕様により使えるピンが変わったり、ほかの機能が制限されたりすることがあるので、使用に際しては注意が必要です。

●入力ピンによる割り込み

Arduino UNOでは、デジタル入力のピン2（割り込み0）、ピン3（割り込み1）の入力で割り込み処理を行うことができます。attachInterrupt関数で割り込み番号、関数、トリガ条件を指定すると、割り込み番号に対応するピンがトリガ条件を満たした時に指定した関数が呼び出されます。トリガ条件は、入力がL（LOW）、入力が変化（CHANGE）、LからHに変化（RISING）、HからLに変化（FALLING）を指定できます。

この割り込み機能はdetachInterrupt関数で解除できます。またinterrupts関数で割り込み許可、noInterrupts関数で割り込みの保留ができます。

attachInterrupt関数で割り込み機能を使う際は、割り込みを使う他の機能が影響を受けます。具体的にはmillis関数、delay関数が正常に動作しない、データ受信に失敗する可能性があるなどです。

●タイマによる割り込み

Arduino IDEの標準ライブラリではなく、他者から提供されたライブラリ（Contributed Libraries）の中に、MsTimer2というものがあります。これはミリ秒単位で指定した時間間隔で、指定した関数が呼び出されるというものです。

このライブラリは標準ではインストールされていないので、Arduinoのサイトからダウンロードし、インストールする必要があります。スケッチでは、先頭部分に#include <MsTimer2.h>を記述して必要なヘッダファイルを読み込みます。以後、MsTimer2::set関数で時間間隔と呼び出す関数を指定し、MsTimer2::startで動作を開始し、MsTimer2::stopで動作を停止します。詳しくはリファレンスを参照してください。

15-3-4　変数の扱い

割り込みで呼び出される関数と、通常実行しているコード（メインループ）の間で情報を交換するには、両方からアクセスできるグローバル変数を使います。例えば割り込み関数の中で必要に応じてtという変数を更新し、メインループの中でその変数を参照し、必要な動作を行うという形です。この時、変数tの扱いに注意が必要です。

<リスト>割り込み関数とメインループのデータのやり取り

```
// グローバル変数
int t;

// メインループ
```

```
void loop() {
  while (1) {
    if (t == XX) {
      // tがXXの時の処理
    }
    :
  }
}

// 割り込み関数
void intr() {
  if (...)
    t = XX;
  else
    t = YY;
  :
}
```

このようなコードを考えてみましょう。tの内容は割り込み関数内でのみ変更され、whileループの中に、tの値を変える行はありません。そのためコンパイラはtが変化しないものとしてコードを最適化する可能性があります。具体的にはレジスタに収めるなどして、メモリ中のtの内容を調べないといったことです。

通常はそれでいいのですが、割り込みがからむと問題になります。割り込み関数の中でtが変更されたにも関わらず、メインループ中でそれが無視される可能性があるのです。tの更新によってメモリが書き換えられても、新たに読み込まず、以前に読み込んだレジスタの値で判断してしまうのです。これを防ぐために、コード上は変化しないように見える変数であっても、毎回、メモリから読み出す必要があります。

コンパイラにこのような条件を指示するために、volatileという宣言をします。これを宣言された変数は最適化の対象にならず、毎回確実にメモリから呼び出されるようになります。

```
volatile int t;  // tは最適化対象にならない
```

同じように、I/Oポート、コントローラの制御／ステータスレジスタにアクセスする際も、そのためのポインタ変数をvolatile属性で宣言します。

割り込みについて、もう1つ注意する点を説明します。

割り込み関数と何らかの情報のやり取りするために、メインループ中と割り込み関数の両方で変数を書き換えることがあります。このようなときは、メインループ中で変数を操作している最中に割り込みが発生する可能性を考えなければなりません。複数の手順で変数の操作をする場合、その一連の操作の途中で割り込み関数によって変数が書き換えられたり、あるいはメインループ中の代入処理によって割り込み関数による変数の更新が失われたりすることがあります。

<リスト>情報をやり取りするための変数の更新

```
// メインループ
void loop() {
  if (t == 1)    // 条件判断後に割り込みが発生すると、
    t = t * 2;   // tの値は意図したものではなくなる
  :
  t = t + a;     // 式計算のためにtを読み出した後で
                 // 割り込みが起こると、割り込みによる
                 // tへの代入が失われる
}

// 割り込み関数
void intr() {
  t = 2;
}
```

割り込みはプロセッサの機械命令の間で分岐が行われるので、高級言語で書かれたプログラムの場合、1行に書かれた式の処理の途中でも割り込み処理の介入が起こり得ます。そのため、処理の最中に割り込みが起きては困る部分については、一時的に割り込みを禁止し、その処理が終わったら許可します。もし禁止中に割り込みが発生したら、許可された時点で割り込み処理が開始されます。

プロセッサにはこのような割り込み許可／禁止の命令が備わっており、前述したArduinoの`interrupts()`関数（割り込み許可）、`noInterrupts()`関数（割り込み禁止）は、この命令を実行するためのものです。

15-4　イベントと動作の関係

制御を意識したプログラムの構造について簡単に説明します。

制御プログラムに限らず、ユーザーが操作するプログラムは、何らかのユーザー操作を待ち、その操作に対応する処理を行うという形で動作します。ユーザーの操作ではなく、センサーから得た信号、何らかの通信の受信などで動作を行うこともあります。

このような、システムに何らかの動作を引き起こさせる事象（ユーザーの操作、各種信号など）をイベントと言います。そしてイベントに基づいて動作するプログラムは、イベント駆動型（イベントドリブン）プログラムと呼ばれます。

マウスやキー操作に応じて動作するWindowsアプリケーションも、スイッチやセンサーからの信号に応答して何かを行うマイコンプログラムも、イベント駆動型プログラムです。

15-4-1　マイコンプログラムの動作

Windowsマシンは、起動するとまずWindowsオペレーティングシステムが起動し、ユーザー操作を待つ状態になります。そしてユーザーが必要なアプリケーションを起動し、操作します。そして作業が終われば、アプリケーションを終了します。

マイコン制御の機器が、このような形態ではないのは明らかでしょう。オペレーティングシステムを持たない一般的なマイコンシステムは、おおよそ次のような動作になります（図15-04）。

1. 電源投入と初期化

電源がはいるとマイコンが動作を始めます。マイコンが最初に行うのは、マイコン自身の初期化です。例えばマイコンのI/Oポートの設定、内部のデータの初期化、タイマや割り込みコントローラなど、マイコンに内蔵されているモジュールに対して必要な設定を行います。

マイコンの初期化が終わると、次にマイコンに接続されたデバイスや装置類の初期化を行います。例えばLEDの点灯、消灯を行います。具体的には、動作モード、何らかの機能が働いていることを表示するLEDがあれば、それらが実際の状態を示すように点灯／消灯させます。またモーターなどがあれば、それを初期状態にします。モーターを制御するポートを操作し、電源投入と同時に動くものがあればそれを起動し、止まっているものであれば停止状態とします。またプリンタヘッドのような移動物があれば、それが初期位置にあることを確認し、もし別の場所にあれば、初期位置に移動する処理を行うことになるでしょう。

リセット機能を持つ機器の場合は、リセットされた時に、電源投入時と同じ手順でシステムを再起動します。

2. 待機状態

必要な初期化処理が終わったら、そのマイコンの目的である制御動作を始めます。

多くの場合、何らかのイベントを待ち、イベントが発生したらそれに対応する動作をするという形になります。イベントには、用途や機能に応じてさまざまなものがあります。例えばユーザーがスイッチを操作した、センサーに反応があった、タイマで指定した時間になった、何らかの通信データを受信した、などはすべてイベントです。したがって最初の作業は、イベントを待つことになります。

用途によってはイベントを待たず、すぐに何らかの動作を始める場合もあるでしょう。電源を入れるという操作が何らかの動作を始める指示であれば、待機状態を経ることなく、何かを始めることになります。つまり電源投入という操作そのものもイベントなのです。

3. 処理の実行

マイコンはイベントを待ち、そのイベントに対応する操作、具体的にはLEDを光らす、モーターを動かす、通信を行うなどの処理を実行します。処理の実行中は、前述の待機状態とはまた異なる形でイベントを待ち受けることになるでしょう。例えば何らかの動作を始めたのなら、動作の完了を示す信号を待つ、ユーザーがキャンセルボタンを押したら中止するといった処理を行います。そのためにセンサーやスイッチによるイベントの検出と、それに対応する処理を記述します。

実際、自分で制御プログラムを作ってみるとわかりますが、このようなプログラムは何らかの処理と、その処理を行うためのイベントや条件の場合分けの塊になります。

4. 処理の終了

Windowsアプリケーションなどは、必要な作業が終わったら終了させることができます。しかしマイコン制御のプログラムは、一般に終了することはありません（イベントに対応する処理内容が自身の電源オフといったことはあります）。ある作業が終わったら、次の作業に備えて再び「3.」の待機状態に戻ります。

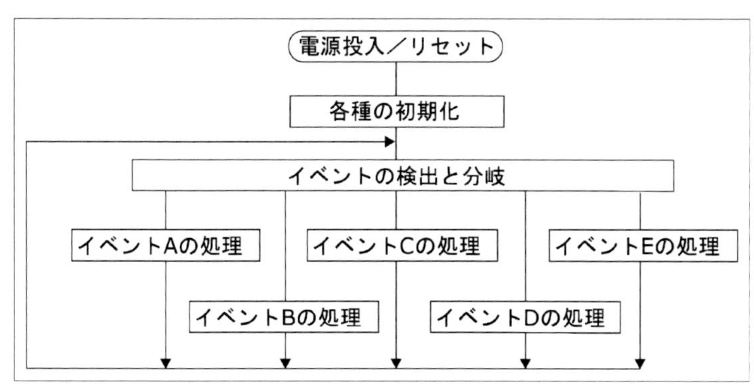

図15-04　制御プログラムの構造

マイコンによる制御プログラムは、基本的にイベントを待ち、イベントに対応する処理を行うという形になります。単にこれだけなら簡単に聞こえますが、実際にはそうもいきません。さまざまなイベントが同時に発生することもありますし、何らかの処理の実行中に別のイベントが発生することもあります。これらをすべてうまくこなそうと思うと、実際のプログラムはかなり複雑なものになります。

15-4-2　ポーリングと割り込み

スイッチや通信、センサーなどからの入力に応じて動作するプログラムの作り方は、大きく分けて2種類あります。ポーリングによる動作と割り込みによる動作です。どちらも前述のイベントを待ち、発生したイベントに応じた処理を行いますが、イベント発生をどのような形で待つかという点が異なります。

ここまで紹介してきたスケッチは、イベント発生を調べるために常にループを回り続け、その中でイベントの確認をします。そしてその時々の状態とイベントの組み合わせに応じて、必要な処理を行います。第9章のスイッチ入力の処理では、スイッチが押された、離された、チャタリングキャンセル時間の経過、現在のLEDの点灯状態といったイベントや状態に基づいて、必要な処理を行いました。

このようにループを回ってイベントの発生を検知し、処理を行うというやり方をポーリング（Polling）と言います。マイコンで制御プログラムを作る際には、一般的なやり方です（図15-05）。

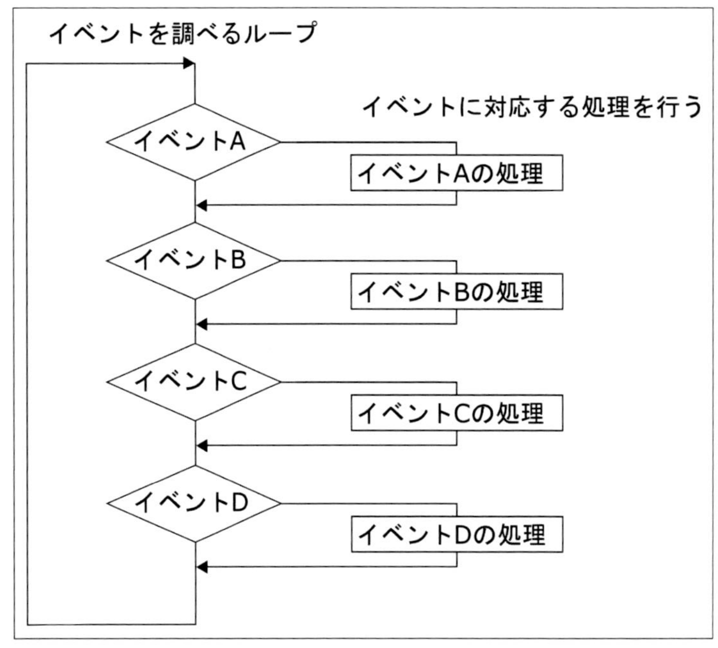

図15-05　ポーリングによる処理

ポーリングによる処理は動作が直感的でわかりやすいのですが、いくつか気をつける点があります。プログラムのループでイベントを検出するので、プログラムが時間がかかるほかの処理を実行している間、イベントを検出できません。何か処理をしている最中もイベントを調べたいのであれば、長時間CPUを専有することは許されず、適時、イベントを調べるループに戻らなければなりません。つまり長時間かかる処理は、適当な時間ごとに処理を区切り、分けて実行しなければならないのです。例えば10秒かかる処理であれば、0.1秒で一度中断してイベントを調べる処理を挟み、それを100回繰り返すといった形で実装しなければなりません。

また第9章で示したように、複数のイベントを並行的に処理しなければならない場合、コードはかなり複雑になります。事前にうまく状態遷移などを考えて作らないと、収拾がつかないコードになってしまうでしょう。

イベントの発生により割り込みを引き起こせるなら、同じ処理を割り込み関数で実現することができるでしょう。スイッチが接続された入力ピンの信号の変化で割り込みが発生するなら、スイッチの入力処理は割り込み関数の中で行うことができます。スイッチオンで実行する操作は、割り込み関数の中から呼び出せばよく、また後でそのスイッチの状態を参照できるように、`volatile`宣言されたグローバル変数を使って状態情報を示すことができます（図15-06）。

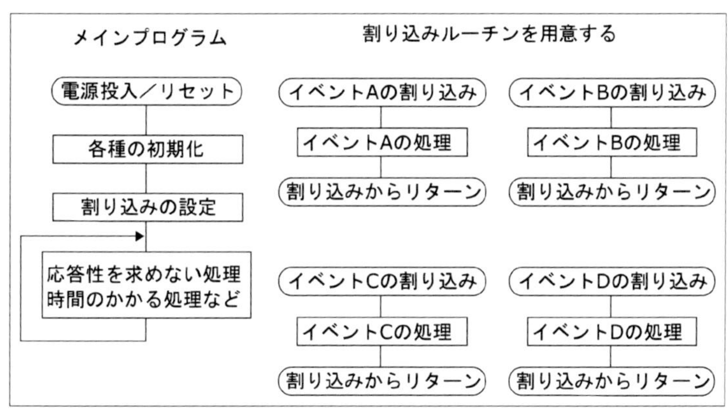

図15-06　割り込みによる処理

割り込みで処理を開始するという方法は、ループを回って調べ続けるという処理が必要ないので、ある処理の最中も別のイベントについて考えなければならないという問題は少なくなります。長時間かかる処理であっても、随時割り込みが発生し、必要な処理が遅滞なく行われるからです。つまり割り込みで処理を起動するというやり方であれば、イベント相互の関係やイベントの有無のチェックなどの作業が大幅に軽減されるのです。

ただし割り込みは、マイコンシステムの限られたリソースなので、すべてのイベントに割り込みを割り当てられるわけではありません。多数の入力ポート、タイマ、通信などをすべて割り込みで対応するのは不可能です。そのため現実のシステムでは、ポーリングと割り込みを併用する形でプログラムを構成します。

一般にイベントの発生に対し、すばやく応答すべきもの、例えばタイマや通信の受信には割り込みを使います。毎秒何百、何千回も発生するイベントをポーリングで処理するのは効率的ではなく、また運悪く処理に時間がかかってしまうと、前のイベントの処理が終わる前に次のイベントが発生し、それを検出できずにイベントを取りこぼすといった問題が起こります。イベントに対して即座に応答できる割り込み関数であれば、こういった問題が起こる可能性を低くできます。

ユーザー操作などは、そこまでの応答性は必要とされません。例えばスイッチ操作の検出などは、1秒に10回もやれば問題ないでしょう。こういった処理はポーリングで問題なくこなせます。

実際のArduinoのスケッチもこのような形になっています。例として示したプログラムは、スイッチ入力やセンサー入力はすべてポーリングで処理しています。しかし背後では、`millis`関数ではタイマ割り込み、シリアル通信では通信割り込みが使われています。

付録1　回路図とその記号の書き方・読み方

電気／電子回路を作る時は、回路の設計図となる図面を用意します。これを回路図と言います。

A1-1　回路図と回路記号

回路図は、電気部品、電子部品をどのように接続するかを示した図です。回路図は電気／電子回路の動作を表すために作成するので、電気信号のつながりや電源の接続を適切に示すことが重要です。そのため実際の部品の形状や配置とは関係なく、それぞれの間のやり取りの関係がわかりやすいようにまとめます。

回路図の特徴は、実際の部品の形ではなく、部品の機能を回路記号というシンボルで表していることです。トランジスタ、ダイオード、抵抗、コンデンサなどは単純な回路記号で表されます。また論理回路の標準ゲートの回路記号もあります。マイコンなどの複雑な回路モジュールは四角形で表し、各端子の名称を記します。

A1-1-1　配線

配線は、各記号を縦横の直線で結んで表します。線が交差している場合、電気的にはつながっていないものとします。電気的につながっている部分には黒丸をおいて、配線の分岐部分であることを明示します（図A1-01）。

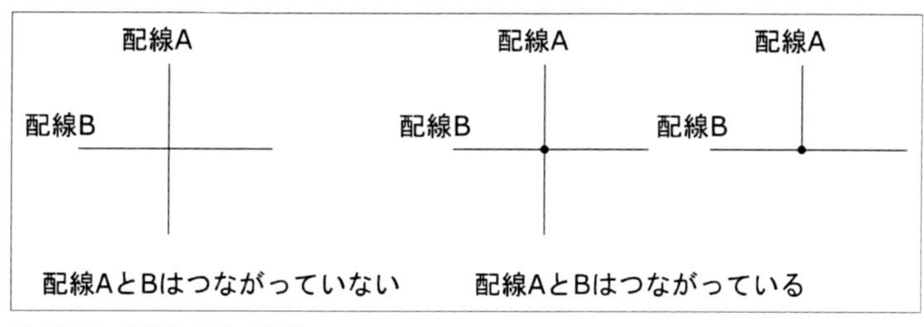

図A1-01　配線の交差と接続

本書では使っていませんが、コンピュータのデータラインなど、多くの配線が並行する部分について、太い線でまとめて表記することもあります。

外部への接続、複数の図面にまたがるような接続、あるいは紙面上の遠くの場所への接続などは、線の名称をわかりやすく表記し、実際には線を描かないこともあります。

A1-1-2　回路記号

回路図を書いたり読んだりするには、回路図で使われる回路記号を知らなければならないのですが、これにはちょっとした混乱があります。回路記号は何種類かあり、最新の正式な規格と世間で広く使われているものに食い違いがあるのです。

表A1-01　一般的に使われている回路記号

部品	一般的な記号	現在のJIS記号
抵抗		
コンデンサ（無極性）		
コンデンサ（有極性）		
コイル		
バッテリ、直流電源		
スイッチ		
バイポーラトランジスタ（PNP、NPN）		
ダイオード		
バッファー、NOTゲート（インバータ）		1　1
論理積（AND、NAND）		&　&
論理和（OR、NOR）		≥1　≥1
排他的論理和（EOR）		=1

回路記号は、会社や個人の記述方法の違いによって問題が起こらないように、規格が定められています。日本ではJIS（日本工業規格）で定められていますが、近年、IEC（国際電気標準会議）の規格と同一のものとなりました。行政などの公文書、学校や資格の教科書、あるいは企業が海外とやり取りする情報では新しいJIS記号が使われています。しかしこの規格では、数十年以上にわたって慣れ親しんできた記号の多くが変更され、多少の混乱が起きています。国内、特にアマチュアの世界では、旧記号が相変わらず使われています。

特に意見が分かれるのがロジック回路の基本ゲート用のシンボルで、かつてはMIL記号（元来は米軍の規格）が広く使われていましたが、これも新しい規格では変わっています。MIL記号は図形の形で機能を示していましたが、新規格では、四角形の中に書かれた文字で機能を示しています。慣れの問題といってしまえばそれっきりなのですが、新規格の記号では回路の動作がわかりにくいという声が多く聞かれます。

本書の回路図は、アマチュア向けということで、国内で広く使われている旧式の記号を使っています。

表A1-01に基本的な回路記号について、本書で使っている従来の表記とJISの表記をまとめておきます。

A1-1-3　論理ゲート

本書では詳しく解説していませんが、ロジック回路を構成する基本要素としてAND、OR、NOTという3種類の演算があり、これを実現するのが論理ゲートです。またロジック回路では正論理、負論理という考え方があります。一般的に、正論理はHを真、Lを偽として論理演算を行うこと、負論理は逆でLを真、Hを偽とします。なぜこのような区別があるのかについての解説は省略しますが、回路記号ではこの2つを区別するために、負論理の端子は丸を付けて区別しています。

ANDゲートは2つの入力がともに真だと出力も真になるゲートなので、正論理だと2つの入力がHだと出力もHになります。それに対し、2つの入力がHの時に出力がLになるNAND（NOT AND）ゲートもあります。NANDゲートは出力が負論理であることを示す丸が付いています（表A1-02）。

表A1-02　正論理と負論理

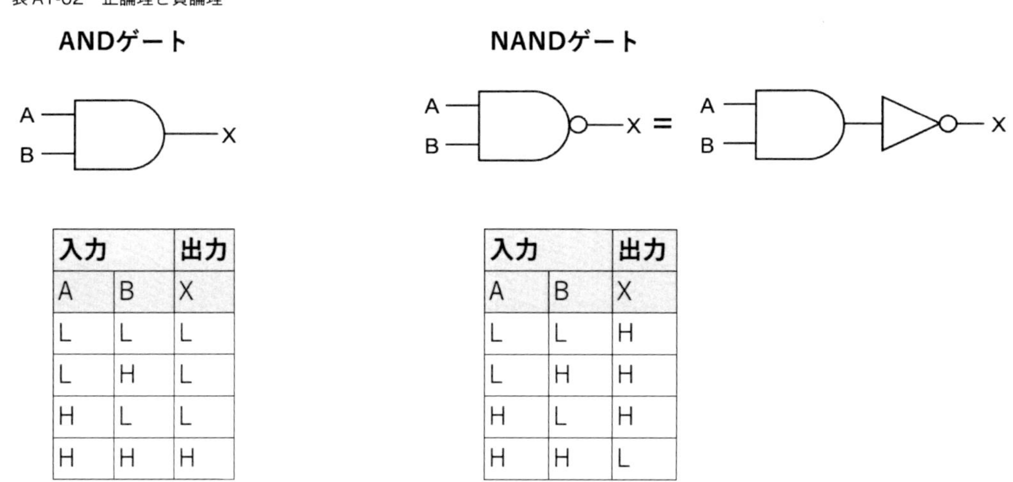

ANDゲート

入力		出力
A	B	X
L	L	L
L	H	L
H	L	L
H	H	H

NANDゲート

入力		出力
A	B	X
L	L	H
L	H	H
H	L	H
H	H	L

A1-1-4　マイコンなど

1チップマイコンや複雑な機能のLSIなどは、単純な記号では表せないので、チップ全体を四角形で表し、そこから必要な線を引き出します。それぞれの線の意味は四角形の内部や、線を引き出した部分に記述します。

回路全体のうちの一部分だけを示す場合は、四角形全体を書くのではなく、接続する端子名だけを示すこともあります。例えばマイコンチップのD3端子に接続するのであれば、線の端にD3という端子名称を示すだけの場合もあります。本書で示した実験回路は、ArduinoのMCUの数本の端子を使うだけなので、このやり方で回路構成を示しています。

A1-1-5　電源

電子回路には電源を接続する必要があります。電源、グラウンドの接続は回路の多くの部分で行われるため、回路図上では線でつなぐ代わりに、電源、グラウンドといった記号で示します。これについては第2章を参照してください。

A1-1-6　部品の情報

回路図に記述された各種部品の記号のそばには、必要な情報を文字で記述します。抵抗であれば抵抗値、ワット数、コンデンサなら容量、耐圧、極性、トランジスタなどの半導体部品なら型番を示します。それらの情報に加えて、部品の通し番号を記します。抵抗ならR1、R2、コンデンサならC1、C2というように番号を振ります。

A1-2　その他の図表

回路図は、回路を構成する電子部品などの間の電気的な接続を表した図面です。実際に何かを作る際は、基板上に部品を配置する、コネクタを使って電線を接続するなど、実際の部品の形状や、機器の構造に応じた配置や接続を行います。これは回路図上に記された部品や配線とはまったく異なる形になります。

そのため実際の電子機器の製作では、回路図とは別にさまざまな付加情報が必要になります。実際に製品として量産する場合とアマチュアがちょこちょこっと工作する場合では、用意する情報も異なりますが、部品の配置図や端子の表などは必要になるでしょう。

アマチュア工作でちょっとした実験という程度なら、回路図だけ用意して、あとは成り行きでといったやり方もありますが、ある程度の回路規模になるものや、きれいに仕上げたい場合は、回路図以外の準備も必要になります。

いくつか例を示しておきます。

●部品一覧表

使用する部品の形式、数などを表にまとめたものです。材料の準備の際に必要になるでしょう。

●部品の端子の図表

LSIのように多数のピンを持つ部品については、データシートに記載されている端子の配置図がないと配線ができません。またトランジスタにはE、C、Bの3本の端子がありますが、これもデータシートなどの資料を見ないとどれがどれだかわかりません。

●部品配置図

ケースの中に各部品をどのように配置するか、スイッチやツマミ、表示デバイスなどをパネルにどのように配置するか、基板上にどのようにICや各種部品を配置するかといった情報をまとめます。寸法まで定めたきちんとした図面を起こすこともあれば、簡単なメモ書き程度で済ますこともあります。しかし、何らかの形で用意したほうがよいでしょう。

●コネクタ結線図

マイコン基板と外部の基板を接続したり、スイッチ類をつなぎ込んだりする場合などには、基板に配線を直接ハンダ付けするのではなく、コネクタを使うほうが便利であり、きれいにまとめることができます。この場合、それぞれのコネクタの接点にどの信号線や電源線をつなぐのかということを表にまとめておく必要があります。

●実体配線図

基板上の部品、基板以外のスイッチやLED類まで含めて、実際に配置された各部品間でどのように配線をつなぐのかを図示したものです。初心者向けの電子工作の製作記事などによく見られます。回路図を理解できなくても、この図の通りに部品を配置し、配線をつないでいけば目的の回路が完成します。

●布線表

回路図で示された各種部品、コネクタの端子などがどのように接続されているかを表の形にまとめたものです。プリント基板を製作する時などは、この表が必要になります。回路図CADを使っていれば、自動的に生成することができます。

本書で示した実験回路は単純なものばかりなので、基本的に回路図のみを示しています。トランジスタを使う回路では、使用したトランジスタのリードの配置を図で示しています。

付録2　回路の組み立て方法

マイコン電子工作を行う際に、実際の回路をどのように組み立てるかを簡単にまとめておきます。回路を組む場合、実験が目的のこともあれば、実際に機器に組み込んで実用に使うこともあります。また、ある程度まとまった数を作ることもあるかもしれません。ここでは、回路の動作実験などに適したブレッドボード、基板と電線を使った配線、さらにプリント基板について説明します。

A2-1　ブレッドボードを使った回路

回路を組み立てるというと、部品と配線をハンダ付けしていくという印象がありますが、ちょっとした回路の実験を簡単に行うためのブレッドボードという部材があります。ブレッドボードを使えば、ハンダ付けをすることなく、回路を組んで実験することができます。

一般的に使われているブレッドボードは、部品のリードを挿すための穴が格子状にたくさんあいており、その内部に隣接した穴を電気的に接続する金属部品があります。穴に部品のリードを挿し込み、そこと電気的につながっている穴に別の部品のリードや電線を挿し込むことで、部品を電気的に接続することができます（図A2-01）。

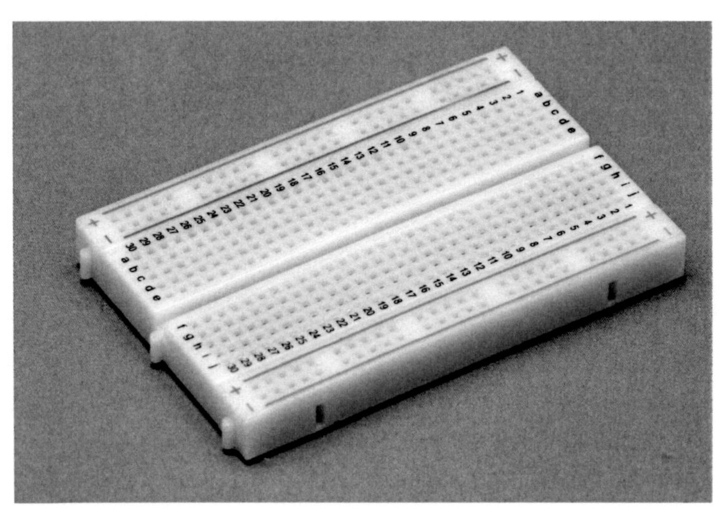

図A2-01　ブレッドボード

＜コラム＞ブレッドボードという言葉の由来

ブレッドボード（Bread Board）はパンを作るときに粉をこねる木の板のことです。この板に釘を何本も打ち、それに部品や配線をハンダ付けして回路を試作したことに由来して、回路の試作用の部材をブレッドボードと呼ぶようになったとのことです。

ブレッドボードの穴と内部の接続は、一般的な部品で回路を組み立てるのに便利なように配置されています。アマチュアがよく使うICはDIP（デュアルインライン）パッケージで、リードがICパッケージの両側にあります。リードの間隔は1/10インチ（2.54mm）あるいはその整数倍になっています。そのためブレッドボードの穴は1/10インチ間隔で格子状に並んでいます。部品にはグラウンドと＋5V、＋3.3Vなどの電源を与えるので、電源用の列もあります（図A2-02）。

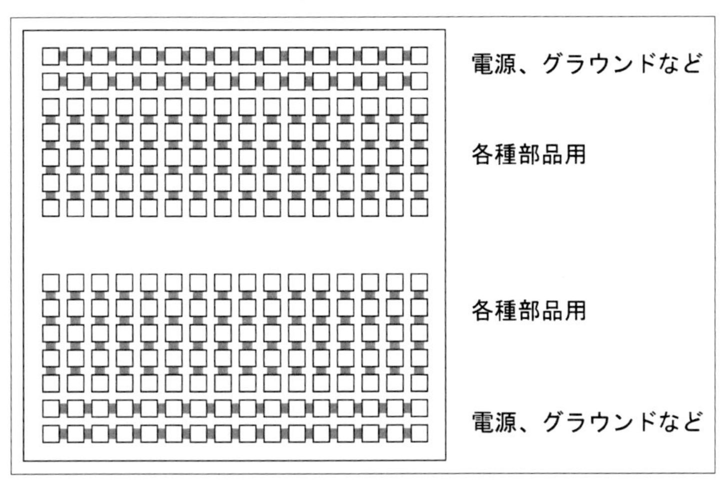

図A2-02　ブレッドボード内部の接続

標準的なブレッドボードは、2列か4列の平行な電源ラインがあり、それと直行する方向に部品接続用の列があります。これにICを挿し込むと、ICの各リードに対し、数個の接続穴が割り当てられることになります。もちろんICだけでなく、トランジスタや抵抗、コンデンサなどを接続できます。

抵抗やコンデンサは、リードを適当に曲げたり切ったりして、直接目的の場所に挿し込めます。そしてジャンパー線という電線を使って、任意の部分を接続することができます。ジャンパー線の末端部分は、ほかの部品のリードと同じように、ある程度の硬さを持った針金状のものでなければなりません。つまり普通の撚り線（細い銅線を束ねたもの）の電線は挿し込めません。単心の銅線か、末端にブレッドボードに差し込めるプラグを取り付けてある電線を使う必要があります。単心線の場合はAWG#22か#24程度の太さのものが、配線を確実に接続できます。AWGは電線の太さを示す規格で、直径は#22が約0.6mm、#24が約0.5mmです。プラグの場合は0.64mm角のものが一般的です。

単心線は安価ですが、切って被覆を剥く手間がかかります。実際にちょっとした実験で使う本数はさほど多くなく、またArduinoのコネクタとの結線にも必要になるので、プラグ付きのジャンパー線のセットを購入しておくとよいでしょう。ジャンパー線の末端に角線が露出しているオスタイプと、それを挿し込めるジャックになっているメスタイプがあり、オス－オス、オス－メス、メス－メスの組み合わせがあります。ブレッドボード、マイコン基板、各種モジュールなどを接続するために、各種のジャンパー線を揃えておきましょう（図A2-03）。

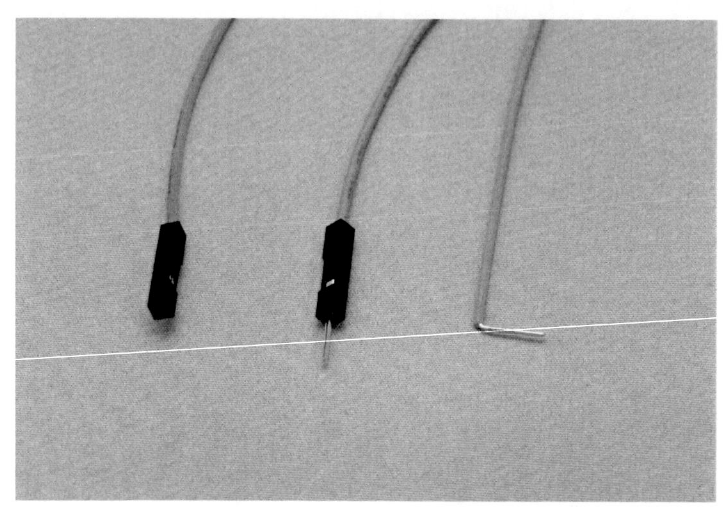

図A2-03　ジャンパー線（左からメス端子、オス端子、単心線）

ブレッドボードに取り付けられない形状の部品の接続や、測定用のちょっとした配線の引き出しなどのために、端子やリードを挟めるクリップを持つ電線があると便利です。電子工作ではミノムシクリップやICクリップと呼ばれるものが使われます（図A2-04）。

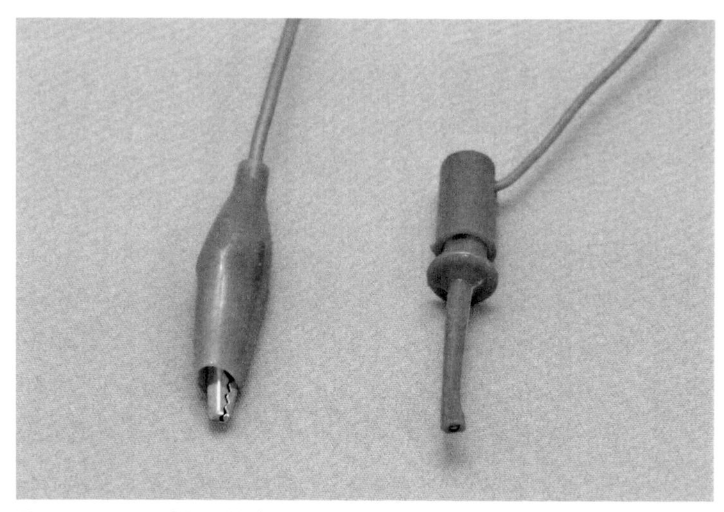

図A2-04　クリップ付き電線（左はミノムシクリップ、右はICクリップ）

ミノムシクリップは比較的大きなクリップを軟質プラスチックの絶縁カバーで覆ったもので、形がミノムシに似ています。比較的大きいので、大型の部品の端子や太めの電線などの仮接続に使います。

ICクリップはICのリードなどに仮接続するためのもので、小型のものであれば、1/10インチ間隔のリードに接続することができます。ただし接続時に隣接する端子に触れてしまうので、電源を切った状態で作業しなければなりません。

回路に電源を供給することも考えなければなりません。ACアダプタタイプの電源を使うのであれば、それに合うジャックをブレッドボードに取り付ける部品があります。あるいはジャックにジャンパー線をハンダ付けしたものを用意しておきます。実験用の可変電源ではネジ止めターミナルが一般的で、電線をネジ止めするか、バナナプラグを挿して使用できます。

配線や実験の際は、部品のリード線、ジャンパー線や仮接続用のクリップ付き電線のショートに気をつけます。クリップ部分は金属が露出しているので、ほかの配線と接触すると電源がショートしたり、あるいはおかしな信号が混入したりすることになり、最悪の場合、部品が破損してしまいます。

＜コラム＞ブレッドボードの工夫

ブレッドボードには小さなものから大きなものまであります。複数のブレッドボードを連結して使えるものもあります。ブレッドボードを使うときは、アルミ板に両面テープで固定して使うと便利です。小さなブレッドボードをいくつか並べて固定できるというメリットだけでなく、ベースのアルミ板をグラウンドに接続しておくことで回路がノイズに対して強くなり、高周波信号をより安定的に扱うことができます。

A2-2　基板配線

ブレッドボードは、回路をいろいろ確かめたり、ばらして別の回路を組んだりする場合は便利に使えますが、恒久的なものとして回路を組み立てるのには向いていません。線や部品はすべて仮接続であり、すぐに外れてしまうので、何かに組み込んで使うのは現実的ではありません。

実用に使う回路を組む場合は、部品や配線をハンダ付けし、丈夫な回路としなければなりません。回路をハンダ付けで組む場合は、部品を基板に取り付けるのが一般的です。大量に製造する製品の場合は、次節で説明するプリント基板を使いますが、アマチュアが1つだけ作る時は、ユニバーサル基板という汎用的な基板を使うのが一般的です。

ユニバーサル基板は、ICや各種部品を自由に配置できる基板で、格子状にリードを挿し込む穴があいており、裏側にはハンダ付けするための銅箔があります。この基板に部品を挿し込み、必要な配線をハンダ付けして回路を完成させます。

ユニバーサル基板には各種のサイズ、用途に応じたパターンのものがあります。ICを中心とした回路であれば、前述のブレッドボードと同じような配置で、電源用のパターンとICの各リードから配線を引き出すためのパターンがあります。トランジスタや抵抗、コンデンサなどが多い回路では、すべての穴が独立しているものもあります（図A2-05）。また端子サイズの異なる部品を装着するための変換基板と呼ばれるものもあります。

一般的なユニバーサル基板の端子穴は1/10インチ間隔ですが、これと異なるリードピッチの部品を接続するための基板、表面実装部品用の基板などがあります。

回路を完成させるためには、基板に配置した部品のリードの間を配線でつながなければなり

図A2-05　各種のユニバーサル基板（ハンダ付け面を示す。左はDIP IC用基板、右は汎用基板）

ません。抵抗やコンデンサのようにリードが長い部品であれば、接続先の部品のそばに装着し、リードを曲げて目的のICなどの端子に接続することができます。遠い場所への接続や、交差する配線がある場合は、絶縁被覆や被膜を持つ電線で接続します。回路の電源やグラウンドラインなど、接続部分の多い配線は、被覆のないスズメッキ線（部品のリードと同じ材質の配線材）を使うこともできます。

絶縁電線には細い芯線を撚り合わせた撚り線と、1本の銅線（メッキ線）からなる単心線がありますが、基板の配線に使いやすいのは単心線です。撚り線はハンダ付けの時に先がばらけたりして扱いにくいのです。しかし柔らかいので、基板間の配線や外部機器との接続には撚り線を使います。

被覆がビニールなどの軟質樹脂のものとは別に、ポリウレタン線（UEW線）があります。これは銅の単心線にポリウレタン塗料を塗って絶縁したもので、コイルの巻線などに使われますが、基板配線にも使えます。かつてはエナメル線と呼ばれる電線が使われましたが、この塗料の種類が変わったのがポリウレタン線です。ポリウレタン皮膜はハンダゴテの温度で分解するので、皮膜をはがさなくても、コテで熱するだけでハンダ付けできます。また被覆の厚さがほとんどないので、大量の線をかさばらずに配線できます。

基板配線に使う単心線は、AWG#30程度の太さ（0.26mm）程度が扱いやすいでしょう。ただし電源、グラウンド、パワートランジスタまわりなどは大電流が流れるので、これより太いものが必要になります。

A2-3　プリント基板

プリント基板は、一般の電子機器に使われているもので、例えばArduinoの基板もプリント基板です。プリント基板は絶縁材の基板上に、銅箔の配線パターンが作られたものです。量産電子機器は、すべてプリント基板によって回路が組み立てられています。

プリント基板は、絶縁材の基板上の全面に銅箔を貼り付け、不要部分を薬剤で溶かすという方法（エッチング）、あるいは機械工具を使って削り取る方法で作られます。配線面の構成により、基板の裏側にのみ配線パターンがある片面基板、裏と表にパターンがある両面基板、さらに薄いプリント基板を何枚か重ね、3面以上の配線パターンを持つ多層基板があります。

基板には部品のリード用の穴があり、さらに両面基板や多層基板では、配線面間を接続するための穴もあります。両面基板や多層基板では、穴の内側にも薄い銅の層があり、層間の接続や、部品の確実なハンダ付けができるようになっています。このような穴をスルーホールと言います。この基板に部品を取り付け、端子をハンダ付けするだけで、必要な配線が済んでしまうので、いちいち線をつなぐ手間がありません（図A2-06）。

図A2-06　プリント基板の配線とスルーホール（大きい穴はリード用、小さい穴は面間接続用のスルーホール）

プリント基板には部品間の配線も含まれているので、目的の機器ごとに製作しなければなりません。プリント基板を作る方法は何通りかあります。

●手作業

プリント基板は、全面に貼られた銅箔の不要部分を薬品で溶かして製作します。溶かさない部分を油性ペイント、テープなどで覆うことで、その部分を溶かさずに残すことができます。配線パターンが完成したらペイントなどを除去し、ドリルを使ってリード穴をあけます。

●フォトエッチング

銀塩写真と同じ原理で、感光材を塗った基板に光を当て、パターンの像を現像します。光のパターンは、透明フィルムにパターンを描いて（あるいはプリンタで印刷して）作成します。現像された部分はエッチング処理で銅が溶けないので、配線パターンが残ります。後は手作業の時と同じように、穴あけ加工を行います。

●切削

CNCフライス（ミル）というコンピュータ制御の切削装置を使い、銅箔を部分的に削り取り、パターンを作成します。CNCフライスのための切削データは、回路基板CADで生成します。CNCフライスは穴あけ加工も自動化できます。

●外注

プリント基板を製造する業者に注文する方法です。現在、インターネットで基板パターン情報を送るだけで製造してくれる業者が多数あり、指定次第で、量産品と同レベルの品質の基板を作ることができます。

外注製作は業務用の基板製作システムを使うので、前述の方法では困難な多層基板、スルーホール加工ができます。また基板の不要部分にハンダが付かないようにするレジスト塗布、ハンダ部分へのフラックス塗布、部品番号などの印刷にも対応しています。

基板を外注する場合の手順はおおよそ次のようになります。

・回路／基板CAD用の部品情報（名称、大きさ、特性、端子配置など）を作成、あるいはメーカーから入手する。
・電子回路CADを使い、回路図を作成する。
・基板CADを使って回路図の情報を読み込み、部品配置、配線、レジスト（不要部分にハンダがつかないようにする表面処理)、印刷情報などを作成する。
・ガーバデータという基板情報を生成し、そのデータを業者に送り、各種の指定、支払いを行う（1枚から製作可能)。
・完成した基板が送られてくる。

プリント基板は、機能や部品の変更、回路が間違っていた場合の修正が大変です。わずかな修正であればパターンを切って配線でつなぎ直す程度で済むかもしれませんが、新規に作り直すしかないこともあります。そのため、事前にブレッドボードや手配線で試作品を作るか、あるいはコンピュータ上でシミュレーションを行い、動作に問題がないとなってから基板を作成することになります。そのため1つだけ作る場合にはあまり向いていません。もちろん、手配線で作ったものより信頼性は高くなり、見た目もきれいなので、あえてプリント基板を作るという場合もあります。

プリント基板を作成する場合は、回路設計の段階からCADソフトを使うことになります。アマチュアが使えるCADソフトはいくつかあり、EAGLEという商用ソフトの機能制限された無償版がよく使われています。

付録3　揃えておきたい測定器いろいろ

実際に電子回路の工作を始めると、いくつかの測定器がほしくなります。ここではぜひ備えたい測定器や、あると便利な測定器について紹介します。

A3-1　テスター

回路の電圧や部品の抵抗値の測定、回路の導通のチェックなどは、テスターという測定器を使います。テスターは以下の測定を行えます。

●電圧

数十ないし数百ミリボルトから600V程度までの直流電圧、数百ミリボルトから600V程度までの交流電圧を測定できます。

●電流

数マイクロアンペアから10A程度までの直流電流を測定できます。小型のテスターには、電流測定機能がないものもあります。

●抵抗

0.1Ω程度から数メガΩまでの抵抗値を測定できます。

●その他の機能

テスターによっては導通チェック（ブザー）、ダイオードのチェック、交流電流、交流／パルス周波数、トランジスタのh_{FE}、コンデンサの容量、温度などの測定機能を備えたものがあります。

テスターには針式のメーターで数値を読むアナログ式（図A3-01）と、液晶ディスプレイに数字が表示されるデジタル式（図A3-02、図A3-03）があります。針が動くアナログ式は、ゆっくりと変動する電圧などがわかりやすいといったメリットはありますが、その他の性能や使いやすさの点で、現在はデジタル式が主流です。

デジタル式の大きなメリットとして、電圧測定時の入力抵抗の大きさがあります。アナログ式は測定対象から得た電流でメーターの針を動かします。測定対象への影響を少なくするため、微弱な電流で動作するメーターを使っていますが、それでも針を機械的に動かすため、数十マイクロアンペア程度は必要になります。例えば100μAで針がいっぱいまで振れるメーターを使い、12Vレンジ（0～12Vの電圧を測定）を選んだ場合、12Vで100μA流れるので、テスターの内部抵抗は120kΩになります。つまりこのテスターで電圧を測っている最中は、回路のその部分に120kΩの抵抗が接続されているわけです。回路構成によっては、この抵抗値で回路に余

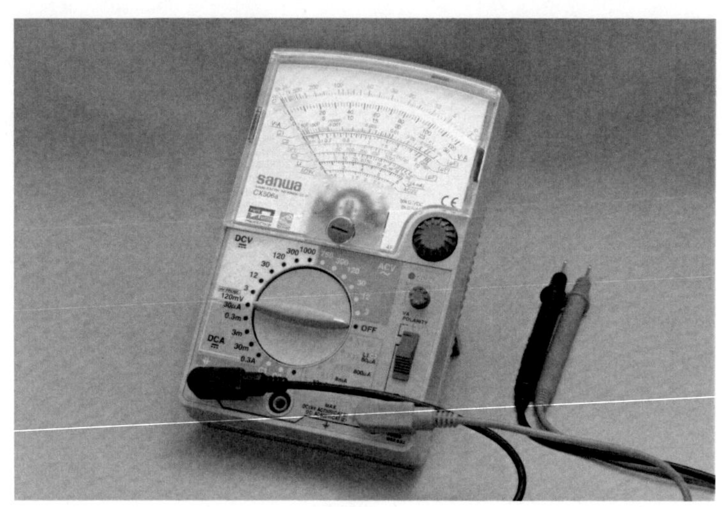

図A3-01　アナログテスター（サンワCX506a）

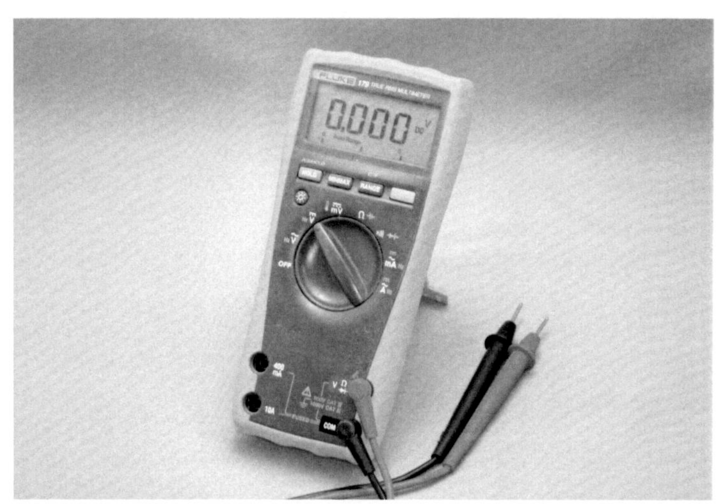

図A3-02　デジタルテスター（Fluke 179）

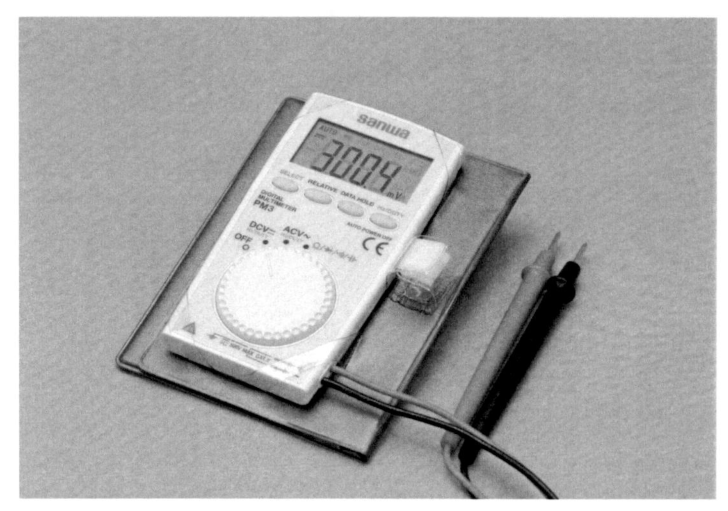

図A3-03　カード型デジタルテスター（サンワPM3）

計な電流が流れたり、電圧が下がったりして、本来の値が得られません（図A3-04）。デジタルテスターの内部抵抗は1MΩ以上あるので、測定回路に与える影響は格段に小さくなります。

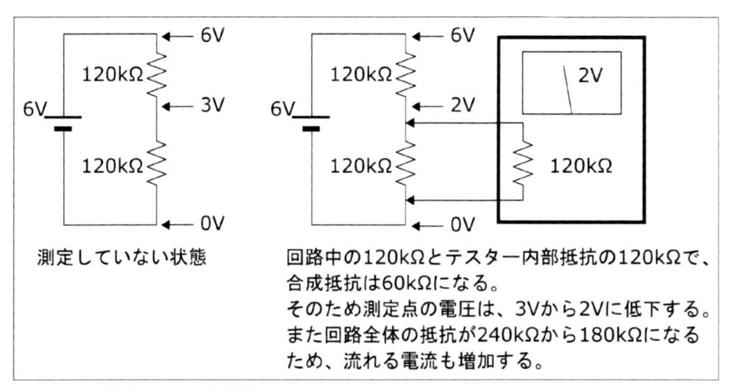

図A3-04　電圧測定と内部抵抗

デジタルテスターは測定レンジが自動で切り替わるので便利です。アナログテスターは、測定電圧に応じて例えば3V、12V、30Vなどのレンジをロータリースイッチで切り替えなければなりません。また目盛板に多くのレンジのための数字がまとめて表示されているため、見やすいとは言えません。デジタルテスターは直流電圧、交流電圧、抵抗測定などの選択だけしておけば、レンジは測定対象に応じて自動的に選択されます。また直流で＋と－を逆につないだ場合は、マイナス表示されます（アナログ式では針が逆に振れるので、読み取りができません）。

電子工作をする上で、テスターは必須の測定器です。回路が思った通りに動かない場合、テスターを使って配線が正しくつながっていること（あるいは余計なところがつながっていないこと）、正しく電圧がかかっていること、信号電圧が想定通りに出力されていることなどを確認します。これができないと、ちょっとしたトラブルでも解決は難しいでしょう。

初めてテスターを購入するのであれば、数千円程度で購入できる小型のデジタルタイプをお勧めします。例えばサンワのPM3（図A3-03）というカードタイプのテスターなら、3000円ほどの価格で、直流電圧、交流電圧、抵抗、導通、ダイオード電圧降下、周波数、パルス波のデューティなどを測定できます。ただし小型のものは電流が測定できないので、電流を測りたい場合は、より大きなものを選ぶ必要があります。

A3-2　導通チェッカー

導通チェッカーは、ほとんどのデジタルテスターに用意されている機能ですが、単品の測定器としても販売されています。これはテストリード間が低い抵抗でつながっていることを、ピーという音で示します。基板の配線を終えた後、あるいは問題を調べる際に、部品の端子間が正しく接続されていることの確認に使えます。音でわかるので視線を動かさないまま確認できるので便利です。

導通チェッカー機能がない場合は、テスターの抵抗測定レンジを使うことになりますが、低抵抗を測定するレンジは測定対象に流す電流が大きくなるため、繊細な部品に悪影響を与える可能性があります。またアナログテスターに内蔵された簡易導通チェッカーは、電磁ブザーを鳴らす構造のものがあり、これは半導体回路には不向きです。

デジタルテスターに内蔵されている導通チェッカーは、回路に流す電流はわずかなので、影響はほとんどありません。

配線ミスのチェックでは、つながっていない部分が誤ってつながっていることのチェックも必要です。とは言っても、すべての端子についてこれを調べるのは無理なので、例えばICチップや基板上の隣り合った部分が、誤ってハンダでつながってしまっていないかなどを、目視やテスターで調べます。導通チェッカーは、数十オーム以上の場合は音が出ないので、抵抗値で確認する必要があります。デジタル回路の場合、抵抗値が数キロオームあっても信号が伝達してしまうので、注意が必要です。

A3-3 オシロスコープ

オシロスコープは信号の波形、つまり電圧の時間変化を、画面上に表示することができます。デジタル信号は、時間の経過によりHとL（電圧）が変化します。オシロスコープを使えばこの変化の様子を画面で見られるので、回路の動作を実際に眺めたり、あるいはうまく動作しない時に、どのような状態になっているのかを調べたりすることができます。

作った電子回路がうまく動かない時や修理する時、オシロスコープは強い味方です。信号のタイミングは正しいが、その信号に大きなノイズが乗っていて回路が正しく動かないといった場合は、オシロスコープがないとトラブル原因の調査はかなり難しいでしょう。

かつては信号をリアルタイムに表示するアナログオシロスコープ（図A3-05）が使われていましたが、現在は信号をデジタル化してメモリに読み込み、画面に表示するデジタルストレージオシロスコープ（DSO）が広く使われています（図A3-06）。アナログオシロスコープは、一部の特殊な機種を除いて、繰り返し波形しか観察できませんが、デジタルオシロスコープは波形をメモリに保存するので、一度だけしか起こっていない現象でも捉えることができます。また各種シリアル通信のプロトコルを直接認識し、単に波形を表示するだけでなく、数値や文字として表示できるものもあります。

オシロスコープは、同時に1つないし4つ（チャンネル）まで信号を観測できます。複数のチャンネルを使えば、それぞれの信号のタイミングや時間関係も調べることができます。チャンネル数が多いものほど便利に使えますが、値段も高くなります。また観測できる周波数帯域が広いものほど高価です。エントリークラスは帯域が数十MHzで数万円から十数万円程度、500MHz以上だと100万円を超えます。

測定回路だけを持つオシロスコープユニットをPCにUSBで接続し、画面表示や操作をPCで行うタイプのものもあり、これだとかなり安く買えます。

最初からオシロスコープを持っていても、何を調べればいいのか、どのように使うのかといっ

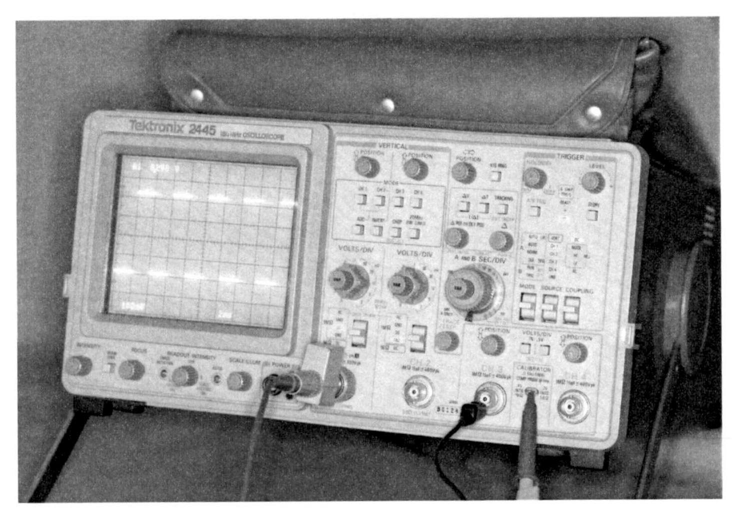

図A3-05　アナログオシロスコープ（Tektronix 2445：アナログ150MHz、4チャンネル）

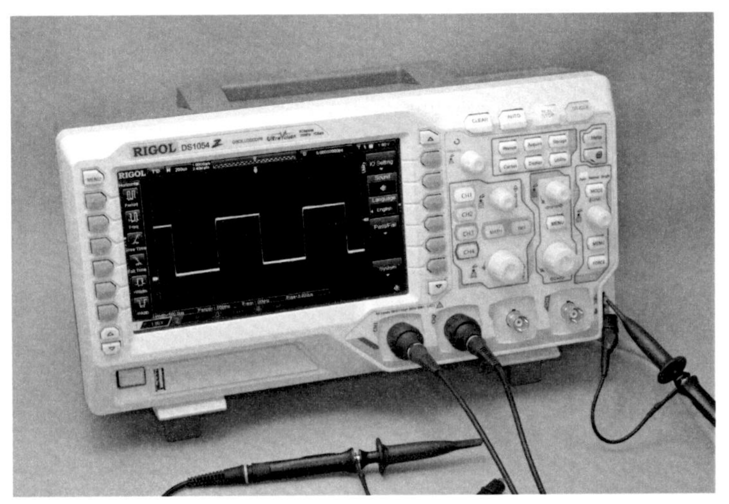

図A3-06　デジタルオシロスコープ（RIGOL DS1054Z：デジタル60MHz、4チャンネル）

たことがわからないでしょう。ある程度経験を積み、ハードやソフトのデバッグに苦労すると、たとえ使ったことがなくてもオシロスコープの便利さがわかり、ほしくなることでしょう。

A3-4　その他の測定器

マイコン電子工作を行う場合、テスターは必須、そしてオシロスコープはあればとても便利という位置付けになります。

レベルにもよりますが、アマチュアが持っているかもしれないその他の測定機（中古やジャンクも含む）として、次のようなものがあります。

●LCRメーター

コンデンサの容量、コイルのインダクタンスの測定を行います。アナログ回路で厳密な部品の選定などを行う際には必要になりますが、マイコン回路ではあまり使うことはないでしょう。

●ロジックアナライザ

ロジック回路上の多数のポイント（16チャンネル以上）にプローブを接続し、回路の動きを追いかけたり、特定の条件の時の信号波形を調べたりすることができます。ただし波形測定はHとLの判断だけです。本格的なものは数百万円もしますが、簡易的なものであれば、PCに接続して使うもの（画面や設定はPCを使用）や、オシロスコープのオプション機能として用意されているものもあります。

複雑なロジック回路を組む場合はほしくなることもありますが、ちょっとした工作であれば、たいていは4チャンネルのデジタルオシロスコープで足ります。

●スペクトラムアナライザ

信号に含まれる周波数成分を調べる測定機です。無線通信やネットワークハードウェア、精密なアナログ信号回路やノイズ対策には便利ですが、デジタル回路ではほとんど必要ありません。

●ファンクションジェネレータ

各種の信号波形を生成する機器です。何らかの入力信号を処理するハードウェアやソフトウェアを作った時、テスト用の信号を発生させ、回路の動作や特性を調べるために使用します。数十kHzのオーディオ帯域の信号であれば、PCのオーディオ出力回路を利用したソフトウェア信号発生器もあります。

著者紹介

榊 正憲（さかき まさのり）

電気通信大学卒業。（株）アスキーにてシステム管理、出版支援ソフトなどを開発する。その後、フリーで各種原稿執筆、プログラム作成など行う。現在、（有）榊製作所代表取締役。

◎本書スタッフ
アートディレクター/装丁：　岡田 章志＋GY
デジタル編集：　栗原 翔

●お断り
掲載したURLは2018年7月18日現在のものです。サイトの都合で変更されることがあります。また、電子版ではURLにハイパーリンクを設定していますが、端末やビューアー、リンク先のファイルタイプによっては表示されないことがあります。あらかじめご了承ください。

●本書の内容についてのお問い合わせ先
株式会社インプレスR&D　メール窓口
np-info@impress.co.jp
件名に「『本書名』問い合わせ係」と明記してお送りください。
電話やFAX、郵便でのご質問にはお答えできません。返信までには、しばらくお時間をいただく場合があります。なお、本書の範囲を超えるご質問にはお答えしかねますので、あらかじめご了承ください。
また、本書の内容についてはNextPublishingオフィシャルWebサイトにて情報を公開しております。
https://nextpublishing.jp/

●落丁・乱丁本はお手数ですが、インプレスカスタマーセンターまでお送りください。送料弊社負担に てお取り替えさせていただきます。但し、古書店で購入されたものについてはお取り替えできません。
■読者の窓口
インプレスカスタマーセンター
〒 101-0051
東京都千代田区神田神保町一丁目 105番地
TEL 03-6837-5016／FAX 03-6837-5023
info@impress.co.jp
■書店／販売店のご注文窓口
株式会社インプレス受注センター
TEL 048-449-8040／FAX 048-449-8041

マイコンボードで学ぶ楽しい電子工作

Arduinoで始めるハードウェア制御入門

2018年8月10日　初版発行Ver.1.0（PDF版）

著　者　榊 正憲
編集人　菊地 聡
発行人　井芹 昌信
発　行　株式会社インプレスR&D
〒101-0051
東京都千代田区神田神保町一丁目105番地
https://nextpublishing.jp/
発　売　株式会社インプレス
〒101-0051　東京都千代田区神田神保町一丁目105番地

印刷・製本　京葉流通倉庫株式会社
Printed in Japan

ISBN978-4-8443-9850-9

NextPublishing®
●本書はNextPublishingメソッドによって発行されています。
NextPublishingメソッドは株式会社インプレスR&Dが開発した、電子書籍と印刷書籍を同時発行できるデジタルファースト型の新出版方式です。 https://nextpublishing.jp/